微分对策理论和应用

周德云　方学毅　周　颖　著

科　学　出　版　社

北　京

内 容 简 介

本书系统介绍微分对策理论及其在现代飞行器对抗中的应用。首先回顾微分对策理论的发展历程和基本原理，包括动态博弈的基础、鞍点问题及求解方法等。其次详细探讨定量和定性分析方法，特别是在零和博弈环境下的最优策略求解和算法实现，为读者提供了理解复杂军事对抗环境的深刻视角。最后通过具体的案例研究，如双机平面格斗和双机三维空间格斗的对抗模型，展示微分对策理论在实际飞行器对抗中的应用。案例可以帮助读者理解和分析复杂的对抗策略问题，体现理论的实际价值。

本书适合航空航天和电子科学与技术等领域的研究者和相关专业教师与学生，以及对飞行器对抗技术感兴趣的专业人员参考使用。

图书在版编目（CIP）数据

微分对策理论和应用 / 周德云，方学毅，周颖著. -- 北京 : 科学出版社，2025. 6. -- ISBN 978-7-03-081006-9

Ⅰ. O225

中国国家版本馆 CIP 数据核字第 2025YR6344 号

责任编辑：宋无汗 / 责任校对：崔向琳
责任印制：徐晓晨 / 封面设计：有道文化

科 学 出 版 社 出版
北京东黄城根北街 16 号
邮政编码：100717
http://www.sciencep.com

北京华宇信诺印刷有限公司印刷
科学出版社发行　各地新华书店经销

*

2025 年 6 月第　一　版　开本：720×1000　1/16
2025 年 6 月第一次印刷　印张：10 3/4
字数：217 000

定价：135.00 元

（如有印装质量问题，我社负责调换）

前　　言

在当今复杂多变的全球安全环境中，飞行器对抗作为现代军事行动的重要组成部分，其策略和技术正经历着快速发展。信息化、网络化的推进以及无人机和智能化武器系统的涌现，给传统的对抗理论和策略带来了巨大挑战。微分对策理论作为数学、工程和经济学等领域广泛应用的理论工具，在飞行器对抗中的应用日益突出。

本书系统介绍微分对策理论及其在飞行器对抗中的实际应用，旨在通过将数学理论与飞行器对抗实际结合，为军事研究人员、工程师以及相关领域的学者提供一个全面的指南，使他们能够更好地理解和应用这些强大的工具来解决实际问题。

本书的写作动机源于飞行器对抗研究领域对先进数学工具的迫切需求。微分对策理论，作为一种研究动态博弈和最优控制的数学分支，在解决复杂决策问题中展现了独特优势。追逃双方飞行器之间的对抗正是典型的微分对策应用场景。

然而，目前市面上关于微分对策理论在飞行器对抗方面的系统性著作较少，现有文献大多集中于理论推导或数学模型构建，缺乏对理论在实际对抗中应用的深入探讨。因此，本书希望填补这一领域的空白，为研究人员和实践者提供深入且易于理解的参考。

本书的目标是帮助读者理解微分对策理论的基本概念和原理，掌握应用这些理论解决飞行器对抗问题的方法和技巧，通过具体案例的分析和讨论，将理论应用于实际的军事研究和工程设计中。

本书共 6 章，从基础理论到复杂应用，引导读者逐步阅读。第 1 章介绍微分对策理论的基本概念、发展历史及在飞行器对抗中应用的意义；第 2 章讨论最优控制问题的一般形式、最优性的必要条件及常见的求解方法，为微分对策内容打下基础；第 3 章介绍微分对策的基础理论，包括动态博弈、鞍点问题和最优性原理等；第 4 章介绍定量微分对策中的常用算法，如梯度迭代法和线性二次微分对策问题的解析方法等；第 5 章通过具体飞行器对抗模型，探讨双机平面格斗中的定性微分对策问题；第 6 章扩展至三维空间，探讨更复杂的飞行器对抗模型。第 2～6 章包含理论推导、算法描述和例题或案例，旨在帮助读者将理论知识与实际应用结合起来。

本书提供了一个系统的框架，将微分对策理论与飞行器对抗实际应用结合，为该领域的研究提供了新视角。书中详细介绍了多种定量和定性微分对策方法，特别是在零和博弈环境下的应用，为读者提供了丰富的工具箱。本书通过多个具体的飞行器对抗案例，展示了如何将理论应用于实践，帮助读者理解复杂的飞行器对抗问题。

在本书的撰写过程中，我们得到了许多同事、朋友和家人的支持和帮助。感谢课题组杨振老师、李枭扬老师，赵艺阳、刘俊贤、孔维仁和潘潜等同学的工作和辛苦付出。特别感谢航空航天领域的专家，他们的宝贵意见和建议对本书的完成起到了至关重要的作用。

希望本书能为读者带来启发，并期待在飞行器对抗和微分对策理论的交叉研究领域看到更多的创新和突破。

目　录

第 1 章　绪　　论

本书基于现代控制理论的一个重要分支——微分对策理论，研究飞行器对抗中的决策问题。这包括制导律问题和机动控制决策问题，还包括双机对抗最优策略及其作战能力评价，同时也考虑了飞机相关系统的性能改善等问题。

20 世纪 50 年代初，美国兰德公司的 Isaacs 博士主导了关于追逃博弈问题的研究。1965 年 Isaacs 的专著 *Differential Games: A Mathematical Theory with Applications to Warfare and Pursuit, Control and Optimization*[1]标志着微分对策理论的正式诞生。该书提出追逃博弈问题并研究了相关微分对策理论，包括定性微分对策问题及其中的界栅、截获区和躲避区等概念。其中给出了对策空间中某点是否位于截获区内的判定条件。Isaacs 基于动态规划原理给出了对策值存在的最优性必要条件，称为 Isaacs 方程[2]。数学家 Friedman[3]基于离散近似序列方法建立了微分对策值和鞍点的存在性理论，奠定了微分对策的数学理论基础。

20 世纪 60 年代末，Starr 和 Ho 等针对多人非零和微分对策问题讨论了不同的解概念，包括极小化极大(minimax)解、纳什(Nash)均衡解和非劣势组策略[3-6]。70 年代，Roxin 等[7]针对随机微分对策理论开展了研究。Nichols[8]讨论了最优控制同随机微分对策的关系。基于变分法和鞅理论的随机微分对策解的存在性和唯一性得到了深入研究[9-12]。同一时期，时延微分对策也成为研究的焦点[13-15]。80 年代，主从微分对策成为研究的热点，其中跟随者角色需要根据领导者角色的策略来制订自身的对策[16]。90 年代出现了多目标微分对策和模糊微分对策[17, 18]。

2000 年以来，微分对策理论的研究工作主要集中在多人、随机、状态受约束和信息不完备等方面。不完全信息博弈可转化为信息完全但不完美的博弈问题加以研究[19-22]。在该时期，国内涌现的早期微分对策领域研究专家包括张嗣瀛、沙基昌和李登峰等。张嗣瀛[23, 24]基于现代控制理论研究并证明了定量微分对策的双方极值原理。沙基昌[25, 26]采用微分对策研究了多兵种作战火力分配等军事对抗问题。李登峰[2]在国内首次对微分对策理论体系进行了系统性数学描述。

微分对策应用广泛，根据应用问题的特性可以划分为多种类型。例如，根据支付函数的形式，可以分为定性微分对策与定量微分对策；根据参与人各方的支付函数形式是否相同，可以分为零和微分对策和非零和微分对策；根据信息是否完整和准确，可以分为确定性微分对策和随机性微分对策；根据终端时刻是否指定，可以分为生存型微分对策和固定逗留期微分对策。微分对策问题的求解是理论研究和应用的一个难点，目前主要有包括解析方法与迭代方法在内的间接法，基于数学规划的直接法和包括自适应动态规划在内的智能算法。

除了军事领域应用之外，微分对策在经济学、生物学、计算机科学和人工智能等多个领域都有着广泛的研究和应用[27-31]。此外，微分对策方法也可以用于分析新型冠状病毒传播的关键影响因素[32]。同时，还能应用于协同创新体系的研究、网络安全分析和预警等领域[33-35]。

1.1　微分对策问题

1. 定量微分对策

定量微分对策中，各方参与人通过自身控制策略优化支付函数。微分对策不需要了解对手策略，而是考虑使最坏情况下的损失最小化。最优控制则要假设对手策略已知才能做出决策。

零和微分对策中的各方参与人针对同一个支付函数进行相反的优化控制。追逃问题是典型的零和微分对策，双方参与人通过各自的控制影响系统状态，使支付函数最小化或最大化。相应的支付函数通常为终端时刻相对距离或零控脱靶量，同时包含过程能耗乃至终端角度等指标。追逃问题可以分为固定逗留期微分对策问题[36-38]和生存型微分对策问题[39]。前者的终端时刻固定，而后者的终端时刻不固定，但终端状态可能需满足最小脱靶量等条件。

追逃微分对策在军事领域有广泛的应用，如航天器轨道追逃问题[40, 41]、制导律研究[42-45]和飞行器对抗的机动控制策略[29, 46-48]等。在航天器交会过程中，各个航天器都有自主决策和机动能力。此时，经典制导控制理论、非线性制导理论和最优制导理论的效果在很大程度上受到对方航天器机动的影响[49]。相较之下，追逃微分对策是研究这种问题最为自然的方法。

追逃微分对策在制导律中的应用包括弹道导弹的机动突防和拦截问题[50]。因对手具有随意机动能力，飞行规律难以预知，此时最优控制无法给出有效控制策略。然而这种问题本质上是一种动态博弈，因此可使用追逃微分对策方法加以研究。在支付函数中增加终端时间和角度约束，可以实现追方以给定角度约束接近逃方的制导律[51, 52]。若存在多名追方，且按照不同角度接近逃方，则可以有效压缩逃方的逃逸策略空间，提高捕获概率[53]。

多弹协同制导是典型的多对一追逃问题，可用于拦截大机动目标的制导律设计方面[54, 55]。在多对一追踪问题中，不同的追方个体可以采用不同的策略并相互配合。例如，通过建立使追方总体相对距离最小化的合围支付函数，可达到追方对逃方进行圆形包围和捕获的效果[56]。

主动防御问题是追逃问题的一种扩展形式，在近些年成为理论研究所关注的一个热点[57]。该问题涉及三方参与人：追方、逃方和防御方。追方试图捕捉逃方，逃方则与防御方合作以躲避追方或使防御方拦截追方。在这个过程中，防御方与逃方相互配合，起到对追方进行干扰和阻截的效果。主动防御问题可以衍生出多种复杂变体问题，如多名防御者阻止多名进攻者到达一个静止目标位置。此时可以建立配对算法，并采用分而治之的方式，将原问题动态拆分为一防一攻或一防二攻的追逃问题加以研究[58]。主动防御问题有多种衍生形式，如追方可以有多名，而逃方和防御方各有一名[45]。防御方的数量也可以不限于一个，而是有多个。此时通过分组配对可以设计追、逃、防三方的控制策略[59]。目标的数目也可以有多个，这种情况下防御方需要阻止追方接近任何一个目标[60]。

防御方和逃方的相互配合是一种非零和微分对策。非零和微分对策还可以应用于协同制导和编队控制等问题。例如，可采用微分对策实现无领队情况下的编队航向角自主协同控制[61]。在编队成员相互协同过程中考虑 Nash 均衡策略和网络几何属性，可间接实现期望的编队模式[62]。在编队微分对策问题中增加障碍距离函数项，可在编队飞行时进行避障[63]。

在飞行器对抗应用中存在双角色微分对策问题，即参与人不是单一的追方或逃方[64-66]。它们互有攻守，都需要在避免被对方毁伤的条件下达到毁伤对方的结果。这种双角色微分对策问题中的参与人虽然有两个目标，但不适于用多目标优化中的帕累托前沿理论进行研究。

理论研究中多假设信息是完全且完美的。但是在实际过程，参与人很难获知其他人的完整、准确信息。因此，不完全信息的微分对策理论是研究重点之一，如随机微分对策[67-69]，其中的支付函数通常为随机泛函的期望值。针对只知道状态方程结构而不知道其中函数具体形式的问题，可采用龙伯格(Luenberger)类型微分神经网络[70-72]来观测学习未知的函数，通过这种方式处理微分对策中的信息不完整性[73]。针对后向线性二次非零和随机微分对策问题，可以通过耦合正倒向随机微分方程解的理论得到纳什均衡解[74]。对于飞行器对抗问题，由于各方模型结构较为确定，所以可采用扩展卡尔曼滤波等最优估计方法消除信息的不完整性。在追逃问题中，当初始相对位置不确定时，基于确定性微分对策做蒙特卡洛仿真，可以将初始相对位置映射为捕获地点和捕获时间，并为控制决策提供依据[58]。通过为每个参与人建立关于其他参与人的信念的方式，可以将不完整信息博弈问题转换为不完美信息博弈问题[75]。

2. 定性微分对策

定性微分对策中，参与人通过优化自身的控制策略来使支付函数满足某种性质，从而达到想要的结局。Isaacs[1]在其著作中提出杀人司机问题(homicidal chauffeur problem)，采用定性微分对策方法研究了相应的界栅和最优决策。界栅是一种半透面，将对策空间中目标集以外的部分划分为截获区和躲避区的时间相关超流形[76-78]。截获区在一些研究中也称为可达集[79, 80]。在截获区中，假设逃方采取任意可行策略，追方都存在相应的策略，从而使得逃方被拉进自己的目标集中，最终实现捕获逃方的目标；在躲避区中，假设追方采取任意可行策略，逃方都存在相应的策略，使自身得以避免进入追方的目标集，最终实现逃脱的目标。在界栅上，追逃双方需要按照界栅处的最优控制进行决策，否则如果逃方不采取最优策略而追方采取了最优控制，则逃方将进入追方的截获区。反过来，如果系统状态位于界栅上时，追方没有采取最优机动，则逃方有机会进入躲避区。因此，双方在界栅上的对抗尤为激烈。

针对追逃问题，可以采用定性微分对策研究相关界栅及其上最优机动策略[81-85]。针对截获区和躲避区内的机动控制策略，首先可以判断当前状态点是否位于截获区、躲避区或界栅上，其次在不同区域中采用具体的定性微分对策方法来制订策略。定性微分对策的应用研究重点包括界栅计算与可视化，以及界栅上的最优控制策略计算[86-95]。在实际应用中，各方参与人的运动能量是有限的，由此衍生出有限时间局部截获区和有限时间局部危险区概念及相应的计算方法[96-99]。对手的截获区即自己的危险区，通过计算危险区可以给出空中避撞控制和路径重规划的准则[100]。界栅和截获区的计算也可以为攻击占位提供决策依据[101]。此外，参与人在博弈过程中可能受到路径约束的限制，如安全走廊，或对策空间中存在障碍物，此时对界栅、截获区和躲避区的分析需要考虑具体情况[87, 89, 92, 102-104]。

和定量微分对策相似，定性微分对策问题形式也十分丰富。例如，可以反转杀人司机问题中行人和司机的角色[105]。再如，针对在特定区域内的一对一和多对一间谍抓捕问题，可以建立界栅及各个区域的最优控制策略，使得追逃双方在自己的截获区中必然能够达成逃逸或抓捕的目标[106, 107]，也可以先研究一对一情况下的截获区，最后基于几何方法对这些区域进行合成处理[108]。一个例子是二人突防炮塔问题，其中以一名突防队员或无人系统作为诱饵，来提高另一名队员的突防成功率。根据制定的突防策略，可以计算出对策空间中划分胜负结局对应区域的界栅[109]。此外还有二追一逃的三人生命线定性微分对策问题[110]。基于分解-合成的定性微分对策方法还应用于二对一追逃问题[111, 112]。针对主动防御问题，可以采用定性微分对策方法讨论攻防双方获胜区边界，以制定最大化各自截获区的最优策略[113]。和定量微分对策相同，定性微分对策也存在着信息不完整和不完美的情况与相应的处理方法[114]。值得一提的是，在追逃微分对策中，若逃方也具有攻击追方的能力，则在一定态势条件下，追逃双方的角色将会互换。可以将这种参与人同时具有追、逃两种角色的问题称为双目标微分对策或双重角色微分对策[115, 116]。

定性微分对策除了计算界栅之外，还可以对对策空间进行几何剖分，以确定追逃双方的控制策略，确保期望结局的发生[117, 118]。在主动防御问题中，采用阿波罗尼斯圆的方法可以在理论上确保防御方在追方抵达目标之前将其拦下[106, 119-121]。这种基于几何方法的定性微分对策理论非常直观、易于理解和应用，但这类方法需要根据具体问题进行分析和构造。基于界栅的定性微分对策理论更为通用，然而其理论和计算过程却较为复杂。

1.2 求解算法

求解算法是微分对策应用研究中的重点和难点。定性微分对策问题的计算集中，在界栅曲面及其上的最优控制方面，主要包括目标集上可用部分边界的确定和采用解析或数值方法求解界栅曲面所对应的倒向随机微分方程。相比之下，定量微分对策问题的形式和求解方法较多。微分对策的求解方法可以分为间接法和直接法两大类。

1. 间接法

间接法基于动态优化问题的最优性必要条件进行求解，从而得到最终的最优解轨迹和最优控制。动态优化问题的一种最优性必要条件为极小值原理或者双边极值原理。由此可以得到关于系统状态和协态的正则微分方程。根据哈密顿(Hamilton)函数取极值可以得到最优控制关于状态和协态的函数关系，从而消去正则方程中的控制量。最终得到一个关于系统状态变量和协态变量的两点边值问题。通过求解这个两点边值问题，就可以得到最优系统轨迹和控制策略。

目前，许多工作根据双边极值原理采用解析法求解定性微分对策问题或定量微分对策问题[44, 45, 59, 60, 88, 91, 122, 123]。对于定量微分对策，通过建立线性二次微分对策命题，可以采用成熟的方法得到解析解。线性二次微分对策理论典型的成果是比例导引律[124]，它是现代制导律的一个重要基础，在实际应用中有许多变体和改良形式[124-127]。对于复杂非线性的定性微分对策问题来说，也可以通过线性化方法来简化问题，从而给出近似界栅及其上控制策略的解析解[128]。

迭代法中，参与人基于双边极值原理对控制量进行迭代更新，从而得到其开环最优控制策略。除了解析法，还可以采用数值方法来求解间接法所得的两点边值问题[129]。例如，原问题可以通过线性化，基于双边极值原理转化为相对简单的两点边值问题。当给定适当初值时，可采用牛顿迭代等方法求解。除此之外，可以使用神经网络拟合双方控制量和状态变量间的函数关系，然后基于最优性条件来迭代更新网络的权值[130, 131]。

在定性微分对策问题中，当目标集形状复杂且难以线性化时，必须针对具体问题考虑求解方法。因此，定性微分对策不存在通用性强的解析求解方法，一般是具体问题具体分析，具体探求相应的解析解[106, 121]。此时数值方法求解定性微分对策问题更为有效[82, 132]。

从动态规划出发可以得到微分对策的另一种最优性必要条件。其核心思想：对于一个最优多级决策问题，如果从任意层级和相应的状态开始，将其视为问题的新起点，那么无论这个起点状态为何，后续决策过程都将是针对这一新状态的最优选择，与之前的决策无关。由此可以推导出一个用于描述动态优化问题价值函数的最优性必要条件。基于该原理衍生得到自适应动态规划(adaptive dynamic programming，ADP)和微分动态规划等求解方法。

ADP 是一种近似优化方法，是求解复杂非线性系统动态优化问题的有力工具[133-136]，其也可以看作一种强化学习方法[137-140]。ADP 的具体应用领域包括飞行控制[141]、轨迹生成和优化[142]、制导律设计[143]与微分对策[140, 144-146]等。ADP 采用行动者-评论家(actor-critic)结构，其中行动者进行控制决策，评论家根据环境反馈对控制决策的效果进行评判。ADP 通过和环境迭代互动的方式同时改进行动者-评论家，最终得到最优控制策略。ADP 按照算法迭代的方式分为策略迭代算法和值迭代算法。策略迭代算法从稳定控制策略开始，通过求解一系列李雅普诺夫(Lyapunov)等式，对控制策略进行迭代评价和改进。值迭代算法不需要初始稳定策略，而是从任意正定初始值函数开始对值函数和控制策略同时进行迭代改进。根据执行方式可以将 ADP 分为离线迭代算法和在线自适应算法。就微分对策问题而言，ADP 主要用于求解关于值函数的哈密顿-雅可比-艾萨克斯(Hamilton-Jacobi-Isaacs，HJI)偏微分方程。该算法的一个优点在于它可以解决某些鞍点不存在时的二人零和微分对策问题[147]。

微分动态规划理论起源于线性二次调节控制，是一种轨迹优化算法[148]。它在轨迹规划[142, 149, 150]、制导控制[142, 151]、三体运动[152]和参数识别[153]等方向有着广泛的应用。微分动态规划首先从给定的标称控制出发，对系统方程和支付函数在标称控制和响应的标称状态处进行局部二次近似。在迭代过程中将二次近似代入支付函数的迭代递推公式中，从而对当前控制量进行改进。微分动态规划算法对于光滑离散系统具有二阶收敛性[154]。但是其中需要计算反向二阶动力学导数，对应的计算复杂性较高，运算存储空间较大，算法运行时间较长[155]。微分动态规划是求解微分对策的一种重要方法[156, 157]。

2. 直接法

除了针对最优性原理进行求解的间接法之外，微分对策问题的另一类求解算法是直接法。直接法对连续动态优化问题进行离散化，将其转化为高维静态博弈问题，或称为非线性规划问题。然后交替求解两个非线性规划问题(min 和 max)，最后收敛到鞍点解[158]。此外，还可以使用两种对立种群以迭代进化的方式搜索最优解[38]，粒子群方法也可用于求解微分对策问题[159]。这些智能化方法通常面临收敛速度慢、无法进行在线训练的问题。

直接针对微分对策这种多边动态优化问题使用直接法进行求解的一个关键困难在于需要考虑其中的离散化方法和非线性规划问题交替求解策略能否得到原微分对策问题的鞍点。一个折中的方法是半直接配置法[160, 161]，其思想是根据间接法中的双边极值原理将一方的控制量表示为其状态和协态的函数，从而消去该控制量，得到一个只包含另一方控制量的等价最优控制问题。此时可以采用最优控制的各种求解方法来计算相应的最优控制策略[162, 163]。对于半直接配置法中求解最优控制时的初值估计问题，可以采用遗传算法来解决[164, 165]。该方法首先在二人零和微分对策中取得了成功的应用[160]。针对三维轨道追逃问题[161]、机动目标空间交会问题[166]、一对一追逃问题[165, 167, 168]、多对一追逃问题[169]、最短时间飞船拦截问题和最优飞行器对抗机动问题[47, 160]等，半直接配置法均能成功计算出鞍点轨迹。

根据半直接配置法将微分对策问题转化为最优控制问题后，可以采用多种离散化方法将所得的最优控制问题近似转化为非线性规划问题，并采用非线性规划算法进行求解[170]。一种典型的离散化方法是伪谱法[171, 172]，其中有洛巴托(Lobatto)伪谱法、拉道(Radau)伪谱法和勒让德-高斯-拉道(Legendre-Gauss-Radau)伪谱法等[173-178]。基于原始-对偶加权插值的理论，可以将最优控制中的伪谱法统一起来。在此基础上的分析表明，高斯伪谱法是求解带有任意边界条件的有限时域最优控制问题的最佳离散化方法[179]。基于高斯正交配置法可以形成稀疏非线性规划问题，这对非线性规划求解算法来说是有利的[180, 181]。伪谱法还可与有限元法相结合，形成自适应伪谱法[182]。该方法可以自适应调整区间网格的密度，包括配点数和插值多项式的阶数的自适应调整，能够对状态变量和控制变量进行更为精确的逼近。其计算效率和精度都表现出色[183]。在实际应用中，可以对算法进行并行化处理，以提高运算的实时性[184]。基于伪谱法的最优控制问题求解策略成功应用于小型超音速无人机轨迹优化[185]、航天器再入时的阻力能量制导控制[186]、四旋翼飞行器的避撞问题[187]和路径规划[188]等大量最优控制问题的求解上。针对最优控制问题的其他求解方法还包括序列凸规划等方法。序列凸规划方法将非凸问题近似为一系列具有凸约束或线性约束的凸问题，从而使用高效的凸优化求解算法快速得到最优控制问题的解[189]。

1.3 本 书 结 构

本书主要介绍微分对策理论基础及其在飞行器对抗问题中的应用。

最优控制问题作为微分对策这种多边动态优化问题的特例，其求解理论和求解方法与微分对策的理论和方法有很多相通和对应之处，包括它们的极值原理、动态规划原理，以及相应的直接法和间接法求解策略。同时，微分对策问题的半直接配置法只保留一个参与人的控制，而将其他参与人的控制量消去，最终将原问题转化为最优控制问题加以求解。因此，有必要首先介绍最优控制问题及其求解方法。通过对最优控制问题及相关算法的学习，读者能够更好地理解微分对策问题和求解算法的原理。本书在最优控制理论和算法的基础上，对定量微分对策和定性微分对策进行了定义和分析，讨论了鞍点的性质，以及相应的最优性原理。其次，本书结合案例给出了定量微分对策的多种间接和直接求解算法。最后，本书讨论了双机在平面和三维空间中的定性微分对策问题。

本书主要内容安排如下：

第 1 章就定量微分对策和定性微分对策问题及其求解方法进行概述。

第 2 章介绍最优控制问题的一般形式和最优性条件及相应的求解算法，包括极小值原理及其对应的梯度法和边界迭代法、动态规划原理及其对应的微分动态规划法和自适应动态规划法，还介绍了最优控制问题直接求解方法中的两种离散化方法，分别是基于厄米-辛普森(Hermite-Simpson)法和伪谱法来构造非线性规划问题。

第 3 章介绍微分对策基础理论，包括动态博弈的扩展式描述、二人零和微分对策形式和鞍点及性质、微分对策的最优性原理、定性微分对策的问题和最优性原理。

第 4 章针对定量微分对策给出基于间接法的无约束问题和有约束问题的梯度迭代法，针对线性二次追逃问题采用解析法推导比例导引律，以再入飞行器拦截问题为例介绍半直接法。

第 5 章针对双机平面格斗的定性微分对策问题，给出关于直线形目标集和扇形目标集的界栅及其上最优控制策略的计算，并对截获区参数的灵敏度进行分析。

第 6 章针对双机三维空间格斗的定性微分对策问题开展研究。首先采用解析方法针对基于理想运动学方程的双机三维空间格斗问题进行研究，其中重点针对扇形目标集计算界栅轨线的表达式及其上的最优控制解。其次基于灵敏度方法定量分析飞机性能参数对截获区的影响。最后基于追逃双方动力学方程给出追方目标集及相应界栅的计算模型。

第 2 章　最优控制基础

微分对策问题是一种包含两个或两个以上参与人的多边最优控制问题，其中每个参与人都有自己的决策目标和决策变量。最优控制和微分对策都针对动态过程求取，使得给定指标最优的控制策略，两者在命题形式和最优性必要条件方面都存在相通之处。同时，因为飞行器对抗问题所涉及的各个飞行器都具有独立的状态方程，且不同飞行器的控制量仅作用于各自对应的状态方程中，所以这种微分对策问题是可分离的，能够通过一定方式转换为单边最优控制问题，从而可采用最优控制的直接法进行求解。

出于上述考虑，本章对最优控制理论基础进行介绍，首先给出最优控制问题的一般形式，其次分别阐述基于极小值原理和动态规划原理的最优性必要条件，最后简要讨论最优控制问题的间接法和直接法。

2.1　最优控制的最优性原理

2.1.1　最优控制问题的一般形式

最优控制问题通常包含一个动态系统模型和一个性能指标。最优控制问题是针对给定的性能指标，寻找使该指标达到最优的控制量。

最优控制问题的一般形式如下：

$$\begin{cases} \min\limits_{\boldsymbol{u}(t)\in\boldsymbol{\Omega}} & J=\phi\left[\boldsymbol{x}(t_{\mathrm{f}}),t_{\mathrm{f}}\right]+\int_{t_0}^{t_{\mathrm{f}}}F\left[\boldsymbol{x}(t),\boldsymbol{u}(t),t\right]\mathrm{d}t \\ \text{s.t.} & \dot{\boldsymbol{x}}=\boldsymbol{f}\left[\boldsymbol{x}(t),\boldsymbol{u}(t),t\right] \end{cases} \tag{2.1}$$

其中，$\boldsymbol{x}(t)\in\boldsymbol{R}^n$，是动态系统中随时间变化的状态变量；$\boldsymbol{u}(t)\in\boldsymbol{\Omega}\subseteq\boldsymbol{R}^p$，是动态系统的控制变量，$\boldsymbol{\Omega}$ 是控制变量 $\boldsymbol{u}(t)$ 的可行集，当 $\boldsymbol{u}(t)\subseteq\boldsymbol{\Omega}$ 时，称 $\boldsymbol{u}(t)$ 是容许控制变量；$J\in\boldsymbol{R}$，是最优控制要通过 $\boldsymbol{u}(t)$ 来优化的性能指标；$\phi\left[\boldsymbol{x}(t_{\mathrm{f}}),t_{\mathrm{f}}\right]$ 是终端指标分量，积分部分是积分指标分量；t_{f} 是指定的终端时刻；终端状态 $\boldsymbol{x}(t_{\mathrm{f}})$ 自由。

问题(2.1)的一种边界条件是

$$\boldsymbol{x}(t_0)=\boldsymbol{x}_0,\quad \boldsymbol{x}(t_{\mathrm{f}})=\boldsymbol{x}_{\mathrm{f}} \tag{2.2}$$

其中，t_0 和 t_{f} 分别表示控制问题的起始时刻和终端时刻。起始时刻 t_0 处的边界条件称为初始条件，终端时刻t_f处的边界条件称为终端条件。一般情况下，初始条件$\boldsymbol{x}(t_0)=\boldsymbol{x}_0$是已知的。对于终端条件来说，有的控制问题明确规定了终端时刻，而有的控制问题对终端时刻没有约束，此时称为终端时刻自由。此外，有的控制问题对终端状态$\boldsymbol{x}_\mathrm{f}$不做规定，即终端状态自由；有的控制问题不简单要求终端状态等于一个给定值，而是满足某个等式，即

$$\boldsymbol{G}\left[\boldsymbol{x}(t_\mathrm{f}),t_\mathrm{f}\right]=\boldsymbol{0} \tag{2.3}$$

其中，$\boldsymbol{G}$是$\boldsymbol{R}^{n+1}$到$\boldsymbol{R}^m$的映射。

一个完整的最优控制问题由问题(2.1)、边界条件(2.2)和/或终端约束(2.3)组成。为了求解该最优控制问题，需要给出问题的最优性必要条件，通过求解最优性必要条件所对应的偏微分方程或微分代数方程组来得到最优控制的解。最优控制问题的最优性必要条件涉及哈密顿函数$H(\boldsymbol{x},\boldsymbol{u},\boldsymbol{\lambda},t)$，其定义为

$$H(\boldsymbol{x},\boldsymbol{u},\boldsymbol{\lambda},t)=F(\boldsymbol{x},\boldsymbol{u},t)+\boldsymbol{\lambda}^\mathrm{T}\boldsymbol{f}(\boldsymbol{x},\boldsymbol{u},t) \tag{2.4}$$

其中，$\boldsymbol{\lambda}\in\boldsymbol{R}^n$，是关于问题(2.1)中状态方程的拉格朗日(Lagrange)乘子。

通过分析最优控制问题的最优性必要条件可以得到相应问题的最优解。有两种典型的最优性必要条件，分别是基于极小值原理和基于动态规划原理的最优性必要条件。从这两种条件出发，分别得出不同的求解方法。根据极小值原理，可以建立梯度法和边界迭代法等间接求解算法；在动态规划原理的基础上，可以得到间接求解法，如微分动态规划法和自适应动态规划法等。

2.1.2　动态规划原理

贝尔曼在20世纪50年代提出了动态规划，这是一种专门处理多阶段决策过程的方法。针对初始条件$\boldsymbol{x}(t_0)=\boldsymbol{x}_0$已知的最优控制问题(2.1)，动态规划方法将$t\in[t_0,t_\mathrm{f}]$的最优指标记为$v(\boldsymbol{x},t)$，有

$$v(\boldsymbol{x},t):=\min_{\boldsymbol{u}(t)\in\boldsymbol{\Omega}}\left\{\phi\left[\boldsymbol{x}(t_\mathrm{f}),t_\mathrm{f}\right]+\int_t^{t_\mathrm{f}}F\left[\boldsymbol{x}(\tau),\boldsymbol{u}(\tau),\tau\right]\mathrm{d}\tau\right\} \tag{2.5}$$

则$v(\boldsymbol{x},t)$在终端时刻的性质为

$$v\left[\boldsymbol{X}(t_\mathrm{f}),t_\mathrm{f}\right]=\phi\left[\boldsymbol{X}(t_\mathrm{f}),t_\mathrm{f}\right] \tag{2.6}$$

一般假设$v(\boldsymbol{x},t)$对$\boldsymbol{x}$和t存在二阶偏导数。根据最优性原理可得

$$-\frac{\partial v(\boldsymbol{x},t)}{\partial t}=\min_{\boldsymbol{u}(t)\in\boldsymbol{\Omega}}\left\{F\left[\boldsymbol{x}(t),\boldsymbol{u}(t),t\right]+\left(\frac{\partial v}{\partial \boldsymbol{x}}\right)^\mathrm{T}\boldsymbol{f}\left[\boldsymbol{x}(t),\boldsymbol{u}(t),t\right]\right\} \tag{2.7}$$

若将协态变量定义为$\boldsymbol{\lambda}=\dfrac{\partial v}{\partial \boldsymbol{x}}$，则方程(2.7)可写为

$$
\begin{aligned}
-\frac{\partial v(\boldsymbol{x},t)}{\partial t} &= \min_{\boldsymbol{u}(t)\in\boldsymbol{\Omega}} H\left[\boldsymbol{x}(t),\boldsymbol{u}(t),\frac{\partial v(\boldsymbol{x},t)}{\partial \boldsymbol{x}},t\right] \\
&= H^*\left[\boldsymbol{x}(t),\boldsymbol{u}(t),\frac{\partial v(\boldsymbol{x},t)}{\partial \boldsymbol{x}},t\right]
\end{aligned} \tag{2.8}
$$

将偏微分方程(2.7)或方程(2.8)称为哈密顿–雅可比–贝尔曼(Hamilton-Jacobi-Bellman，HJB)方程，其边界条件为式(2.6)。线性二次型最优控制问题的 HJB 方程求解可以归结为对里卡蒂方程的求解。对于非线性二次型最优控制问题，自适应动态规划算法是有效的求解方法。

2.1.3　极小值原理

最优控制问题(2.1)根据其边界条件的不同而分为不同的类型，需要采取不同的处理方法。在飞行器对抗过程中，控制问题的终端状态一般是自由的或受约束的，这对应着两种典型情况，即终端时刻给定且终端状态受约束的情况和终端时刻自由且终端状态受约束的情况。以下首先给出终端时刻给定且终端状态自由这种基本情况的极小值原理形式，随后在此基础上给出两种典型情况下的极小值原理形式。

1. 终端时刻 t_{f} 给定且终端状态 $\boldsymbol{x}(t_{\mathrm{f}})$ 自由的情况

问题的完整形式包含问题(2.1)和初始条件：

$$
\boldsymbol{x}(t_0)=\boldsymbol{x}_0 \tag{2.9}
$$

首先定义增广泛函，将状态方程从约束转为指标的一部分。增广泛函定义为

$$
J_a=\phi\left[\boldsymbol{x}(t_{\mathrm{f}}),t_{\mathrm{f}}\right]+\int_{t_0}^{t_{\mathrm{f}}}\left(F\left[\boldsymbol{x}(t),\boldsymbol{u}(t),t\right]+\boldsymbol{\lambda}^{\mathrm{T}}(t)\left\{\boldsymbol{f}\left[\boldsymbol{x}(t),\boldsymbol{u}(t),t\right]-\dot{\boldsymbol{x}}(t)\right\}\right)\mathrm{d}t
$$

代入哈密顿函数(2.4)可以将增广泛函写为

$$
J_a=\phi\left[\boldsymbol{x}(t_{\mathrm{f}}),t_{\mathrm{f}}\right]+\int_{t_0}^{t_{\mathrm{f}}}\left\{H\left[\boldsymbol{x}(t),\boldsymbol{u}(t),\boldsymbol{\lambda}(t),t\right]-\boldsymbol{\lambda}^{\mathrm{T}}(t)\dot{\boldsymbol{x}}(t)\right\}\mathrm{d}t \tag{2.10}
$$

增广泛函约束优化问题的最优解 $\boldsymbol{u}^*(t)$ 是原问题的最优解。

根据极小值原理可知，当 J 取极小时，$\boldsymbol{x}^*(t)$、$\boldsymbol{u}^*(t)$ 和 $\boldsymbol{\lambda}^*(t)$ 应满足如下最优性必要条件(1)～(4)。

(1) 正则方程：

$$
\dot{\boldsymbol{x}}=\boldsymbol{f}\left[\boldsymbol{x}(t),\boldsymbol{u}(t),t\right],\quad \dot{\boldsymbol{\lambda}}=-\frac{\partial H}{\partial \boldsymbol{x}} \tag{2.11}
$$

(2) 初始条件：

$$\boldsymbol{x}(t_0)=\boldsymbol{x}_0 \tag{2.12}$$

(3) 横截条件：

$$\boldsymbol{\lambda}(t_\mathrm{f})=\frac{\partial \phi}{\partial \boldsymbol{x}(t_\mathrm{f})} \tag{2.13}$$

(4) 哈密顿函数取极小：

$$\boldsymbol{u}^*(t)=\arg\min_{\boldsymbol{u}(t)\in\boldsymbol{\Omega}} H\left(\boldsymbol{x}^*,\boldsymbol{\lambda}^*,\boldsymbol{u},t\right) \tag{2.14}$$

当给定终端条件 $\boldsymbol{x}(t_\mathrm{f})=\boldsymbol{x}_\mathrm{f}$ 时，不需要横截条件(3)。

条件(1)是关于状态变量 $\boldsymbol{x}\in\boldsymbol{R}^n$ 和协态变量 $\boldsymbol{\lambda}\in\boldsymbol{R}^n$ 的一阶常微分方程组。其边界条件由条件(2)和(3)给定。正则方程中的 m 维控制变量 $\boldsymbol{u}(t)$ 同状态变量 $\boldsymbol{x}(t)$ 与协态变量 $\boldsymbol{\lambda}(t)$ 之间的关系由条件(4)决定。求解条件(1)～(4)即可得到最优控制量 $\boldsymbol{u}^*(t)$ 和最优状态轨迹 $\boldsymbol{x}^*(t)$。

当不存在控制量的约束 $\boldsymbol{u}(t)\in\boldsymbol{\Omega}$ 时，条件(4)，即式(2.14)变为

$$\frac{\partial H}{\partial \boldsymbol{u}}=\boldsymbol{0} \tag{2.15}$$

2. 终端时刻 t_f 给定且终端状态 $\boldsymbol{x}(t_\mathrm{f})$ 受约束的情况

终端时刻 t_f 给定，终端状态 $\boldsymbol{x}(t_\mathrm{f})$ 受约束问题的完整形式为

$$\begin{cases}\min\limits_{\boldsymbol{u}(t)\in\boldsymbol{\Omega}} & J=\phi\left[\boldsymbol{x}(t_\mathrm{f}),t_\mathrm{f}\right]+\int_{t_0}^{t_\mathrm{f}}F\left[\boldsymbol{x}(t),\boldsymbol{u}(t),t\right]\mathrm{d}t \\ \text{s.t.} & \dot{\boldsymbol{x}}=\boldsymbol{f}\left[\boldsymbol{x}(t),\boldsymbol{u}(t),t\right]\end{cases} \tag{2.16}$$

相应的初始条件为

$$\boldsymbol{x}(t_0)=\boldsymbol{x}_0 \tag{2.17}$$

终端条件为

$$\boldsymbol{G}\left[\boldsymbol{x}(t_\mathrm{f}),t_\mathrm{f}\right]=\boldsymbol{0} \tag{2.18}$$

该问题的增广泛函形式为

$$J_a=\phi\left[\boldsymbol{x}(t_\mathrm{f}),t_\mathrm{f}\right]+\boldsymbol{\upsilon}^\mathrm{T}\boldsymbol{G}\left[\boldsymbol{x}(t_\mathrm{f}),t_\mathrm{f}\right]+\int_{t_0}^{t_\mathrm{f}}\left[H(\boldsymbol{x},\boldsymbol{u},\boldsymbol{\lambda},t)-\boldsymbol{\lambda}^\mathrm{T}\dot{\boldsymbol{x}}\right]\mathrm{d}t \tag{2.19}$$

其中，$\boldsymbol{\upsilon}\in\boldsymbol{R}^m$，是关于终端条件(2.18)的拉格朗日乘子。

根据极小值原理可知，当问题(2.16)～条件(2.18)中的 J 取极小时，$\boldsymbol{x}^*(t)$、

$\boldsymbol{u}^*(t)$ 和 $\boldsymbol{\lambda}^*(t)$ 应满足如下最优性必要条件。

(1) 正则方程：

$$\dot{\boldsymbol{x}}=\boldsymbol{f}\left[\boldsymbol{x}(t),\boldsymbol{u}(t),t\right],\quad \dot{\boldsymbol{\lambda}}=-\frac{\partial H}{\partial \boldsymbol{x}} \tag{2.20}$$

(2) 初始条件和终端条件：

$$\boldsymbol{x}(t_0)=\boldsymbol{x}_0,\quad \boldsymbol{G}\left[\boldsymbol{x}(t_{\mathrm{f}}),t_{\mathrm{f}}\right]=\boldsymbol{0} \tag{2.21}$$

(3) 横截条件：

$$\boldsymbol{\lambda}(t_{\mathrm{f}})=\frac{\partial \phi}{\partial \boldsymbol{x}(t_{\mathrm{f}})}+\frac{\partial \boldsymbol{G}^{\mathrm{T}}}{\partial \boldsymbol{x}(t_{\mathrm{f}})}\boldsymbol{\upsilon} \tag{2.22}$$

(4) 哈密顿函数取极小：

$$\boldsymbol{u}^*(t)=\underset{\boldsymbol{u}(t)\in\boldsymbol{\Omega}}{\arg\min}\, H\left(\boldsymbol{x}^*,\boldsymbol{\lambda}^*,\boldsymbol{u},t\right) \tag{2.23}$$

当 $\boldsymbol{u}(t)$ 在 $\boldsymbol{R}^p$ 中无约束时，式(2.23)等价于控制方程 $\partial H/\partial \boldsymbol{u}=\boldsymbol{0}$。

3. 终端时刻 t_{f} 自由且终端状态 $\boldsymbol{x}(t_{\mathrm{f}})$ 受约束的情况

终端时刻 t_{f} 自由，终端状态 $\boldsymbol{x}(t_{\mathrm{f}})$ 受约束问题的完整形式由命题(2.24)、初始条件(2.25)和终端条件(2.26)定义：

$$\begin{cases}\underset{\boldsymbol{u}(t)\in\boldsymbol{\Omega}}{\min} & J=\phi\left[\boldsymbol{x}(t_{\mathrm{f}}),t_{\mathrm{f}}\right]+\int_{t_0}^{t_{\mathrm{f}}}F\left[\boldsymbol{x}(t),\boldsymbol{u}(t),t\right]\mathrm{d}t\\ \text{s.t.} & \dot{\boldsymbol{x}}=\boldsymbol{f}\left[\boldsymbol{x}(t),\boldsymbol{u}(t),t\right]\end{cases} \tag{2.24}$$

相应的初始条件为

$$\boldsymbol{x}(t_0)=\boldsymbol{x}_0 \tag{2.25}$$

终端条件为

$$\boldsymbol{G}\left[\boldsymbol{x}(t_{\mathrm{f}}),t_{\mathrm{f}}\right]=\boldsymbol{0} \tag{2.26}$$

该问题的最优性必要条件如条件(1)～(5)所示。

(1) 正则方程：

$$\dot{\boldsymbol{x}}=\boldsymbol{f}\left[\boldsymbol{x}(t),\boldsymbol{u}(t),t\right],\quad \dot{\boldsymbol{\lambda}}=-\frac{\partial H}{\partial \boldsymbol{x}} \tag{2.27}$$

(2) 初始条件和终端条件：

$$\boldsymbol{x}(t_0)=\boldsymbol{x}_0,\quad \boldsymbol{G}\left[\boldsymbol{x}(t_{\mathrm{f}}),t_{\mathrm{f}}\right]=\boldsymbol{0} \tag{2.28}$$

(3) 横截条件：

$$\boldsymbol{\lambda}(t_{\mathrm{f}})=\frac{\partial\phi}{\partial\boldsymbol{x}(t_{\mathrm{f}})}+\frac{\partial\boldsymbol{G}^{\mathrm{T}}}{\partial\boldsymbol{x}(t_{\mathrm{f}})}\boldsymbol{\upsilon} \tag{2.29}$$

(4) 哈密顿函数取极小：

$$\boldsymbol{u}^{*}(t)=\underset{\boldsymbol{u}(t)\in\boldsymbol{\Omega}}{\arg\min}\,H\left(\boldsymbol{x}^{*},\boldsymbol{\lambda}^{*},\boldsymbol{u},t\right) \tag{2.30}$$

(5) 最优终端时刻条件：

$$H(t_{\mathrm{f}})=-\frac{\partial\phi}{\partial t_{\mathrm{f}}}+\frac{\partial\boldsymbol{G}^{\mathrm{T}}}{\partial t_{\mathrm{f}}}\boldsymbol{\upsilon} \tag{2.31}$$

当$\boldsymbol{u}(t)$在$\boldsymbol{R}^{p}$中无约束时，式(2.30)等价于控制方程$\partial H/\partial\boldsymbol{u}=\boldsymbol{0}$。初始条件和终端条件，即式(2.28)，是正则方程数值积分所需的边界条件。当终端状态$\boldsymbol{x}(t_{\mathrm{f}})$自由时，相应的终端条件发生缺失，此时需要用横截条件(2.29)来代替终端条件作为正则方程数值积分的边界条件。当终端状态满足等式约束(2.3)时，无法将其直接作为正则方程数值积分的边界条件。此时需要根据横截条件(2.22)或横截条件(2.29)计算出$\boldsymbol{\lambda}(t_{\mathrm{f}})$，并将其作为协态方程数值积分的边界条件。当终端时刻自由时，还需要补充最优终端时刻条件(2.31)来计算t_{f}^{*}。

例 2.1　求解终端时刻自由但终端状态固定的最优控制问题：

$$\begin{cases}\min\limits_{u\in\boldsymbol{R}} & J=t_{\mathrm{f}}+\dfrac{1}{2}\displaystyle\int_{0}^{t_{\mathrm{f}}}u^{2}\mathrm{d}t\\ \text{s.t.} & \dot{x}=u\\ & x(0)=1,\ x(t_{\mathrm{f}})=0\end{cases}$$

解：终端状态固定是终端状态受约束的特殊情况，有$G\left[x(t_{\mathrm{f}}),t_{\mathrm{f}}\right]=x(t_{\mathrm{f}})=0$。哈密顿函数为$H=\frac{1}{2}u^{2}+\lambda u$，可得正则方程$\dot{x}=\frac{\partial H}{\partial\lambda}=u,\quad \dot{\lambda}=-\frac{\partial H}{\partial x}=0$。根据控制方程$\frac{\partial H}{\partial u}=u+\lambda=0$可得$u=-\lambda$。因为边界条件均为固定值，所以不需要横截条件。此外，最优终端时刻条件为$H(t_{\mathrm{f}})=-\frac{\partial\phi}{\partial t_{\mathrm{f}}}=-\frac{\partial t_{\mathrm{f}}}{\partial t_{\mathrm{f}}}=-1$。

又根据哈密顿方程的定义有$H(t_{\mathrm{f}})=\frac{1}{2}u^{2}(t_{\mathrm{f}})+\lambda(t_{\mathrm{f}})u(t_{\mathrm{f}})$。由此可得$\frac{1}{2}u^{2}(t_{\mathrm{f}})+\lambda(t_{\mathrm{f}})u(t_{\mathrm{f}})=-1$。代入控制量$u=-\lambda$，有$\frac{1}{2}\lambda^{2}(t_{\mathrm{f}})-\lambda^{2}(t_{\mathrm{f}})+1=0$，从而得到$\lambda(t_{\mathrm{f}})=\sqrt{2}$。根据正则方程中的协态方程可得$\lambda(t)=\lambda(t_{\mathrm{f}})=\sqrt{2}$。因此，最优控

制为

$$u^*(t) = -\sqrt{2}$$

将其代入状态方程可得 $x(t) = -\sqrt{2}t + c$。根据初始条件解得 $c = 1$，可得最优轨迹为

$$x^*(t) = -\sqrt{2}t + 1$$

代入状态变量的终端条件，可得最优终端时刻为 $t_f^* = \sqrt{2}/2$。

2.2　基于极小值原理的间接法

间接法通过求解最优控制问题的最优性必要条件来间接求解该问题。这里给出两种典型间接迭代求解算法，梯度法和边界迭代法。

2.2.1　梯度法

梯度法中，不强迫控制量 $\boldsymbol{u}(t)$ 满足 H 取极小。梯度法在迭代过程中进行逐步改善直至满足这一条件。该方法对状态方程进行时间正向积分，对协态方程进行时间反向积分，不必寻找协态方程初始值 $\boldsymbol{\lambda}(t_0)$。本小节针对终端时刻给定的情况建立相应的梯度求解算法。

梯度法首先对最优控制进行初始猜测，给出 $\boldsymbol{u}^0(t)$。然后通过积分求解正则方程得到 $\boldsymbol{x}^0(t)$ 和 $\boldsymbol{\lambda}^0(t)$，进而得到相应的哈密顿函数 H^0。随后，梯度法通过对哈密顿函数极小化来修改 $\boldsymbol{u}(t)$ 以使 H 减小。如此迭代，直至收敛。

假设函数向量 $\boldsymbol{u}:[t_0,t_f] \to \boldsymbol{R}^p$ 是平方可积的，则称所有这样的 $\boldsymbol{u}$ 组成的集合为函数向量空间，记为 $\boldsymbol{L}$。$\boldsymbol{L}$ 上的元素，即函数向量 $\boldsymbol{u}(t)$ 和 $\boldsymbol{v}(t)$ 之间的内积定义为

$$\left(\boldsymbol{u}(t),\boldsymbol{v}(t)\right) = \int_{t_0}^{t_f} \boldsymbol{u}^{\mathrm{T}}(t)\boldsymbol{v}(t)\,\mathrm{d}t = \int_{t_0}^{t_f} \sum_{i=1}^{p} u_i(t)v_i(t)\,\mathrm{d}t$$

此时可定义函数向量 $\boldsymbol{u}(t)$ 的范数为 $\|\boldsymbol{u}(t)\| = \sqrt{\left(\boldsymbol{u}(t),\boldsymbol{u}(t)\right)}$。

支付泛函 $J(\boldsymbol{u})$ 关于控制函数向量 $\boldsymbol{u}(t)$ 的梯度定义：若存在 $\nabla J(\boldsymbol{u}) \in \boldsymbol{L}$ 使得 $J(\boldsymbol{u}+\Delta\boldsymbol{u}) - J(\boldsymbol{u}) = \left(\nabla J(\boldsymbol{u}),\Delta\boldsymbol{u}\right) + o\left(\|\Delta\boldsymbol{u}\|\right)$，则称 $\nabla J(\boldsymbol{u})$ 是泛函 $J(\boldsymbol{u})$ 在 $\boldsymbol{u}(t)$ 处的梯度。这和向量函数的一阶泰勒展开相似。

1. 终端时刻 t_f 给定，终端状态 $\boldsymbol{x}(t_f)$ 自由的情况

对于 t_f 给定、$\boldsymbol{x}(t_f)$ 自由的问题(2.1)及相应的初始条件(2.9)，最优控制和最优轨迹应满足条件(2.11)～条件(2.14)。相关梯度求解算法步骤如下。

1) 初始化

令 $k=0$，给定收敛条件的参数 $\varepsilon_J>0$ 和 $\varepsilon_{\boldsymbol{u}}>0$，给出 $\boldsymbol{u}^0(t)$。

2) 迭代求解

(1) 第 k 次迭代时：

将 $\boldsymbol{u}^k(t)$ 代入状态方程，结合初始条件(2.9)进行时间正向积分，解得 $\boldsymbol{x}^k(t)$；

将 $\boldsymbol{u}^k(t)$ 和 $\boldsymbol{x}^k(t)$ 代入协态方程，结合条件(2.13)进行时间反向积分，解得 $\boldsymbol{\lambda}^k(t)$；

根据 $\boldsymbol{u}^k(t)$ 和 $\boldsymbol{x}^k(t)$ 计算第 k 次迭代时的支付泛函 $J^k=J\left(\boldsymbol{u}^k,\boldsymbol{x}^k\right)$。

(2) 收敛判断：若 $k\geqslant 1$ 时，则当收敛条件(2.32)和收敛条件(2.33)中的任意一个满足时

$$\left\|\boldsymbol{u}^k(t)-\boldsymbol{u}^{k-1}(t)\right\|\leqslant\varepsilon_{\boldsymbol{u}}\tag{2.32}$$

$$\left\|J^k-J^{k-1}\right\|\leqslant\varepsilon_J\tag{2.33}$$

迭代收敛，停止。相应有 $J\left(\boldsymbol{x}^*,\boldsymbol{u}^*\right)=J\left(\boldsymbol{x}^k(t),\boldsymbol{u}^k(t)\right)$。

若上述两个不等式收敛条件(2.32)和收敛条件(2.33)均未满足，则继续。

(3) 若控制量有约束，则执行本步骤的下列计算程序。若无约束，转至下一步。

将 $\boldsymbol{x}^k(t)$ 和 $\boldsymbol{\lambda}^k(t)$ 代入哈密顿函数取极小的条件(2.14)，得到 $\boldsymbol{u}^{k+1}(t)$，转至步骤(2)。

(4) 这一步是控制量无约束时的特定求解方法。

当控制量 $\boldsymbol{u}(t)$ 无约束时，其改进方向应让支付泛函 $J(\boldsymbol{u})$ 下降最快，即 $\nabla J\left(\boldsymbol{u}^k\right)=\partial H/\partial\boldsymbol{u}\big|_{\boldsymbol{u}=\boldsymbol{u}^k}$。此时有 $\boldsymbol{u}^{k+1}=\boldsymbol{u}^k+\alpha_k\Delta\boldsymbol{u}^k$，其中 α_k 是步长，可以采用一维搜索等方法来寻找合适的值。令 $k=k+1$，转回至步骤(2)。

2. 终端时刻 t_{f} 给定，终端状态 $\boldsymbol{x}(t_{\mathrm{f}})$ 受约束的情况

对 t_{f} 给定、$\boldsymbol{x}(t_{\mathrm{f}})$ 受约束的问题(2.16)～终端条件(2.18)，最优控制和最优轨迹应满足条件(2.20)～条件(2.23)。通过构造增广支付泛函，并将终端状态约束(2.3)的范数作为补偿项放入增广泛函中的方式来消除终端状态约束的影响，从而将原问题转化为终端时刻 t_{f} 给定，终端状态 $\boldsymbol{x}(t_{\mathrm{f}})$ 受约束的情况。此时可以在前一个算法的基础上进行算法构造。

增广泛函的形式为

$$J_a=\left\|\boldsymbol{G}\left[\boldsymbol{x}(t_{\mathrm{f}}),t_{\mathrm{f}}\right]\right\|_{\boldsymbol{Q}}+\phi\left[\boldsymbol{x}(t_{\mathrm{f}}),t_{\mathrm{f}}\right]+\int_{t_0}^{t_{\mathrm{f}}}F\left[\boldsymbol{x}(t),\boldsymbol{u}(t),t\right]\mathrm{d}t\tag{2.34}$$

其中，$\boldsymbol{Q}\in\boldsymbol{R}^{m\times m}$，是对称正定阵。当 $\boldsymbol{Q}$ 的各项元素不断增大时，根据增广泛函(2.34)

所得的最优控制对终端约束条件的破坏程度逐渐减小。一个例子是定义$\{\boldsymbol{Q}_j\}$为$\{\mu_j \boldsymbol{I}\}, j=0,1,\cdots$，其中$\boldsymbol{I}\in \boldsymbol{R}^{m\times m}$，是单位阵，$0\leqslant \mu_j \leqslant \mu_{j+1}$。

如此就可以构造终端时刻给定，终端状态受约束的双层迭代梯度法。双层迭代包括内层迭代和外层迭代两部分。内层迭代针对给定的$\boldsymbol{Q}_j$，将增广泛函(2.34)和问题(2.16)中的状态方程$\dot{\boldsymbol{x}}=\boldsymbol{f}\left[\boldsymbol{x}(t),\boldsymbol{u}(t),t\right]$以及初始条件(2.17)合在一起构成一个终端时刻给定且终端状态自由的最优控制问题。问题(2.16)的终端条件(2.18)作为惩罚项放在增广泛函(2.34)中。针对该内层迭代中的最优控制问题，可以采用前面给出的针对给定终端时刻和自由终端状态的算法进行求解。这里详细给出内层迭代算法，将给定矩阵$\boldsymbol{Q}_j$时内层最优控制问题的初值记为$\boldsymbol{u}^0\left(t;\boldsymbol{Q}_j\right)$、相应控制量的最优值记为$\boldsymbol{u}^*\left(t;\boldsymbol{Q}_j\right)$、最优状态轨迹和最优增广支付泛函分别记为$\boldsymbol{x}^*\left(t;\boldsymbol{Q}_j\right)$和$J_a^*\left(\boldsymbol{Q}_j\right)$。以下给出外层迭代算法步骤。

1) 初始化

外层迭代$j=0$，给定参数$\varepsilon_{\boldsymbol{G}}>0$，给出对称正定阵序列$\{\boldsymbol{Q}_j\}, j=0,1,\cdots$和$\boldsymbol{u}^0(t;\boldsymbol{Q}_0)$，求解内层最优控制问题，得到$\boldsymbol{u}^*(t;\boldsymbol{Q}_0)$、$\boldsymbol{x}^*(t;\boldsymbol{Q}_0)$和$J_a^*(\boldsymbol{Q}_0)$。

2) 迭代求解

(1) 令$j=j+1$：计算$\boldsymbol{u}^0\left(t;\boldsymbol{Q}_j\right)=\boldsymbol{u}^*\left(t;\boldsymbol{Q}_{j-1}\right)$。

(2) 求解内层最优控制问题：给定$\boldsymbol{Q}_j$和$\boldsymbol{u}^0\left(t;\boldsymbol{Q}_j\right)$，求解以增广泛函(2.34)为支付泛函的内层迭代问题，得到与$\boldsymbol{u}^0\left(t;\boldsymbol{Q}_j\right)$相应的最优解$\boldsymbol{u}^*\left(t;\boldsymbol{Q}_j\right)$、$\boldsymbol{x}^*\left(t;\boldsymbol{Q}_j\right)$和$J_a^*\left(\boldsymbol{Q}_j\right)$。

(3) 收敛条件判断：若

$$\left\|\boldsymbol{G}\left[\boldsymbol{x}(t_{\mathrm{f}}),t_{\mathrm{f}}\right]\right\|_2=\sqrt{\boldsymbol{G}^{\mathrm{T}}\left[\boldsymbol{x}(t_{\mathrm{f}}),t_{\mathrm{f}}\right]\boldsymbol{G}\left[\boldsymbol{x}(t_{\mathrm{f}}),t_{\mathrm{f}}\right]}<\varepsilon_{\boldsymbol{G}} \tag{2.35}$$

则外层迭代收敛，停止。此时有$\boldsymbol{u}^*(t)=\boldsymbol{u}^*\left(t;\boldsymbol{Q}_j\right)$，$\boldsymbol{x}^*(t)=\boldsymbol{x}^*\left(t;\boldsymbol{Q}_j\right)$。根据$\boldsymbol{x}^*(t)$和$\boldsymbol{u}^*(t)$计算问题(2.16)中的支付泛函可得$J^*$。否则，若判据(2.35)不成立，则转回步骤(1)。

例 2.2　求以下问题的最优控制u^*，其中终端时刻$t_{\mathrm{f}}=1$。

$$\begin{cases}\min\limits_{u\in\boldsymbol{R}} & J=\int_0^1 u^2\mathrm{d}t\\ \text{s.t.} & \dot{x}=u\\ & x(0)=1,x(1)=0\end{cases}$$

解：将终端约束条件放入性能指标中，形成新的性能指标 $J_a = Gx^2(1) + \int_0^1 u^2 \mathrm{d}t$，其中 $G>0$。建立哈密顿函数 $H = u^2 + \lambda u$，可得协态方程 $\lambda = -\partial H/\partial x = 0$ 和横截条件 $\lambda(1) = \partial\left[Gx^2(1)\right]/\partial x(1) = 2Gx(1)$。

梯度法的计算流程如下：

(1) $u^0(t) = u^0$，其中 u^0 为常数。

(2) $x^0(t) = 1 + u^0 t$，从而有 $x^0(1) = 1 + u^0$。

(3) $\lambda^0(t) = 2Gx^0(1) = 2G\left(1+u^0\right)$。

(4) $\partial H/\partial u\big|_{u^0} = 2u^0(t) + \lambda^0(t) = 2u^0 + 2G\left(1+u^0\right)$，$\Delta u^0 = -K\left(\partial H/\partial u\right)\big|_{u^0} = -K\cdot\left[2u^0 + 2G\left(1+u^0\right)\right]$。

(5) $u^1(t) = u^0 + \Delta u^0 = u^0 - 2K\left[u^0 + G\left(1+u^0\right)\right]$。

从步骤(5)可以看出，当 $u^0 + G\left(1+u^0\right) = 0$ 时，$u^1(t) = u^0$。此时控制量达到稳态值，即为最优控制，从而有 $u^* + G\left(1+u^*\right) = 0$，可得 $u^* = -G/(1+G)$。相应的最优轨线和末值是

$$x^*(t) = 1 - tG/(1+G),\quad x^*(1) = 1 - G/(1+G)$$

当 $G\to\infty$ 时，$x^*(1) = 0$，此即问题(2.16)的终端时刻状态约束。若 G 取有限值，则终端时刻的真实状态与要求之间存在误差。此时，需根据实际精度要求和工程经验确定 G 值。

2.2.2　边界迭代法

常用的间接法有边界迭代法和拟线性化法。下面针对终端时刻 t_{f} 自由、终端状态 $\boldsymbol{x}(t_{\mathrm{f}})$ 受约束的情况，给出相应的边界迭代法。

首先，根据哈密顿函数取极小的条件(2.30)，将最优控制 $\boldsymbol{u}(t)$ 表示为 $\boldsymbol{x}(t)$ 和 $\boldsymbol{\lambda}(t)$ 的函数 $\boldsymbol{u}(t) = \boldsymbol{U}\left(\boldsymbol{x}(t), \boldsymbol{\lambda}(t)\right)$，然后将其代入正则方程(2.27)，消去其中的 $\boldsymbol{u}(t)$。

其次，定义增广状态向量 $\boldsymbol{y}(t) = \left[\boldsymbol{x}^{\mathrm{T}}(t)\quad \boldsymbol{\lambda}^{\mathrm{T}}(t)\right]^{\mathrm{T}} \in \boldsymbol{R}^{2n}$，则正则方程(2.27)写为

$$\dot{\boldsymbol{y}}(t) = \boldsymbol{g}(\boldsymbol{y}, t) \tag{2.36}$$

其中，$\boldsymbol{g}$ 是非线性函数向量。针对终端时刻自由、终端状态受约束问题来说，式(2.36)是一个混合式的两点边值问题，下面用边界迭代法进行处理。

先给出协态变量的一个初始猜测值 $\hat{\boldsymbol{\lambda}}(t_0)$，则 $\hat{\boldsymbol{\lambda}}(t_0)$ 和 $\boldsymbol{x}(t_0)$ 一起构成了正则方程(2.36)的完整初值 $\boldsymbol{y}(t_0)=\begin{bmatrix}\boldsymbol{x}^{\mathrm{T}}(t_0) & \hat{\boldsymbol{\lambda}}^{\mathrm{T}}(t_0)\end{bmatrix}^{\mathrm{T}}$。从 $\boldsymbol{y}(t_0)$ 出发对正则方程(2.36)进行积分，得到 $\boldsymbol{y}(t)$。此时得到相应的 $\hat{\boldsymbol{\lambda}}(t)=\begin{bmatrix}y_{n+1}(t) & \cdots & y_{2n}(t)\end{bmatrix}^{\mathrm{T}}$。一般来说，根据上面的 $\hat{\boldsymbol{\lambda}}(t_0)$ 猜测值不一定可使 $\hat{\boldsymbol{\lambda}}(t_{\mathrm{f}})=\boldsymbol{\lambda}_{\mathrm{f}}$，而且 $\hat{\boldsymbol{\lambda}}(t_{\mathrm{f}})$ 将随着 $\hat{\boldsymbol{\lambda}}(t_0)$ 的变化而改变。记 $\hat{\boldsymbol{\lambda}}(t_{\mathrm{f}})=\boldsymbol{\Psi}\left[\hat{\boldsymbol{\lambda}}(t_0)\right]$。在 $\hat{\boldsymbol{\lambda}}(t_0)$ 处对 $\hat{\boldsymbol{\lambda}}(t_{\mathrm{f}})$ 进行一阶泰勒展开有 $\hat{\boldsymbol{\lambda}}(t_{\mathrm{f}})\approx\boldsymbol{\Psi}\left[\hat{\boldsymbol{\lambda}}(t_0)\right]+\left[\partial\boldsymbol{\Psi}/\partial\boldsymbol{\lambda}^{\mathrm{T}}(t_0)\right]\left[\boldsymbol{\lambda}(t_0)-\hat{\boldsymbol{\lambda}}(t_0)\right]$，其中 $\partial\boldsymbol{\Psi}/\partial\boldsymbol{\lambda}^{\mathrm{T}}(t_0)\in\boldsymbol{R}^{n\times n}$ 称为灵敏度矩阵或转移矩阵。有 $\partial\boldsymbol{\Psi}/\partial\boldsymbol{\lambda}^{\mathrm{T}}(t_0)=\left[\partial\boldsymbol{\lambda}_i(t_{\mathrm{f}})/\partial\boldsymbol{\lambda}_j(t_0)\right]\Big|_{\lambda_j(t_0)=\hat{\lambda}_j(t_0)}$，其中 $\partial\boldsymbol{\lambda}_i(t_{\mathrm{f}})/\partial\boldsymbol{\lambda}_j(t_0)$ 是从 $\hat{\boldsymbol{\lambda}}(t_0)$ 开始进行积分所得的协态变量终端值 $\hat{\boldsymbol{\lambda}}(t_{\mathrm{f}})$ 的第 i 个分量对于积分初始条件 $\hat{\boldsymbol{\lambda}}(t_0)$ 的第 j 个分量的灵敏度。

根据灵敏度矩阵可以对初始猜测 $\hat{\boldsymbol{\lambda}}(t_0)$ 进行如下修正：

$$\boldsymbol{\lambda}(t_0)=\hat{\boldsymbol{\lambda}}(t_0)+\left(\partial\boldsymbol{\Psi}/\partial\boldsymbol{\lambda}^{\mathrm{T}}(t_0)\right)^{-1}\left(\boldsymbol{\lambda}_{\mathrm{f}}-\hat{\boldsymbol{\lambda}}(t_{\mathrm{f}})\right)$$

这启发了迭代改进初始猜测，有

$$\hat{\boldsymbol{\lambda}}^{k+1}(t_0)=\hat{\boldsymbol{\lambda}}^{k}(t_0)+\beta\left(\partial\boldsymbol{\Psi}/\partial\boldsymbol{\lambda}^{\mathrm{T}}(t_0)\right)^{-1}\Big|_{\lambda(t_0)=\hat{\lambda}^k(t_0)}\left(\boldsymbol{\lambda}_{\mathrm{f}}-\hat{\boldsymbol{\lambda}}^{k}(t_{\mathrm{f}})\right) \tag{2.37}$$

其中，k 是迭代次数；$\beta\in(0,1]$，是松弛因子。边界迭代法的收敛条件是对于 $\forall\varepsilon_\lambda>0$，有

$$\left\|\boldsymbol{\lambda}_{\mathrm{f}}-\hat{\boldsymbol{\lambda}}^{k}(t_0)\right\|<\varepsilon_\lambda \tag{2.38}$$

灵敏度矩阵 $\partial\boldsymbol{\Psi}/\partial\boldsymbol{\lambda}^{\mathrm{T}}(t_0)$ 可以根据常微分方程的基本理论来构造伴随微分方程，与正则方程同时进行积分解算。边界迭代法的具体步骤如下。

1) 初始化

设迭代次数 $k=0$。给出协态变量的初始猜测：$\hat{\boldsymbol{\lambda}}^{k}(t_0)=\hat{\boldsymbol{\lambda}}^{0}(t_0)$。指定收敛参数 $\varepsilon_\lambda>0$。

2) 迭代求解

(1) 根据正则方程(2.27)正向积分求解 $\boldsymbol{x}^k(t)$、$\hat{\boldsymbol{\lambda}}^k(t)$ 和 $\boldsymbol{u}^k(t)$，即

$$\begin{aligned}
&\dot{\boldsymbol{x}}^k(t)=\boldsymbol{f}\left[\boldsymbol{x}^k(t),\boldsymbol{u}^k(t),t\right]\\
&\dot{\hat{\boldsymbol{\lambda}}}^k(t)=-\partial H\left[\boldsymbol{x}^k(t),\boldsymbol{u}^k(t),\hat{\boldsymbol{\lambda}}^k(t),t\right]/\partial\boldsymbol{x}^k(t)
\end{aligned}$$

其中，$\boldsymbol{u}^k(t)=\arg\min\limits_{\boldsymbol{u}(t)\in\boldsymbol{\Omega}} H\left[\boldsymbol{x}^k(t),\hat{\boldsymbol{\lambda}}^k(t),\boldsymbol{u}(t),t\right]$，且初始条件为 $\boldsymbol{x}^k(t_0)=\boldsymbol{x}_0$ 和 $\hat{\boldsymbol{\lambda}}^k(t_0)$。

积分过程中同步计算支付泛函 J^k。给出满足最优终端时刻条件(2.31)或使 $\left\|\boldsymbol{G}\left[\boldsymbol{x}(t_{\mathrm{f}}),t_{\mathrm{f}}\right]\right\|_2$ 达到最小值的终端时刻，并记为 t_{f}^k。

(2) 收敛条件判定：若式(2.38)成立，则停止，迭代过程已收敛，输出：

$$\boldsymbol{x}^*(t)=\boldsymbol{x}^k(t),\quad \boldsymbol{u}^*(t)=\boldsymbol{u}^k(t),\quad t_{\mathrm{f}}^*=t_{\mathrm{f}}^k,\quad J^*=J^k$$

若式(2.38)不成立，则继续下一步。

(3) 根据 $\boldsymbol{x}^k$、$\boldsymbol{u}^k$ 和 $\hat{\boldsymbol{\lambda}}^k$，对灵敏度伴随微分方程积分，得 $\left(\partial\boldsymbol{\Psi}\Big/\partial\left(\hat{\boldsymbol{\lambda}}^k(t_0)\right)^{\mathrm{T}}\right)^{-1}$。

(4) 根据式(2.37)得到 $\hat{\boldsymbol{\lambda}}^{k+1}(t_0)$。令 $k=k+1$，转回步骤(1)。

边界迭代法能处理终端时刻自由的情况，但该方法对协态变量的初值 $\hat{\boldsymbol{\lambda}}^0(t_0)$ 敏感。拟线性化法针对正则方程进行线性化，根据哈密顿函数取极值的原则对线性化后的状态变量进行迭代改进，直至这一改进量充分小为止。该方法对初值估计 $\hat{\boldsymbol{\lambda}}^0(t_0)$ 的敏感性相对较低。

2.3　基于动态规划原理的间接法

本节在动态规划原理的基础上给出最优控制问题的微分动态规划法和自适应动态规划法。

2.3.1　微分动态规划法

求解动态规划问题的一个实用方案是微分动态规划法。该方法先将最优指标 $v(\boldsymbol{x},t)$ 展开到二阶，然后使用迭代方法进行求解。考虑如下最优控制问题：

$$\begin{cases}\min\limits_{\boldsymbol{u}(t)} & J=\phi\left[\boldsymbol{x}(t_{\mathrm{f}}),t_{\mathrm{f}}\right]+\int_{t_0}^{t_{\mathrm{f}}}F\left[\boldsymbol{x}(t),\boldsymbol{u}(t),t\right]\mathrm{d}t \\ \text{s.t.} & \dot{\boldsymbol{x}}=\boldsymbol{f}\left[\boldsymbol{x}(t),\boldsymbol{u}(t),t\right] \\ & \boldsymbol{x}(t_0)=\boldsymbol{x}_0\end{cases} \tag{2.39}$$

其中，终端时刻 t_{f} 固定，控制无约束，终端状态自由。此时定义最优指标 $v(\boldsymbol{x},t)=\min\limits_{\boldsymbol{u}}\left\{\phi\left[\boldsymbol{x}(t_{\mathrm{f}}),t_{\mathrm{f}}\right]+\int_t^{t_{\mathrm{f}}}F\left[\boldsymbol{x}(\tau),\boldsymbol{u}(\tau),\tau\right]\mathrm{d}\tau\right\}$。该指标满足终端目标 $v\left(\boldsymbol{x}(t_{\mathrm{f}}),t_{\mathrm{f}}\right)=\phi\left[\boldsymbol{x}(t_{\mathrm{f}}),t_{\mathrm{f}}\right]$ 和 HJB 方程 $-\partial v/\partial t=\min\limits_{\boldsymbol{u}}H(\boldsymbol{x},\boldsymbol{u},t,v_{\boldsymbol{x}})$，其中 $v_{\boldsymbol{x}}=\partial v/\partial\boldsymbol{x}$，且 $H(\boldsymbol{x},\boldsymbol{u},t,v_{\boldsymbol{x}})=F(\boldsymbol{x},\boldsymbol{u},t)+\left(\nabla_{\boldsymbol{x}}v(\boldsymbol{x})\right)^{\mathrm{T}}\boldsymbol{f}(\boldsymbol{x},\boldsymbol{u},t)$。记最优控制的当前近似函数为

$\bar{\boldsymbol{u}}(t)$，根据状态方程可以求出相应的$\bar{\boldsymbol{x}}(t)$，记此时的目标函数值为$\bar{J}(\bar{\boldsymbol{x}},t)$，则有$\bar{J}(\bar{\boldsymbol{x}},t)=\phi\left[\bar{\boldsymbol{x}}(t_{\mathrm{f}}),t_{\mathrm{f}}\right]+\int_t^{t_{\mathrm{f}}}F\left[\bar{\boldsymbol{x}}(\tau),\bar{\boldsymbol{u}}(\tau),\tau\right]\mathrm{d}\tau$。

最优控制和最优状态轨迹是其近似函数同变分量之和，即 $\boldsymbol{u}^*=\bar{\boldsymbol{u}}+\delta\boldsymbol{u}$，$\boldsymbol{x}^*=\bar{\boldsymbol{x}}+\delta\boldsymbol{x}$，此时有$\dfrac{\mathrm{d}}{\mathrm{d}t}(\bar{\boldsymbol{x}}+\delta\boldsymbol{x})=\boldsymbol{f}(\bar{\boldsymbol{x}}+\delta\boldsymbol{x},\bar{\boldsymbol{u}}+\delta\boldsymbol{u},t)$和$\delta\boldsymbol{x}(t_0)=\boldsymbol{x}_0-\bar{\boldsymbol{x}}(t_0)$。相应的最优指标为

$$v(\bar{\boldsymbol{x}}+\delta\boldsymbol{x},t)=\phi\left[\bar{\boldsymbol{x}}(t_{\mathrm{f}})+\delta\boldsymbol{x}(t_{\mathrm{f}}),t_{\mathrm{f}}\right]+\int_t^{t_{\mathrm{f}}}F(\bar{\boldsymbol{x}}+\delta\boldsymbol{x},\bar{\boldsymbol{u}}+\delta\boldsymbol{u},\tau)\mathrm{d}\tau$$

此时可将 HJB 方程写为

$$\begin{aligned}-\frac{\partial v(\bar{\boldsymbol{x}}+\delta\boldsymbol{x},t)}{\partial t}=\min_{\delta\boldsymbol{u}}\{&F(\bar{\boldsymbol{x}}+\delta\boldsymbol{x},\bar{\boldsymbol{u}}+\delta\boldsymbol{u},t)\\&+\left[v_{\boldsymbol{x}}(\bar{\boldsymbol{x}}+\delta\boldsymbol{x},t),\boldsymbol{f}(\bar{\boldsymbol{x}}+\delta\boldsymbol{x},\bar{\boldsymbol{u}}+\delta\boldsymbol{u},t)\right]\}\end{aligned}\tag{2.40}$$

在$\bar{\boldsymbol{x}}$处对最优指标$v(\bar{\boldsymbol{x}}+\delta\boldsymbol{x},t)$中的变分$\delta\boldsymbol{x}$做展开：

$$v(\bar{\boldsymbol{x}}+\delta\boldsymbol{x},t)=v(\bar{\boldsymbol{x}},t)+(v_{\boldsymbol{x}},\delta\boldsymbol{x})+\frac{1}{2}(v_{\boldsymbol{xx}}\delta\boldsymbol{x},\delta\boldsymbol{x})+\cdots\tag{2.41}$$

其中，$v_{\boldsymbol{xx}}=\partial v_{\boldsymbol{x}}/\partial\boldsymbol{x}^{\mathrm{T}}$，且偏导数$v_{\boldsymbol{x}}$和$v_{\boldsymbol{xx}}$在$(\bar{\boldsymbol{x}},t)$处取值。当$\delta\boldsymbol{x}$是小量时，对最优指标的偏导数$v_{\boldsymbol{x}}(\bar{\boldsymbol{x}}+\delta\boldsymbol{x},t)$展开到二阶，有

$$v_{\boldsymbol{x}}(\bar{\boldsymbol{x}}+\delta\boldsymbol{x},t)=v_{\boldsymbol{x}}+v_{\boldsymbol{xx}}\delta\boldsymbol{x}\tag{2.42}$$

此时记$a(\bar{\boldsymbol{x}},t)=v(\bar{\boldsymbol{x}},t)-\bar{J}(\bar{\boldsymbol{x}},t)$，其中$a(\bar{\boldsymbol{x}},t)$表示当状态变量$\boldsymbol{x}$保持不变，且控制量由$\bar{\boldsymbol{u}}$变为最优控制时，可得式(2.41)中$v(\bar{\boldsymbol{x}}+\delta\boldsymbol{x},t)$的二阶展开形式：

$$v(\bar{\boldsymbol{x}}+\delta\boldsymbol{x},t)=\bar{J}(\bar{\boldsymbol{x}},t)+a(\bar{\boldsymbol{x}},t)+(v_{\boldsymbol{x}},\delta\boldsymbol{x})+\frac{1}{2}(v_{\boldsymbol{xx}}\delta\boldsymbol{x},\delta\boldsymbol{x})\tag{2.43}$$

将式(2.42)和式(2.43)代入式(2.40)可得

$$\begin{aligned}&-\frac{\partial\bar{J}}{\partial t}-\frac{\partial a}{\partial t}-\left(\frac{\partial v_{\boldsymbol{x}}}{\partial t},\delta\boldsymbol{x}\right)-\frac{1}{2}\left(\frac{\partial v_{\boldsymbol{xx}}}{\partial t}\delta\boldsymbol{x},\delta\boldsymbol{x}\right)\\&=\min_{\delta\boldsymbol{u}}\left\{F(\bar{\boldsymbol{x}}+\delta\boldsymbol{x},\bar{\boldsymbol{u}}+\delta\boldsymbol{u},t)+\left[v_{\boldsymbol{x}}+v_{\boldsymbol{xx}}\delta\boldsymbol{x},\boldsymbol{f}(\bar{\boldsymbol{x}}+\delta\boldsymbol{x},\bar{\boldsymbol{u}}+\delta\boldsymbol{u},t)\right]\right\}\\&=\min_{\delta\boldsymbol{u}}\left\{H(\bar{\boldsymbol{x}}+\delta\boldsymbol{x},\bar{\boldsymbol{u}}+\delta\boldsymbol{u},t,v_{\boldsymbol{x}})+\left[v_{\boldsymbol{xx}}\delta\boldsymbol{x},\boldsymbol{f}(\bar{\boldsymbol{x}}+\delta\boldsymbol{x},\bar{\boldsymbol{u}}+\delta\boldsymbol{u},t)\right]\right\}\end{aligned}\tag{2.44}$$

此时需要计算使式(2.44)等号右边取到极值的控制量变分$\delta\boldsymbol{u}$。为此假设$\boldsymbol{u}^0=\bar{\boldsymbol{u}}+\delta\boldsymbol{u}^0$是一个次最优控制，且满足如下两条性质：

(1) $\boldsymbol{u}^0$所对应的轨迹$\boldsymbol{x}_0$使得$\delta\boldsymbol{x}^0=\boldsymbol{x}^0-\bar{\boldsymbol{x}}$在时间区间$t\in[t_0,t_{\mathrm{f}}]$上均为小量。

(2) $\boldsymbol{u}^0$ 使得 $H\left(\boldsymbol{x},\boldsymbol{u},t,\nu_{\boldsymbol{x}}\right)$ 取到极小，有

$$\delta\boldsymbol{u}^0\in\left\{\delta\boldsymbol{u}\middle|\min_{\delta\boldsymbol{u}}H\left(\overline{\boldsymbol{x}}+\delta\boldsymbol{x},\overline{\boldsymbol{u}}+\delta\boldsymbol{u},t,\nu_{\boldsymbol{x}}\right)\right\}\approx\left\{\delta\boldsymbol{u}\middle|\min_{\delta\boldsymbol{u}}H\left(\overline{\boldsymbol{x}},\overline{\boldsymbol{u}}+\delta\boldsymbol{u},t,\nu_{\boldsymbol{x}}\right)\right\}\tag{2.45}$$

即 $\boldsymbol{u}^0$ 满足控制方程 $\partial H\left(\overline{\boldsymbol{x}},\boldsymbol{u}^0,t,\nu_{\boldsymbol{x}}\right)/\partial\boldsymbol{u}=0$。设该控制方程的解为 $\boldsymbol{u}^0=\tilde{\boldsymbol{u}}\left(\overline{\boldsymbol{x}},t,\nu_{\boldsymbol{x}}\right)$，且 $\boldsymbol{u}^0$ 满足性质(1)和(2)，则 $\boldsymbol{u}^0$ 实质上是最优控制问题的解。

若 $\boldsymbol{u}^0$ 不能同时满足这两个性质，则性质(1)相对更为重要。此时可以放宽条件，仅要求式(2.45)在 $\left[t_1,t_{\mathrm{f}}\right]$ ($t_0\leqslant t_1$)上成立即可。

针对两条性质不能同时满足的情况，在求得 $\delta\boldsymbol{u}^0$ 之后，假设 $\delta\boldsymbol{u}$ 为 $\delta\boldsymbol{u}=\delta\boldsymbol{u}^0+\delta\boldsymbol{u}^*$ 且使得式(2.44)等号右边取到极小，则根据 $\boldsymbol{u}^0$ 的定义可知最优控制有形式 $\boldsymbol{u}^*=\boldsymbol{u}^0+\delta\boldsymbol{u}^*$，且 $\delta\boldsymbol{x}=\delta\boldsymbol{x}^0+\delta\boldsymbol{x}^*\approx\delta\boldsymbol{x}^*$。基于这些符号定义，使式(2.44)取极小的 $\delta\boldsymbol{u}$ 满足性质：

$$\begin{aligned}&\min_{\delta\boldsymbol{u}}\left\{H\left(\overline{\boldsymbol{x}}+\delta\boldsymbol{x},\overline{\boldsymbol{u}}+\delta\boldsymbol{u},t,\nu_{\boldsymbol{x}}\right)+\left[\nu_{\boldsymbol{xx}}\delta\boldsymbol{x},\boldsymbol{f}\left(\overline{\boldsymbol{x}}+\delta\boldsymbol{x},\overline{\boldsymbol{u}}+\delta\boldsymbol{u},t\right)\right]\right\}\\&=\min_{\delta\boldsymbol{u}^*}\left\{H\left(\overline{\boldsymbol{x}}+\delta\boldsymbol{x}^*,\boldsymbol{u}^0+\delta\boldsymbol{u}^*,t,\nu_{\boldsymbol{x}}\right)+\left[\nu_{\boldsymbol{xx}}\delta\boldsymbol{x},\boldsymbol{f}\left(\overline{\boldsymbol{x}}+\delta\boldsymbol{x}^*,\boldsymbol{u}^0+\delta\boldsymbol{u}^*,t\right)\right]\right\}\end{aligned}\tag{2.46}$$

将式(2.46)在 $\overline{\boldsymbol{x}}$ 和 $\boldsymbol{u}^0$ 处展开，得

$$\begin{aligned}&\min_{\delta\boldsymbol{u}^*}\left\{H+\left(H_{\boldsymbol{u}},\delta\boldsymbol{u}^*\right)+\left(H_{\boldsymbol{x}}+\nu_{\boldsymbol{xx}}\boldsymbol{f},\delta\boldsymbol{x}^*\right)+\left(\delta\boldsymbol{u}^*,\left(H_{\boldsymbol{ux}}+\boldsymbol{f}_{\boldsymbol{u}}^{\mathrm{T}}\nu_{\boldsymbol{xx}}\right)\delta\boldsymbol{x}^*\right)\right.\\&\left.+\frac{1}{2}\left(\delta\boldsymbol{u}^*,H_{\boldsymbol{uu}}\delta\boldsymbol{u}^*\right)+\frac{1}{2}\left(\delta\boldsymbol{x}^*,\left(H_{\boldsymbol{xx}}+\boldsymbol{f}_{\boldsymbol{x}}^{\mathrm{T}}\nu_{\boldsymbol{xx}}+\nu_{\boldsymbol{xx}}\boldsymbol{f}_{\boldsymbol{x}}\right)\delta\boldsymbol{x}^*\right)+\cdots\right\}\\&\approx\min_{\delta\boldsymbol{u}^*}\left\{\left(H_{\boldsymbol{u}},\delta\boldsymbol{u}^*\right)+\left(\delta\boldsymbol{u}^*,\left(H_{\boldsymbol{ux}}+\boldsymbol{f}_{\boldsymbol{u}}^{\mathrm{T}}\nu_{\boldsymbol{xx}}\right)\delta\boldsymbol{x}^*\right)+\frac{1}{2}\left(\delta\boldsymbol{u}^*,H_{\boldsymbol{uu}}\delta\boldsymbol{u}^*\right)\right\}\\&+H+\left(H_{\boldsymbol{x}}+\nu_{\boldsymbol{xx}}\boldsymbol{f},\delta\boldsymbol{x}^*\right)+\frac{1}{2}\left(\delta\boldsymbol{x}^*,\left(H_{\boldsymbol{xx}}+\boldsymbol{f}_{\boldsymbol{x}}^{\mathrm{T}}\nu_{\boldsymbol{xx}}+\nu_{\boldsymbol{xx}}\boldsymbol{f}_{\boldsymbol{x}}\right)\delta\boldsymbol{x}^*\right)\end{aligned}$$

其中，H、$H_{\boldsymbol{x}}$、$H_{\boldsymbol{u}}$、$\boldsymbol{f}$、$\boldsymbol{f}_{\boldsymbol{x}}$、$\boldsymbol{f}_{\boldsymbol{u}}$、$\nu_{\boldsymbol{xx}}$ 均在 $\overline{\boldsymbol{x}}$ 和 $\boldsymbol{u}^0$ 处取值，以下皆同。

假设局部线性反馈控制为 $\delta\boldsymbol{u}^*=\beta\delta\boldsymbol{x}^*$。此时因 $H_{\boldsymbol{u}}=\boldsymbol{0}$，可得极小值问题的解如下：

$$\beta=-H_{\boldsymbol{uu}}^{-1}\left(H_{\boldsymbol{ux}}+\boldsymbol{f}_{\boldsymbol{u}}^{\mathrm{T}}\nu_{\boldsymbol{xx}}\right)\tag{2.47}$$

且对应的极小值为

$$\begin{aligned}&\left(\beta\delta\boldsymbol{x}^*,\left(H_{\boldsymbol{ux}}+\boldsymbol{f}_{\boldsymbol{u}}^{\mathrm{T}}\nu_{\boldsymbol{xx}}\right)\delta\boldsymbol{x}^*\right)+\frac{1}{2}\left(\beta\delta\boldsymbol{x}^*,H_{\boldsymbol{uu}}\beta\delta\boldsymbol{x}^*\right)+H+\left(H_{\boldsymbol{x}}+\nu_{\boldsymbol{xx}}\boldsymbol{f},\delta\boldsymbol{x}^*\right)\\&+\frac{1}{2}\left(\delta\boldsymbol{x}^*,\left(H_{\boldsymbol{xx}}+\boldsymbol{f}_{\boldsymbol{x}}^{\mathrm{T}}\nu_{\boldsymbol{xx}}+\nu_{\boldsymbol{xx}}\boldsymbol{f}_{\boldsymbol{x}}\right)\delta\boldsymbol{x}^*\right)\end{aligned}\tag{2.48}$$

将式(2.48)代入式(2.44)，因为 $\delta\boldsymbol{x}^* \approx \delta\boldsymbol{x}$，所以令式(2.44)两边 $\delta\boldsymbol{x}$ 同类项的系数部分相等，可得

$$-\frac{\partial \bar{J}}{\partial t}-\frac{\partial a}{\partial t}=H$$

和

$$\begin{aligned}
-\frac{\partial \nu_{\boldsymbol{x}}}{\partial t}&=H_{\boldsymbol{x}}+\nu_{\boldsymbol{xx}}\boldsymbol{f}\\
-\frac{\partial \nu_{\boldsymbol{xx}}}{\partial t}&=H_{\boldsymbol{xx}}+\boldsymbol{f}_{\boldsymbol{x}}^{\mathrm{T}}\nu_{\boldsymbol{xx}}+\nu_{\boldsymbol{xx}}\boldsymbol{f}_{\boldsymbol{x}}-\left(H_{\boldsymbol{ux}}+\boldsymbol{f}_{\boldsymbol{u}}^{\mathrm{T}}\nu_{\boldsymbol{xx}}\right)^{\mathrm{T}}H_{\boldsymbol{uu}}^{-1}\left(H_{\boldsymbol{ux}}+\boldsymbol{f}_{\boldsymbol{u}}^{\mathrm{T}}\nu_{\boldsymbol{xx}}\right)
\end{aligned} \tag{2.49}$$

将偏微商和全微商之间的关系：

$$\frac{\mathrm{d}\nu}{\mathrm{d}t}=\frac{\partial \nu}{\partial t}+\left(\nabla_{\boldsymbol{x}}\nu(\boldsymbol{x})\right)^{\mathrm{T}}\boldsymbol{f}\left(\bar{\boldsymbol{x}},\bar{\boldsymbol{u}},t\right)=\frac{\partial a}{\partial t}+\frac{\partial \bar{J}}{\partial t}+\left(\nabla_{\boldsymbol{x}}\nu(\boldsymbol{x})\right)^{\mathrm{T}}\boldsymbol{f}\left(\bar{\boldsymbol{x}},\bar{\boldsymbol{u}},t\right)$$

$$\frac{\mathrm{d}\nu_{\boldsymbol{x}}}{\mathrm{d}t}=\frac{\partial \nu_{\boldsymbol{x}}}{\partial t}+\nu_{\boldsymbol{xx}}\boldsymbol{f}\left(\bar{\boldsymbol{x}},\bar{\boldsymbol{u}},t\right)$$

$$\frac{\mathrm{d}\nu_{\boldsymbol{xx}}}{\mathrm{d}t}\approx\frac{\partial \nu_{\boldsymbol{xx}}}{\partial t}$$

代入式(2.49)中得

$$\begin{aligned}
\frac{\mathrm{d}a^0}{\mathrm{d}t}&=\frac{\mathrm{d}\nu}{\mathrm{d}t}-\frac{\mathrm{d}\bar{J}}{\mathrm{d}t}\\
&=\frac{\partial a}{\partial t}+\frac{\partial \bar{J}}{\partial t}+\left(\nabla_{\boldsymbol{x}}\nu(\boldsymbol{x})\right)^{\mathrm{T}}\boldsymbol{f}\left(\bar{\boldsymbol{x}},\bar{\boldsymbol{u}},t\right)-\frac{\mathrm{d}\bar{J}}{\mathrm{d}t}\\
&=\frac{\partial a}{\partial t}+\frac{\partial \bar{J}}{\partial t}+\left(\nabla_{\boldsymbol{x}}\nu(\boldsymbol{x})\right)^{\mathrm{T}}\boldsymbol{f}\left(\bar{\boldsymbol{x}},\bar{\boldsymbol{u}},t\right)+F\left(\bar{\boldsymbol{x}},\bar{\boldsymbol{u}},t\right)\\
&=-H+H\left(\bar{\boldsymbol{x}},\bar{\boldsymbol{u}},t\right)
\end{aligned} \tag{2.50}$$

和

$$\begin{aligned}
-\frac{\mathrm{d}\nu_{\boldsymbol{x}}}{\mathrm{d}t}&=H_{\boldsymbol{x}}+\nu_{\boldsymbol{xx}}\left(\boldsymbol{f}-\boldsymbol{f}\left(\bar{\boldsymbol{x}},\bar{\boldsymbol{u}},t\right)\right)\\
-\frac{\mathrm{d}\nu_{\boldsymbol{xx}}}{\mathrm{d}t}&=H_{\boldsymbol{xx}}+\boldsymbol{f}_{\boldsymbol{x}}^{\mathrm{T}}\nu_{\boldsymbol{xx}}+\nu_{\boldsymbol{xx}}\boldsymbol{f}_{\boldsymbol{x}}-\left(H_{\boldsymbol{ux}}+\boldsymbol{f}_{\boldsymbol{u}}^{\mathrm{T}}\nu_{\boldsymbol{xx}}\right)^{\mathrm{T}}H_{\boldsymbol{uu}}^{-1}\left(H_{\boldsymbol{ux}}+\boldsymbol{f}_{\boldsymbol{u}}^{\mathrm{T}}\nu_{\boldsymbol{xx}}\right)
\end{aligned} \tag{2.51}$$

若 $\delta\boldsymbol{x}^0$ 并非小量，则方程(2.50)和方程(2.51)不成立。此时需要采用“步长修正法”，即找到一个足够接近终端时刻 t_{f} 的时间 t_1 ($t_1\in\left[t_0,t_{\mathrm{f}}\right)$)使得

$$\boldsymbol{u}^{**}=\begin{cases}\bar{\boldsymbol{u}}, & t_0\leqslant t<t_1\\ \boldsymbol{u}^0, & t_1\leqslant t<t_{\mathrm{f}}\end{cases} \tag{2.52}$$

对应的$\delta\boldsymbol{x}^{**}$是一个小量。若$\delta\boldsymbol{x}^{**}$是小量，则$\left|a(\bar{\boldsymbol{x}},t)\right|=\left|v(\bar{\boldsymbol{x}},t)-\bar{J}(\bar{\boldsymbol{x}},t)\right|$是控制量从$\bar{\boldsymbol{u}}$变为最优控制时最优指标的改变量。当控制量由$\bar{\boldsymbol{u}}$变为$\boldsymbol{u}^{**}$时，最优指标的改变量为$\Delta v(\bar{\boldsymbol{x}},t)=\bar{J}(\bar{\boldsymbol{x}},t)-J^{**}(\boldsymbol{x}^{**},t)$，其中$J^{**}(\boldsymbol{x}^{**},t)=\phi\left[\bar{\boldsymbol{x}}(t_{\mathrm{f}}),t_{\mathrm{f}}\right]+\int_{t}^{t_{\mathrm{f}}}F\left[\boldsymbol{x}^{**}(\tau),\boldsymbol{u}^{**}(\tau),\tau\right]\mathrm{d}\tau$。定义系数$C=\Delta v(\bar{\boldsymbol{x}},t)/\left|a(\boldsymbol{x},t)\right|$，若该系数位于 0.5～1，则可以认为$\delta\boldsymbol{x}^{**}$是一个小量。

当得到小量$\delta\boldsymbol{x}^{**}$所对应的$\boldsymbol{u}^{**}$之后，相应的最优控制为$\boldsymbol{u}^{*}=\boldsymbol{u}^{**}+\beta\delta\boldsymbol{x}^{**}$，其中$\beta$由式(2.47)给定。至于$\delta\boldsymbol{x}^{**}$的计算，可以根据$\boldsymbol{u}=\boldsymbol{u}^{**}$和$\boldsymbol{u}=\boldsymbol{u}^{0}$计算相应的状态轨迹之差。因为$\delta\boldsymbol{x}^{**}$的计算需要知道$\boldsymbol{u}^{*}$和$\boldsymbol{u}^{**}$，而$\boldsymbol{u}^{*}$的计算需要知道$\delta\boldsymbol{x}^{**}$，所以需要使用迭代方法求解。

当$\delta\boldsymbol{x}^{**}$是小量时，对哈密顿函数$H(\boldsymbol{x},\boldsymbol{u},t,v_{\boldsymbol{x}})$求极小可以避开对$\delta\boldsymbol{x}^{**}$的计算，令

$$\boldsymbol{u}^{*}=\left\{\boldsymbol{u}\left|\min_{\boldsymbol{u}}H\left(\bar{\boldsymbol{x}}+\delta\boldsymbol{x},\boldsymbol{u},t,v_{\boldsymbol{x}}+v_{\boldsymbol{xx}}\delta\boldsymbol{x}\right)\right.\right\}\tag{2.53}$$

根据式(2.49)可得$v_{\boldsymbol{x}}$和$v_{\boldsymbol{xx}}$。通过$\boldsymbol{u}=\bar{\boldsymbol{u}}$和$\boldsymbol{u}=\boldsymbol{u}^{*}$对应的状态轨迹差可得$\delta\boldsymbol{x}$。

在以上基本原理的基础上，可以归纳出微分动态规划法的计算步骤。

(1) 进行初始估计$\bar{\boldsymbol{u}}$，同时给定一个小量η。

(2) 根据$\bar{\boldsymbol{u}}$和最优控制问题(2.39)中的状态方程来计算轨迹$\bar{\boldsymbol{x}}(t)$和相应的泛函目标函数$\bar{J}=\phi\left[\bar{\boldsymbol{x}}(t_{\mathrm{f}}),t_{\mathrm{f}}\right]+\int_{t_0}^{t_{\mathrm{f}}}F(\bar{\boldsymbol{x}},\bar{\boldsymbol{u}},\tau)\mathrm{d}\tau$。

(3) 对方程(2.50)和方程(2.51)逆时间方向进行积分，可得$a^{0}(\bar{\boldsymbol{x}},t)$、$v_{\boldsymbol{x}}$和$v_{\boldsymbol{xx}}$。其中$\boldsymbol{u}^{0}$由方程(2.45)的解$\boldsymbol{u}^{0}=\tilde{\boldsymbol{u}}(\bar{\boldsymbol{x}},t,v_{\boldsymbol{x}})$决定。在积分过程中，根据$a^{0}(\bar{\boldsymbol{x}},t)\geqslant\eta$可以确定相应的时刻$\tilde{t}$。

(4) 若$\tilde{t}=t_0$，可得$\bar{\boldsymbol{u}}$是最优控制，停止；否则，继续。

(5) 根据式(2.53)计算$\boldsymbol{u}^{*}(t)$ $\left(t\in\left[\tilde{t},t_{\mathrm{f}}\right]\right)$，令$\boldsymbol{u}(t)=\begin{cases}\bar{\boldsymbol{u}}(t), & t_0\leqslant t<\tilde{t}\\ \boldsymbol{u}^{*}(t), & \tilde{t}\leqslant t\leqslant t_{\mathrm{f}}\end{cases}$。

(6) 根据$\boldsymbol{u}(t)$和状态方程计算相应的轨迹$\boldsymbol{x}(t)$和性能指标泛函J。

(7) 计算$C=\left(\bar{J}-J\right)/a\left(\bar{\boldsymbol{x}},\tilde{t}\right)$。

(8) 若$0.5\leqslant C\leqslant 1$，则令$\bar{\boldsymbol{u}}(t)=\boldsymbol{u}(t)$，转至步骤(1)；否则，令$\tilde{t}=\tilde{t}+t_{\mathrm{f}}-\tilde{t}/2$，转至步骤(5)。

如果在迭代过程中，t增加至$t=t_{\mathrm{f}}-1$时仍然无法满足条件$0.5\leqslant C\leqslant 1$，则迭代过程不收敛。此时可以将条件改为$C>0$再次尝试迭代计算。

例如，用微分动态规划法求解如下最优控制问题：

$$\begin{cases}\min\limits_{u\in\boldsymbol{R}} & J=\int_0^{10}\left(x_1^2+x_2^4+u^2\right)\mathrm{d}t\\ \text{s.t.} & \dot{x}_1=x_2\\ & \dot{x}_2=-x_1+x_2+u\\ & x_1(0)=3.5, x_2(0)=0\end{cases}$$

此时若取初始控制$u=0$，则算法不收敛。由此可见微分动态规划法对初始控制的合理性和精度较为敏感。

此时，先使用共轭梯度方法迭代 10 次，让控制量向最优控制靠近。然后以此控制量作为微分动态规划法的初始控制进行迭代，在第 4 次迭代时得到接近最优的目标泛函值$J=45.58$。这表明微分动态规划法在最优解附近有很好的收敛性。

微分动态规划法的缺点在于其较为复杂，计算时间较长，算法的收敛性对初始控制较为敏感，且要存储随时间变化的矩阵$v_{\boldsymbol{xx}}$，当变量维数较大时，其将是一个大规模矩阵，对存储空间要求很高。当使用如共轭梯度等方法的收敛速度明显下降时，改用微分动态规划法可以提高最优控制问题解算的收敛速度。

2.3.2　自适应动态规划法

动态规划法将最优控制问题转化为多级决策递推函数关系进行求解。对于非线性系统来说，这种方法存在着维数灾难的问题。自适应动态规划(ADP)法有效解决了这个问题。该方法基于一种模型-评价-执行三网联合结构。通过对控制策略和评价函数的迭代更新，渐进得到最优控制方案。ADP 法的三个网络分别是模型网络、评价网络和执行网络。以下给出典型的非线性连续系统最优控制问题的 ADP 法。

1. 非线性连续系统最优控制问题的策略迭代算法

这里针对如下最优控制问题给出相应的策略迭代算法：

$$\begin{cases}\min\limits_{\boldsymbol{u}(t)} & J(t_0)=\int_{t_0}^{\infty}F\left[\boldsymbol{x}(t),\boldsymbol{u}(t)\right]\mathrm{d}t\\ \text{s.t.} & \dot{\boldsymbol{x}}=\boldsymbol{f}\left[\boldsymbol{x}(t)\right]+\boldsymbol{g}\left[\boldsymbol{x}(t)\right]\boldsymbol{u}(t)\\ & \boldsymbol{x}(t_0)=\boldsymbol{x}_0\end{cases}\tag{2.54}$$

其中，$\boldsymbol{f}:\boldsymbol{R}^n\to\boldsymbol{R}^n$和$\boldsymbol{g}:\boldsymbol{R}^n\to\boldsymbol{R}^{n\times m}$是非线性函数。假设$F\left[\boldsymbol{x}(t),\boldsymbol{u}(t)\right]$的形式为

$$F\left[\boldsymbol{x}(t),\boldsymbol{u}(t)\right]=\boldsymbol{x}^{\mathrm{T}}\boldsymbol{Q}\boldsymbol{x}+\boldsymbol{u}^{\mathrm{T}}\boldsymbol{R}\boldsymbol{u}\tag{2.55}$$

其中，$\boldsymbol{Q}\in\boldsymbol{R}^{n\times n}$ 和 $\boldsymbol{R}\in\boldsymbol{R}^{m\times m}$ 是正定对称阵，则定义最优控制问题(2.54)的值为

$$v(\boldsymbol{x}(t))=\min_{\boldsymbol{u}} J(t)=\min_{\boldsymbol{u}}\left\{\int_t^{\infty} F\left[\boldsymbol{x}(\tau),\boldsymbol{u}(\tau)\right]\mathrm{d}\tau\right\}$$

相应的最优控制策略是

$$\boldsymbol{u}^*(\boldsymbol{x})=-\frac{1}{2}R^{-1}\boldsymbol{g}^{\mathrm{T}}(\boldsymbol{x})\nabla_{\boldsymbol{x}}v(\boldsymbol{x}(t)) \tag{2.56}$$

值函数 $v(\boldsymbol{x})$ 满足下列 HJB 方程：

$$(\nabla_{\boldsymbol{x}}v(\boldsymbol{x}))^{\mathrm{T}}\left[\boldsymbol{f}(\boldsymbol{x})+\boldsymbol{g}(\boldsymbol{x})\boldsymbol{u}^*(\boldsymbol{x})\right]+F\left[\boldsymbol{x},\boldsymbol{u}^*(\boldsymbol{x})\right]=0 \tag{2.57}$$

求解该 HJB 方程需要同时求解最优的控制策略和值函数，采用传统方法进行计算十分困难。ADP 的策略迭代算法是有效的解决方案。

策略迭代从一个容许控制 $\boldsymbol{u}^{(0)}(\boldsymbol{x})$ 出发，根据最优控制策略(2.56)和 HJB 方程(2.57)迭代改进控制策略和值函数，直至收敛为止。具体步骤如下。

(1) 初始化：令 $k=0$；给定收敛条件的参数 $\varepsilon_v>0$；给出容许控制 $\boldsymbol{u}^{(0)}(\boldsymbol{x})$。

(2) 第 k 次值函数 $v^{(k)}(\boldsymbol{x})$ 计算：根据式(2.58)计算 $v^{(k)}(\boldsymbol{x})$ 为

$$(\nabla_{\boldsymbol{x}}v^{(k)}(\boldsymbol{x}))^{\mathrm{T}}\left[\boldsymbol{f}(\boldsymbol{x})+\boldsymbol{g}(\boldsymbol{x})\boldsymbol{u}^{(k)}(\boldsymbol{x})\right]+F\left[\boldsymbol{x},\boldsymbol{u}^{(k)}(\boldsymbol{x})\right]=0 \tag{2.58}$$

(3) 第 k 次(控制)策略 $\boldsymbol{u}^{(k)}(\boldsymbol{x})$ 迭代：根据式(2.59)计算 $\boldsymbol{u}^{(k)}(\boldsymbol{x})$ 为

$$\boldsymbol{u}^{(k)}(\boldsymbol{x})=-\frac{1}{2}\boldsymbol{R}^{-1}\boldsymbol{g}^{\mathrm{T}}(\boldsymbol{x})\nabla_{\boldsymbol{x}}v^{(k)}(\boldsymbol{x}(t)) \tag{2.59}$$

(4) 收敛判定：若在给定紧集上有 $\left\|v^{(k)}(\boldsymbol{x})-v^{(k-1)}(\boldsymbol{x})\right\|\leqslant\varepsilon_v$，则计算收敛，此时有 $\boldsymbol{u}^*(\boldsymbol{x})=\boldsymbol{u}^{(k)}(\boldsymbol{x})$，$v(\boldsymbol{x})=v^{(k)}(\boldsymbol{x})$，停止迭代；否则，令 $k=k+1$，转至步骤(2)。

2. 非线性连续系统最优控制问题的值迭代算法

策略迭代算法需要人为给定初始容许控制 $\boldsymbol{u}^{(0)}(\boldsymbol{x})$，而值迭代算法不需给定初始容许控制。该算法给定一个初始值函数 $v^{(0)}(\boldsymbol{x})$，然后开始迭代改进最优控制问题的策略和值。值迭代算法对使用者的要求相对较低。针对最优控制问题(2.54)，其值迭代算法的具体步骤如下。

(1) 初始化：令 $k=0$；给定收敛条件的参数 $\varepsilon_v>0$；给出值函数初始值 $v^{(0)}(\boldsymbol{x})\geqslant 0$。

(2) 第 k 次策略 $\boldsymbol{u}^{(k)}(\boldsymbol{x})$ 计算：根据式(2.60)计算 $\boldsymbol{u}^{(k)}(\boldsymbol{x})$ 为

$$\boldsymbol{u}^{(k)}(\boldsymbol{x}) = -\frac{1}{2}\boldsymbol{R}^{-1}\boldsymbol{g}^{\mathrm{T}}(\boldsymbol{x})\nabla_x v^{(k)}(\boldsymbol{x}(t)) \tag{2.60}$$

(3) 第 $k+1$ 次值函数 $v^{(k+1)}(\boldsymbol{x})$ 迭代：根据式(2.61)计算 $v^{(k+1)}(\boldsymbol{x})$ 为

$$v^{(k+1)}(\boldsymbol{x}) = \int_t^{t+\Delta t} F\left[\boldsymbol{x}(\tau), \boldsymbol{u}^{(k)}(\tau)\right]\mathrm{d}\tau + v^{(k)}(\boldsymbol{x}(t+\Delta t)) \tag{2.61}$$

(4) 收敛判定：若在给定紧集上有 $\left\|v^{(k+1)}(\boldsymbol{x}) - v^{(k)}(\boldsymbol{x})\right\| \leqslant \varepsilon_v$，则计算收敛，令 $\boldsymbol{u}^*(\boldsymbol{x}) = \boldsymbol{u}^{(k)}(\boldsymbol{x})$, $v(\boldsymbol{x}) = v^{(k+1)}(\boldsymbol{x})$，并停止迭代；否则，令 $k = k+1$，转至步骤(2)。

策略迭代算法相较于值迭代算法而言，虽然需要用户提供控制策略的初始容许控制，但是其具有每一步迭代过程中的控制策略均可行，且收敛速度快的优点。相较而言，值迭代算法在每一步迭代过程中的控制策略未必可行，且收敛速度相对较慢。

2.4 基于伪谱法的直接法

直接法将优化问题直接离散化为非线性规划(nonlinear programming，NLP)问题，然后采用数值优化算法来解决相应的非线性规划问题。本节以飞行器快速攻击引导为例给出最优控制问题的直接法求解算法。这是一个以载机进入攻击区边界为终止条件的时间最短最优控制问题。针对该问题构建相应的最优控制模型，分别基于厄米-辛普森法和伪谱法将该最优控制问题离散化为非线性规划问题。

2.4.1 问题描述和基于厄米-辛普森法构造非线性规划问题

1. 问题描述

攻击区是指目标周围的一个空间区域，当载机在此区域发射导弹时，需满足对目标有效毁伤的末端条件，包括弹上能源工作时间、弹道末端的脱靶量和相对速度等条件[190]。假设目标以某种给定方式进行机动，具体包括弹道末端的终端时刻不大于弹上能源工作时间 $T_{\max}$，终端时刻的弹目相对距离不超过有效毁伤目标的最大脱靶量 $\mathrm{MD}_{\max}$，终端时刻的弹目相对速度不小于最小相对速度 $v_{\mathrm{MTf}}^{\min}$，且不超过引战系统正常工作的最大相对速度 $v_{\mathrm{MTf}}^{\max}$ 等。

这些末端量的大小是载机发射导弹时同目标间距离 r、视线角 q、载机速度大小 v_{A}、目标速度大小 v_{T}、载机和目标的航向角 φ_{A} 和 φ_{T} 等的函数。当 r 满足关于 q、v_{A}、v_{T}、φ_{A} 和 φ_{T} 的函数不等式关系时，载机发射导弹才能有效毁伤目标。此时，r 的最大值是攻击区的远边界，记为 $R_{\max}$ [191-193]，有

$$R_{\max}=R_{\max}\left(v_{\mathrm{A}},v_{\mathrm{T}},\eta_{\mathrm{A}},\eta_{\mathrm{T}}\right) \tag{2.62}$$

其中，$\eta_{\mathrm{A}}=q-\varphi_{\mathrm{A}}$，$\eta_{\mathrm{T}}=q-\varphi_{\mathrm{T}}$，$\eta_{\mathrm{A}}$和$\eta_{\mathrm{T}}$沿载机至目标视线的顺时针方向为正。

式(2.62)中的$R_{\max}$是神经网络所要拟合的攻击区函数。训练样本在弹目相对运动模型的基础上采用攻击区模拟方法生成[190, 191]。

假设载机和目标的速度大小不变，则平面上载机同目标之间的相对运动方程为

$$\begin{cases}\dot{r}=v_{\mathrm{T}}\cos\eta_{\mathrm{T}}-v_{\mathrm{A}}\cos\eta_{\mathrm{A}}\\ \dot{\eta}_{\mathrm{A}}=\dfrac{1}{r}\left(v_{\mathrm{A}}\sin\eta_{\mathrm{A}}-v_{\mathrm{T}}\sin\eta_{\mathrm{T}}\right)-\dfrac{u_{\mathrm{A}}}{v_{\mathrm{A}}}\\ \dot{\eta}_{\mathrm{T}}=\dfrac{1}{r}\left(v_{\mathrm{A}}\sin\eta_{\mathrm{A}}-v_{\mathrm{T}}\sin\eta_{\mathrm{T}}\right)-\dfrac{u_{\mathrm{T}}}{v_{\mathrm{T}}}\end{cases} \tag{2.63}$$

其中，控制量u_{A}和u_{T}分别是载机和目标的法向加速度。假设$v_{\mathrm{A}}>v_{\mathrm{T}}$，且目标的机动策略$u_{\mathrm{T}}(t)$已知。记状态变量向量$\boldsymbol{x}=\left[r \quad \eta_{\mathrm{A}} \quad \eta_{\mathrm{T}}\right]^{\mathrm{T}}$，可将方程(2.63)简记为

$$\dot{\boldsymbol{x}}(t)=\boldsymbol{f}\left[\boldsymbol{x}(t),u_{\mathrm{A}}(t)\right] \tag{2.64}$$

快速攻击引导的目的是在最短时间内将飞机引导至目标的攻击区边界上。这是一个生存型最优控制问题，其终端时刻t_{f}不固定。出于数值求解的考虑，对时间进行线性变换[194]：

$$\tau=\left(t-t_0\right)/\left(t_{\mathrm{f}}-t_0\right) \tag{2.65}$$

此时状态方程(2.64)变为$\dot{\boldsymbol{x}}(\tau)=\left(t_{\mathrm{f}}-t_0\right)\boldsymbol{f}\left[\boldsymbol{x}(\tau),\boldsymbol{u}(\tau)\right]$。可得相应的最优控制问题：

$$\begin{cases}\min\limits_{u_{\mathrm{A}}} \quad J=t_{\mathrm{f}}\\ \text{s.t.} \quad \dot{\boldsymbol{x}}(\tau)=\left(t_{\mathrm{f}}-t_0\right)\boldsymbol{f}\left[\boldsymbol{x}(\tau),u_{\mathrm{A}}(\tau)\right]\\ \qquad \Psi\left[\boldsymbol{x}(\tau_{\mathrm{f}})\right]=r(\tau_{\mathrm{f}})-R_{\max}\left(\boldsymbol{x}(\tau_{\mathrm{f}})\right)=0\\ \qquad t_{\mathrm{f}}>t_0,\left\|u_{\mathrm{A}}\right\|\leqslant u_{\mathrm{Amax}}\end{cases} \tag{2.66}$$

其中，$\tau_{\mathrm{f}}=1$；$R_{\max}\left(\boldsymbol{x}(\tau_{\mathrm{f}})\right)$是$\eta_{\mathrm{A}}(\tau_{\mathrm{f}})$、$\eta_{\mathrm{T}}(\tau_{\mathrm{f}})$和$v_{\mathrm{A}}$、$v_{\mathrm{T}}$所对应的攻击区域边界；$u_{\mathrm{Amax}}$是载机的最大法向过载。

2. 基于 Hermite-Simpson 法构造非线性规划问题

这里采用 Hermite-Simpson 法将最优控制问题(2.66)离散化为非线性规划问题。该方法是四阶 Lobatto ⅢA 法[195]。

将$\left[t_k,t_{kf}\right]$区间等分为$M-1$个片段，相应的时间步长h_k为

$$h_k=(t_{kf}-t_k)/(M-1) \tag{2.67}$$

定义 NLP 优化变量为 $\boldsymbol{y}=\left[t_{kf},u_{\mathrm{A},1},\bar{u}_{\mathrm{A},2},\boldsymbol{x}_2^{\mathrm{T}},u_{\mathrm{A},2},\cdots,\bar{u}_{\mathrm{A},M},\boldsymbol{x}_M^{\mathrm{T}},u_{\mathrm{A},M}\right]^{\mathrm{T}}$，其中 $\bar{u}_{\mathrm{A}}$ 是 $M-1$ 个有限元的端点处的控制量。NLP 中的不等式约束条件为 $\boldsymbol{C}_{\mathrm{INEQ}}^{\mathrm{L}}\leqslant\boldsymbol{C}_{\mathrm{INEQ}}(\boldsymbol{y})\leqslant\boldsymbol{C}_{\mathrm{INEQ}}^{\mathrm{U}}$，即

$$\boldsymbol{C}_{\mathrm{INEQ}}(\boldsymbol{y})=\left[t_{kf},u_{\mathrm{A},1},\bar{u}_{\mathrm{A},2},u_{\mathrm{A},2},\cdots,\bar{u}_{\mathrm{A},M},u_{\mathrm{A},M}\right]^{\mathrm{T}}$$
$$\boldsymbol{C}_{\mathrm{INEQ}}^{\mathrm{L}}=\left[\varepsilon_t,-u_{\mathrm{A,max}},\cdots,-u_{\mathrm{A,max}}\right]^{\mathrm{T}}$$
$$\boldsymbol{C}_{\mathrm{INEQ}}^{\mathrm{U}}=\left[T_{\max},u_{\mathrm{A,max}},\cdots,u_{\mathrm{A,max}}\right]^{\mathrm{T}}$$

其中，ε_t 和 $T_{\max}$ 分别是最优控制问题的最长和最短持续时间，$\varepsilon_t>0$，$T_{\max}>0$。

NLP 命题中的等式约束条件可通过 Hermite-Simpson 法得到：

$$\boldsymbol{C}_{\mathrm{EQ}}(\boldsymbol{y})=\left[\boldsymbol{C}_1^{\mathrm{T}}(\boldsymbol{y}),\boldsymbol{C}_2^{\mathrm{T}}(\boldsymbol{y}),\cdots,\boldsymbol{C}_M^{\mathrm{T}}(\boldsymbol{y})\right]^{\mathrm{T}}=\boldsymbol{0} \tag{2.68}$$

其中，第1～$(M-1)$个标量方程对应着最优控制问题(2.66)中的离散化正则方程，具体形式为

$$\boldsymbol{C}_i(\boldsymbol{y})=\boldsymbol{x}_{i+1}-\boldsymbol{x}_i-\frac{h}{6}\left(\boldsymbol{F}_{i+1}+4\bar{\boldsymbol{F}}_{i+1}+\boldsymbol{F}_i\right) \tag{2.69}$$

其中，

$$\boldsymbol{F}_i=(t_{\mathrm{f}}-t_0)\boldsymbol{f}\left[\boldsymbol{x}(\tau),u_{\mathrm{A}}(\tau)\right] \tag{2.70}$$

并且

$$\bar{\boldsymbol{F}}_{i+1}=\boldsymbol{F}\left[\frac{1}{2}(\boldsymbol{x}_{i+1}+\boldsymbol{x}_i)+\frac{h}{8}(\boldsymbol{F}_i-\boldsymbol{F}_{i+1}),\bar{u}_{\mathrm{A},i+1}\right] \tag{2.71}$$

等式约束条件(2.68)中第 M 个标量方程对应着最优控制问题(2.66)中的终端约束，有

$$\boldsymbol{C}_M(\boldsymbol{y})=\varPsi\left[\boldsymbol{x}(t_{kf})\right]=r(t_{kf})-R_{\max}(\boldsymbol{x}(t_{kf})) \tag{2.72}$$

记列向量 $\boldsymbol{C}_{\mathrm{EQ}}^{\mathrm{L}}=\boldsymbol{C}_{\mathrm{EQ}}^{\mathrm{U}}=\boldsymbol{0}$，则非线性规划问题形式为

$$\begin{cases}\min\limits_{\boldsymbol{y}} & J=t_{kf}\\ \text{s.t.} & \boldsymbol{C}^{\mathrm{L}}\leqslant\boldsymbol{C}(\boldsymbol{y})\leqslant\boldsymbol{C}^{\mathrm{U}}\end{cases} \tag{2.73}$$

其中，$\boldsymbol{C}(\boldsymbol{y})=\left[\boldsymbol{C}_{\mathrm{INEQ}}^{\mathrm{T}}(\boldsymbol{y})\quad\boldsymbol{C}_{\mathrm{EQ}}^{\mathrm{T}}(\boldsymbol{y})\right]^{\mathrm{T}}$；$\boldsymbol{C}^{\mathrm{L}}=\left[\left(\boldsymbol{C}_{\mathrm{INEQ}}^{\mathrm{L}}\right)^{\mathrm{T}}\quad\left(\boldsymbol{C}_{\mathrm{EQ}}^{\mathrm{L}}\right)^{\mathrm{T}}\right]^{\mathrm{T}}$；$\boldsymbol{C}^{\mathrm{U}}=\left[\left(\boldsymbol{C}_{\mathrm{INEQ}}^{\mathrm{U}}\right)^{\mathrm{T}}\right.$

$\left(\boldsymbol{C}_{\mathrm{EQ}}^{\mathrm{U}}\right)^{\mathrm{T}}\Big]^{\mathrm{T}}$。

以上基于直接法将最优控制问题转化为非线性规划问题，从而可以采用内点法或序列二次规划算法来计算相应的最优解 $\boldsymbol{y}^*$[196-198]。

2.4.2　基于伪谱法构造非线性规划问题

伪谱法使用正交多项式对状态变量和控制变量进行离散化。其优点在于高斯(Gauss)积分公式精度高，其次状态变量导数 $\dot{\boldsymbol{x}}$ 能够以较高精度表示为 $\boldsymbol{x}$ 在离散时间点上的线性组合，且基于正交配置的收敛速度优于采用普通分段多项式配置法的收敛速度。

1. 时间变换

首先对时间 $t\in\left[t_0,t_{\mathrm{f}}\right]$ 进行线性变换 $\tau=\left(2t-t_{\mathrm{f}}-t_0\right)/\left(t_{\mathrm{f}}-t_0\right)\in\left[-1,1\right]$[199]，从而本节中的攻击引导例子对应如下形式的最优控制问题：

$$\begin{cases}\min\limits_{u_{\mathrm{A}}(\tau),t_{\mathrm{f}}} & J=t_{\mathrm{f}}\\ \text{s.t.} & \dot{\boldsymbol{x}}(\tau)=\dfrac{t_{\mathrm{f}}-t_0}{2}\boldsymbol{f}\left[\boldsymbol{x}(\tau),u_{\mathrm{A}}(\tau)\right]\\ & \Psi\left[\boldsymbol{x}(\tau_{\mathrm{f}})\right]=r(\tau_{\mathrm{f}})-R_{\max}\left(\boldsymbol{x}(\tau_{\mathrm{f}})\right)=0\\ & \boldsymbol{C}_{\mathrm{I}}\left(u_{\mathrm{A}}(\tau),t_{\mathrm{f}}\right)\leqslant 0\end{cases}\tag{2.74}$$

其中，$\tau_{\mathrm{f}}=1$；$\boldsymbol{C}_{\mathrm{I}}\left(u_{\mathrm{A}}(\tau),t_{\mathrm{f}}\right)=\left[t_0-t_{\mathrm{f}}\quad -u_{\mathrm{Amax}}+u_{\mathrm{A}}(\tau)\quad -u_{\mathrm{Amax}}-u_{\mathrm{A}}(\tau)\right]^{\mathrm{T}}\leqslant\boldsymbol{0}$。

2. 状态变量和控制变量的离散化

其次在 $[-1,1]$ 上离散化状态变量和控制变量。若 $(-1,1)$ 上的 N 个离散时间点是 N 次 Legendre 多项式 $P_N(\tau)=\dfrac{1}{2^N N!}\dfrac{\mathrm{d}^N}{\mathrm{d}\tau^N}\left[\left(\tau^2-1\right)^N\right]$ 的零点，则称这些离散点为 Gauss 离散点。这些点和 $[-1,1]$ 区间的两个边界点合在一起成为 LG 节点。离散化计算建立在 LG 节点之上。

在 LG 节点上定义基于 Lagrange 插值的近似状态和控制函数为

$$\boldsymbol{X}(\tau)=\sum_{i=0}^{N}L_i(\tau)\boldsymbol{X}(\tau_i)=\sum_{i=0}^{N}L_i(\tau)\boldsymbol{X}_i$$

$$U_{\mathrm{A}}(\tau)=\sum_{j=1}^{N}\tilde{L}_j(\tau)U_{\mathrm{A}}(\tau_j)=\sum_{j=1}^{N}\tilde{L}_j(\tau)U_{\mathrm{A}j}$$

其中，$\boldsymbol{X}(\tau_i)=\boldsymbol{X}_i$ 和 $U_{\mathrm{A}}(\tau_j)=U_{\mathrm{A}j}$ 分别是 $\tau_i\,(i=0,1,\cdots,N)$ 和 $\tau_j\,(j=1,2,\cdots,N)$ 时刻状态和控制变量的取值；$L_i(\tau)$ 和 $\tilde{L}_i(\tau)$ 分别是 N+1 次和 N 次 Lagrange 插值多项式，有 $L_i(\tau)=\prod\limits_{j=0,j\neq i}^{N}\dfrac{\tau-\tau_j}{\tau_i-\tau_j}$，$\tilde{L}_i(\tau)=\prod\limits_{j=1,j\neq i}^{N}\dfrac{\tau-\tau_j}{\tau_i-\tau_j}$。令 $b(\tau)=\prod\limits_{i=0}^{N}(\tau-\tau_i)$，则 $L_i(\tau)=\dfrac{b(\tau)}{(\tau-\tau_i)\dot{b}(\tau)}$。此时 $\boldsymbol{x}(\tau)$、$u_{\mathrm{A}}(\tau)$ 同离散点上近似函数的关系为 $\boldsymbol{x}(\tau)\approx\boldsymbol{X}(\tau)$，$u_{\mathrm{A}}(\tau)\approx U_{\mathrm{A}}(\tau)$。状态变量的导数在 Gauss 离散点 τ_k 上有 $\dot{\boldsymbol{x}}(\tau_k)\approx\dot{\boldsymbol{X}}(\tau_k)=\sum\limits_{i=0}^{N}\dot{L}_i(\tau_k)\boldsymbol{X}_i$。定义状态微分矩阵 $\boldsymbol{D}\in\boldsymbol{R}^{N\times(N+1)}$ 的元素 $D_{k,i}$：

$$D_{k,i}=\dot{L}_i(\tau_k)=\begin{cases}\dfrac{\dot{b}(\tau_k)}{\dot{b}(\tau_i)(\tau_k-\tau_i)}, & k\neq i\\ \dfrac{\ddot{b}(\tau_k)}{2\dot{b}(\tau_k)}, & k=i\end{cases},\quad i=0,1,\cdots,N,\ \ k=1,2,\cdots,N \tag{2.75}$$

则有 $\dot{\boldsymbol{x}}(\tau_k)\approx\sum\limits_{i=0}^{N}D_{k,i}\boldsymbol{X}_i$。此时问题(2.74)中状态方程的离散化形式为

$$\sum_{i=0}^{N}D_{k,i}\boldsymbol{X}_i=\frac{t_{\mathrm{f}}-t_0}{2}\boldsymbol{f}(\boldsymbol{X}_k,U_{\mathrm{A}k}),\quad k=1,2,\cdots,N \tag{2.76}$$

3. 路径约束和终端状态

路径约束 $\boldsymbol{C}_{\mathrm{I}}(u_{\mathrm{A}},t_{\mathrm{f}})$ 在 LG 节点上的离散化形式为

$$\boldsymbol{C}_{\mathrm{I}}(U_{\mathrm{A}k},t_{\mathrm{f}})=\begin{bmatrix}t_0-t_{\mathrm{f}}\\ -u_{\mathrm{Amax}}+U_{\mathrm{A1}}\\ -u_{\mathrm{Amax}}-U_{\mathrm{A1}}\\ \vdots\\ -u_{\mathrm{Amax}}+U_{\mathrm{A}N}\\ -u_{\mathrm{Amax}}-U_{\mathrm{A}N}\end{bmatrix}\leqslant 0 \tag{2.77}$$

为了给出问题(2.74)中的终端约束，需要根据如下方式计算终端状态 $\boldsymbol{X}_{\mathrm{f}}$：

$$\boldsymbol{X}_{\mathrm{f}}=\boldsymbol{X}_{N+1}\approx\boldsymbol{X}_0+\frac{t_{\mathrm{f}}-t_0}{2}\sum_{k=1}^{N}w_k\boldsymbol{f}(\boldsymbol{X}_k,U_{\mathrm{A}k}) \tag{2.78}$$

其中，$w_k=\dfrac{2}{(1-\tau_k^2)P_N^2(\tau_k)}$，$k=1,2,\cdots,N$ 是 Gauss 积分公式中的权重。相对于 Radau

和 Legendre 伪谱法来说，Gauss 伪谱法的积分精度更高。

4. 基于 Gauss 伪谱法离散化所得的 NLP 问题

在 N 个 LG 节点上对最优控制问题(2.74)进行离散化，可得如下 NLP 问题：

$$\begin{cases} \min\limits_{u_{\mathrm{A}i}, i=1\sim N, t_{\mathrm{f}}} & J = t_{\mathrm{f}} \\ \text{s.t.} & \sum\limits_{i=0}^{N} D_{k,i} \boldsymbol{X}_i - \dfrac{t_{\mathrm{f}} - t_0}{2} f\left(\boldsymbol{X}_k, U_{\mathrm{A}k}\right) = 0, \quad k = 1, 2, \cdots, N \\ & \Psi\left(\boldsymbol{X}_{\mathrm{f}}\right) = r\left(\tau_{\mathrm{f}}\right) - R_{\max}\left(\boldsymbol{X}_{\mathrm{f}}\right) = 0 \\ & \boldsymbol{C}_{\mathrm{I}}\left(U_{\mathrm{A}k}, t_{\mathrm{f}}\right) \leqslant 0 \\ & \boldsymbol{X}_{\mathrm{f}} - \boldsymbol{X}_0 - \dfrac{t_{\mathrm{f}} - t_0}{2} \sum\limits_{k=1}^{N} w_k \boldsymbol{f}\left(\boldsymbol{X}_k, U_{\mathrm{A}k}\right) = 0 \end{cases} \tag{2.79}$$

基于 NLP 求解算法就可以解得该问题的最优控制策略 $U_{\mathrm{A}k}^{*}$ 和最优状态 $\boldsymbol{X}_k^{*}$。

2.5　本 章 小 结

相较于微分对策这种多边动态优化问题而言，最优控制是一种单边动态优化问题。了解最优控制问题的形式和求解方法，对于学习和掌握微分对策理论有着很好的帮助作用。

本章首先介绍了最优控制问题的一般形式。最优控制问题通常包含性能指标、微分方程约束、代数方程约束、代数不等式约束和边界条件等。

极小值原理针对终端时刻和终端状态是否受约束的情况建立了由性能指标、微分方程约束、代数不等式约束和不同边界条件所组成的最优控制问题的一阶最优性必要条件。这些最优性必要条件包含正则方程和哈密顿函数取极小的问题，以及由初始条件、终端条件、横截条件和最优终端时刻条件所形成的求解正则方程的边界条件。本章在讨论间接求解算法时，基于极小值原理给出了梯度法和边界迭代法。

动态规划原理将最优控制问题看作一种最优多级决策过程，从中引申出哈密顿-雅可比-贝尔曼方程。该方程也是最优控制问题的最优性必要条件，并和极小值原理具有某种等价性。然而，基于经典偏微分方程解法对 HJB 方程进行求解非常困难。后期发展起来的微分动态规划法和自适应动态规划法能够有效地求解 HJB 方程。本章基于动态规划原理，给出了微分动态规划和自适应动态规划相关的基本算法。

通过求解极小值原理或动态规划原理所对应的常微分方程组或偏微分方程来

得到最优控制问题解的方法是间接性的。本章最后给出了最优控制问题的直接求解方法，即对关于时间连续的状态变量和控制变量直接进行离散化，将原最优控制问题转化成 NLP 问题，从而使用 NLP 算法进行求解，最终得到离散时间点上的最优控制序列和系统状态序列。这里以飞行器快速攻击引导的最优控制问题为例，分别采用 Hermite-Simpson 法和伪谱法将其离散化为 NLP 问题。

第 3 章　微分对策基础理论

在飞行器对抗过程中，最优控制方法需要假设目标未来控制策略已知，由此建立单边控制。与之相比，微分对策方法在开始构造问题时就将目标视为对等的参与人，从而得到多方或具有多个不同控制器的动态优化问题。这种问题不需对目标的未来具体控制策略进行假设，而只需考虑目标的机动能力范围，并针对该机动能力范围制定出最优控制策略。

微分对策是一种多个参与人相互动态博弈的过程，各参与人根据观测到的其他参与人的最新动态信息进行决策，以改进、优化自己的目标。参与人的行动顺序及在决策时所知的信息对博弈的结局影响重大。针对这一点，本章对动态博弈进行扩展式描述，引申出上 δ 策略、下 δ 策略和 δ 对策等微分对策基本概念。在此基础上对二人零和这种定量微分对策问题及其鞍点进行了定义，同时给出了固定逗留期微分对策鞍点的存在性和连续性性质。定量微分对策是研究使某种支付函数，即性能指标，极大化或极小化的最优策略。针对这种问题，本章描述了双方极值原理这一最优性必要条件，同时基于动态规划原理描述了该问题的贝尔曼-艾萨克斯方程和哈密顿-雅可比方程必要条件。

定性微分对策不同于定量微分对策，它关心某种结局能否实现，而非对某个指标进行优化。本章给出了典型的定性微分对策问题形式，以及其中的目标集、截获区、躲避区和界栅等概念。其中界栅是指从目标集的可用部分边界向目标集以外发出的一个曲面，该曲面将截获区和躲避区分开。本章在最后给出了界栅的构造方法。

3.1　动态博弈的扩展式描述

动态博弈中的参与人无法预先确定其他参与人在所有后继时刻的完整行动序列，如下象棋、打桥牌、飞行器对抗等。此时，每个参与人的每一步行动都需要根据其他参与人的前一步行动来选择，这类博弈称为扩展式博弈。其中所有参与人的策略集在对策开始之前就已经确定。这种博弈中，参与人的行动顺序及在行动决策时所依据的信息是清晰的。此时，博弈的策略对应的是相机行动而不是非相机行动。扩展式博弈可以看作是一个决策树的多人博弈的推广。

对于扩展式博弈来说，当参与人所能采取的策略数量有限时，可以采用对策树的方式来列举所有可能的局势和结果。当参与人采用连续策略，即策略是时间和状态的连续函数时，可以采用离散化的方式加以描述和研究，即将连续时间进行离散化，并让每一个参与人根据自己和对手的历史行动，甚至包含对手的当前行动，来做出自己的当前决策。这里假设各个参与人都完全知晓对手的历史决策信息，即具有过去的完全信息，但不知道对手的未来行为如何。此时，参与人需要根据对手的行为伺机而动，以最好地实现自己的目标。

根据上述思路可以引申出上 δ 策略、下 δ 策略和 δ 对策等微分对策基本概念。当上 δ 策略与下 δ 策略的值存在且相等时，则可以给出微分对策问题的数学形式并对微分对策的鞍点和最优策略进行定义。下面以二人零和微分对策为例给出相关定义。

3.1.1　上 δ 策略、下 δ 策略和 δ 对策

将对策的时间窗口 $[t_0,t_f]$ 进行离散化，在离散的时间区间上可以定义上 δ 策略、下 δ 策略、行动、局势、上 δ 对策及其上 δ 值、下 δ 对策及其下 δ 值，以及上、下 δ 值的基本性质。

如果将每个参与人都看作控制器，博弈过程就相当于多方控制问题。“行动”是参与人在博弈过程中的控制输出；“策略”是决定控制输出的方法，可以看作是控制器的结构；不同参与人的策略制定目标是让某个指标，即“支付泛函”达到最大或最小；所有参与人的策略均选定之后，就构成了一个“对策”；各方参与人在对策过程中完整行动序列的集合称为对策的一个具体的“局势”。

1. 时间窗口的离散化

设 δ 是较小的正常数，其与时间窗口 $[t_0,t_f]$ 之间满足等分关系 $\delta=(t_f-t_0)/n$，其中，n 为正整数。这样，时间窗口 $[t_0,t_f]$ 被划分成 n 个等长度 δ 的子区间 $I_j=(t_{j-1},t_j]$，其中 $t_j=t_0+\delta j$ ($j=1,2,\cdots,n$)。

2. 行动

设参与人甲的行动为 $\boldsymbol{u}(t)\in\boldsymbol{U}$，乙的行动为 $\boldsymbol{v}(t)\in\boldsymbol{V}$，其中 $\boldsymbol{U}$ 和 $\boldsymbol{V}$ 是定义在 $[t_0,t_f]$ 上的所有可测函数集合。在 I_j 上，行动 $\boldsymbol{u}(t)$ 和 $\boldsymbol{v}(t)$ 的可测函数集合分别记为 $\boldsymbol{U}_j$ 和 $\boldsymbol{V}_j$。对于定义在相同时间区间上的两个可测函数，若它们在该区间上几乎处处相等，则认为它们相等。

3. 上 δ 策略、下 δ 策略

假设参与人甲根据双方在之前所有时间区间的行动和参与人乙在当前子时间

区间 I_j 所采取的行动来决定他在 I_j 区间上的行动，那么就称甲在所有子时间区间 I_1～I_n 上的策略序列为甲的上 δ 策略。甲在子时间区间 I_j 上的策略定义如下：

$$\boldsymbol{\Gamma}^{\delta j}:\boldsymbol{U}_1\times\boldsymbol{V}_1\times\boldsymbol{U}_2\times\boldsymbol{V}_2\times\cdots\times\boldsymbol{U}_{j-1}\times\boldsymbol{V}_{j-1}\times\boldsymbol{V}_j\to\boldsymbol{U}_j \tag{3.1}$$

其中，策略 $\boldsymbol{\Gamma}^{\delta j}$ 是定义在可测函数集合 $\boldsymbol{U}_1$～$\boldsymbol{U}_{j-1}$ 和 $\boldsymbol{V}_1$～$\boldsymbol{V}_j$ 上的一个映射，表示甲乙双方的不同历史行动会产生不同的决策结果。需要注意的是，甲要同时根据双方的行动历史和甲乙进行博弈的系统状态来决定下一步的行动。但是该系统状态由甲乙双方的历史行动所决定，所以在式(3.1)中没有写出系统状态，以下皆同。

甲的上 δ 策略 $\boldsymbol{\Gamma}^{\delta}$ 定义为他在每个子时间区间 I_j 中的 $\boldsymbol{\Gamma}^{\delta j}$ 策略集合，即 $\boldsymbol{\Gamma}^{\delta}:=\left\{\boldsymbol{\Gamma}^{\delta 1},\boldsymbol{\Gamma}^{\delta 2},\cdots,\boldsymbol{\Gamma}^{\delta n}\right\}$，其中 $\boldsymbol{\Gamma}^{\delta j}$ 是甲在子时间区间 I_j 上的初始策略。为了统一起见，写成上述形式。

在甲的子时间区间 I_j 上，定义策略 $\boldsymbol{\Gamma}_{\delta j}$ 为 $\boldsymbol{\Gamma}_{\delta j}:\boldsymbol{U}_1\times\boldsymbol{V}_1\times\boldsymbol{U}_2\times\boldsymbol{V}_2\times\cdots\times\boldsymbol{U}_{j-1}\times\boldsymbol{V}_{j-1}\to\boldsymbol{U}_j$，则其下 δ 策略 $\boldsymbol{\Gamma}_{\delta}$ 定义为 $\boldsymbol{\Gamma}_{\delta}:=\{\boldsymbol{\Gamma}_{\delta 1},\boldsymbol{\Gamma}_{\delta 2},\cdots,\boldsymbol{\Gamma}_{\delta n}\}$，其中 $\boldsymbol{\Gamma}_{\delta j}$ 是甲在子时间区间 I_j 上的初始策略。

乙在子时间区间 I_j 的上 δ 策略定义为 $\boldsymbol{\Delta}^{\delta j}:\boldsymbol{U}_1\times\boldsymbol{V}_1\times\boldsymbol{U}_2\times\boldsymbol{V}_2\times\cdots\times\boldsymbol{U}_{j-1}\times\boldsymbol{V}_{j-1}\times\boldsymbol{U}_j\to\boldsymbol{V}_j$，乙的上 δ 策略定义为 $\boldsymbol{\Delta}^{\delta}:=\left\{\boldsymbol{\Delta}^{\delta 1},\boldsymbol{\Delta}^{\delta 2},\cdots,\boldsymbol{\Delta}^{\delta n}\right\}$。乙在子时间区间 I_j 的下 δ 策略定义为 $\boldsymbol{\Delta}_{\delta j}:\boldsymbol{U}_1\times\boldsymbol{V}_1\times\boldsymbol{U}_2\times\boldsymbol{V}_2\times\cdots\times\boldsymbol{U}_{j-1}\times\boldsymbol{V}_{j-1}\to\boldsymbol{V}_j$。乙的下 δ 策略定义为 $\boldsymbol{\Delta}_{\delta}:=\{\boldsymbol{\Delta}_{\delta 1},\boldsymbol{\Delta}_{\delta 2},\cdots,\boldsymbol{\Delta}_{\delta n}\}$。

4. 对策和局势

从上、下 δ 策略的角度看，甲乙双方所采取的策略形式通常有三种组合，包括 $\left(\boldsymbol{\Delta}_{\delta},\boldsymbol{\Gamma}^{\delta}\right)$、$\left(\boldsymbol{\Gamma}_{\delta},\boldsymbol{\Delta}^{\delta}\right)$ 和 $\left(\boldsymbol{\Gamma}_{\delta},\boldsymbol{\Delta}_{\delta}\right)$。一旦所有参与人的策略确定下来，就称这些策略构成了一个对策，用 G 表示。这里记 $\left(\boldsymbol{\Delta}_{\delta},\boldsymbol{\Gamma}^{\delta}\right)$ 构成的对策为上 δ 对策，记为 G^{δ}；$\left(\boldsymbol{\Gamma}_{\delta},\boldsymbol{\Delta}^{\delta}\right)$ 构成的对策为下 δ 对策，记为 G_{δ}；$\left(\boldsymbol{\Gamma}_{\delta},\boldsymbol{\Delta}_{\delta}\right)$ 构成的对策称为 δ 对策，记作 $G(\delta)$。在上 δ 对策中，因参与人甲在获知乙当前采取的行动之后才进行决策，所以在相应的策略对 $\left(\boldsymbol{\Delta}_{\delta},\boldsymbol{\Gamma}^{\delta}\right)$ 中，将乙的下 δ 策略放到前面以表示甲乙双方的决策顺序。

称各个参与人根据自身策略所制定的行动序列的集合为局势。例如，$\left(\boldsymbol{u}^{\delta},\boldsymbol{v}_{\delta}\right)$、$\left(\boldsymbol{u}_{\delta},\boldsymbol{v}^{\delta}\right)$ 和 $\left(\boldsymbol{u}_{\delta},\boldsymbol{v}_{\delta}\right)$ 分别是 $\left(\boldsymbol{\Delta}_{\delta},\boldsymbol{\Gamma}^{\delta}\right)$、$\left(\boldsymbol{\Gamma}_{\delta},\boldsymbol{\Delta}^{\delta}\right)$ 和 $\left(\boldsymbol{\Gamma}_{\delta},\boldsymbol{\Delta}_{\delta}\right)$ 的局势。

3.1.2　支付泛函和上、下 δ 值的性质

支付泛函由甲乙双方所采取的策略共同决定。以上 δ 对策 G^{δ} 为例，其支付泛函记为

$$J\left(\boldsymbol{u}^{\delta},\boldsymbol{v}_{\delta}\right)=J\left[\boldsymbol{\varDelta}_{\delta},\boldsymbol{\varGamma}^{\delta}\right]=J\left[\boldsymbol{\varDelta}_{\delta 1},\boldsymbol{\varGamma}^{\delta 1},\cdots,\boldsymbol{\varDelta}_{\delta n},\boldsymbol{\varGamma}^{\delta n}\right] \tag{3.2}$$

上 δ 对策 G^{δ} 中，最后一个决策由参与人甲在最后的子时间区间 I_n 上做出，即甲可确定 I_n 上的最优策略，从而根据双方的历史行动和当前的系统状态以及乙的当前行动来给出最后一步行动，以最大化支付泛函。因此，甲在 I_n 上的最优策略 $\tilde{\boldsymbol{\varGamma}}^{\delta n}$ 定义为

$$\tilde{\boldsymbol{\varGamma}}^{\delta n}=\underset{\boldsymbol{\varGamma}^{\delta n}\in \boldsymbol{U}_n}{\arg\max}\, J\left[\boldsymbol{\varDelta}_{\delta 1},\boldsymbol{\varGamma}^{\delta 1},\cdots,\boldsymbol{\varDelta}_{\delta,n-1},\boldsymbol{\varGamma}^{\delta,n-1},\boldsymbol{\varDelta}_{\delta n},\boldsymbol{\varGamma}^{\delta n}\right] \tag{3.3}$$

因为开区间上的极值可能不存在，但存在下确界和上确界，所以将式(3.3)中的 max 替换为 sup 以适应更一般的情况，即 $\tilde{\boldsymbol{\varGamma}}^{\delta n}=\underset{\boldsymbol{\varGamma}^{\delta n}\in \boldsymbol{U}_n}{\arg\sup}\, J\left[\boldsymbol{\varDelta}_{\delta 1},\boldsymbol{\varGamma}^{\delta 1},\cdots,\boldsymbol{\varDelta}_{\delta,n-1},\boldsymbol{\varGamma}^{\delta,n-1},\boldsymbol{\varDelta}_{\delta n},\boldsymbol{\varGamma}^{\delta n}\right]$。

当甲的最后一步策略确定之后，参与人乙在 I_n 上的最优策略就可以确定了，有

$$\tilde{\boldsymbol{\varDelta}}_{\delta n}=\underset{\boldsymbol{\varDelta}_{\delta n}\in \boldsymbol{V}_n}{\arg\inf}\, J\left[\boldsymbol{\varDelta}_{\delta 1},\boldsymbol{\varGamma}^{\delta 1},\cdots,\boldsymbol{\varDelta}_{\delta,n-1},\boldsymbol{\varGamma}^{\delta,n-1},\boldsymbol{\varDelta}_{\delta n},\tilde{\boldsymbol{\varGamma}}^{\delta n}\right] \tag{3.4}$$

在 I_n 上，甲的策略执行在乙之后。乙只有知道甲在自己后面所能采取的最优策略时，才能制定自己的最优应对策略。同样，任何参与人在任何子时间区间上都需要知道后继所有最优策略时，才能确定自己在当前时刻的最优策略。如此倒向类推直至最初的子时间区间 I_1。因此定义上 δ 对策 G^{δ} 的值 v^{δ} 为其最优支付泛函的近似值，得

$$v^{\delta}=\inf_{\boldsymbol{\varDelta}_{\delta 1}}\sup_{\boldsymbol{\varGamma}^{\delta 1}}\cdots\inf_{\boldsymbol{\varDelta}_{\delta n}}\sup_{\boldsymbol{\varGamma}^{\delta n}} J\left[\boldsymbol{\varDelta}_{\delta 1},\boldsymbol{\varGamma}^{\delta 1},\cdots,\boldsymbol{\varDelta}_{\delta n},\boldsymbol{\varGamma}^{\delta n}\right] \tag{3.5}$$

其中，$\inf_{\boldsymbol{\varDelta}_{\delta 1}}\sup_{\boldsymbol{\varGamma}^{\delta 1}}\cdots\inf_{\boldsymbol{\varDelta}_{\delta n}}\sup_{\boldsymbol{\varGamma}^{\delta n}}$ 的计算顺序由内至外，由右至左。甲、乙根据各自的最优上、下 δ 策略分别制定所有子区间上的完整行动序列，即

$$\begin{cases}\boldsymbol{u}_1=\boldsymbol{\varGamma}_{\delta 1}, \quad \boldsymbol{u}_j=\boldsymbol{\varGamma}_{\delta j}\left(\boldsymbol{u}_1,\boldsymbol{v}_1,\cdots,\boldsymbol{u}_{j-1},\boldsymbol{v}_{j-1}\right), & j=2,3,\cdots,n\\ \boldsymbol{v}_j=\boldsymbol{\varDelta}^{\delta j}\left(\boldsymbol{u}_1,\boldsymbol{v}_1,\cdots,\boldsymbol{u}_{j-1},\boldsymbol{v}_{j-1},\boldsymbol{u}_j\right), & j=1,2,\cdots,n\end{cases} \tag{3.6}$$

同样，定义下 δ 对策 G_{δ} 的值 v_{δ} 为 G_{δ} 最优支付泛函 $J\left[\boldsymbol{\varGamma}_{\delta},\boldsymbol{\varDelta}^{\delta}\right]$ 的近似值：

$$v_{\delta}=\inf_{\boldsymbol{\varGamma}_{\delta 1}}\sup_{\boldsymbol{\varDelta}^{\delta 1}}\cdots\inf_{\boldsymbol{\varGamma}_{\delta n}}\sup_{\boldsymbol{\varDelta}^{\delta n}} J\left[\boldsymbol{\varGamma}_{\delta 1},\boldsymbol{\varDelta}^{\delta 1},\cdots,\boldsymbol{\varGamma}_{\delta n},\boldsymbol{\varDelta}^{\delta n}\right] \tag{3.7}$$

甲、乙根据各自的最优下、上δ策略分别制定所有子区间上的完整行动序列，即

$$\begin{cases}\boldsymbol{v}_1=\boldsymbol{\varDelta}_{\delta 1}, \quad \boldsymbol{v}_j=\boldsymbol{\varDelta}_{\delta j}\left(\boldsymbol{v}_1,\boldsymbol{u}_1,\cdots,\boldsymbol{v}_{j-1},\boldsymbol{u}_{j-1}\right), & j=2,3,\cdots,n \\ \boldsymbol{u}_j=\boldsymbol{\varGamma}^{\delta j}\left(\boldsymbol{v}_1,\boldsymbol{u}_1,\cdots,\boldsymbol{v}_{j-1},\boldsymbol{u}_{j-1},\boldsymbol{v}_j\right), & j=1,2,\cdots,n\end{cases} \tag{3.8}$$

对于δ对策$G(\delta)$，可以构造两个数：

$$\begin{cases}\tilde{v}^{\delta}=\inf_{\boldsymbol{\varDelta}_{\delta 1}}\sup_{\boldsymbol{\varGamma}^{\delta 1}}\cdots\inf_{\boldsymbol{\varDelta}_{\delta n}}\sup_{\boldsymbol{\varGamma}^{\delta n}}J\left[\boldsymbol{\varGamma}_{\delta 1},\boldsymbol{\varDelta}_{\delta 1},\cdots,\boldsymbol{\varGamma}_{\delta n},\boldsymbol{\varDelta}_{\delta n}\right] \\ \tilde{v}_{\delta}=\sup_{\boldsymbol{\varGamma}_{\delta 1}}\inf_{\boldsymbol{\varDelta}^{\delta 1}}\cdots\sup_{\boldsymbol{\varGamma}_{\delta n}}\inf_{\boldsymbol{\varDelta}^{\delta n}}J\left[\boldsymbol{\varGamma}_{\delta 1},\boldsymbol{\varDelta}_{\delta 1},\cdots,\boldsymbol{\varGamma}_{\delta n},\boldsymbol{\varDelta}_{\delta n}\right]\end{cases} \tag{3.9}$$

上、下δ对策G^{δ}、G_{δ}和δ对策$G(\delta)$的值v^{δ}、v_{δ}和$\tilde{v}^{\delta}$与$\tilde{v}_{\delta}$有如下性质：

(1) 上δ对策G^{δ}的值v^{δ}有等价计算方式$v^{\delta}=\sup_{\boldsymbol{\varDelta}_{\delta}}\inf_{\boldsymbol{\varGamma}^{\delta}}J\left[\boldsymbol{\varDelta}_{\delta},\boldsymbol{\varGamma}^{\delta}\right]=\inf_{\boldsymbol{\varGamma}^{\delta}}\cdot\sup_{\boldsymbol{\varDelta}_{\delta}}J\left[\boldsymbol{\varDelta}_{\delta},\boldsymbol{\varGamma}^{\delta}\right]$；

(2) 下δ对策G_{δ}的值v_{δ}有等价计算方式$v_{\delta}=\inf_{\boldsymbol{\varGamma}_{\delta}}\sup_{\boldsymbol{\varDelta}^{\delta}}J\left[\boldsymbol{\varGamma}_{\delta},\boldsymbol{\varDelta}^{\delta}\right]=\sup_{\boldsymbol{\varDelta}^{\delta}}\cdot\inf_{\boldsymbol{\varGamma}_{\delta}}J\left[\boldsymbol{\varGamma}_{\delta},\boldsymbol{\varDelta}^{\delta}\right]$；

(3) 上、下δ对策G^{δ}和G_{δ}的值v^{δ}和v_{δ}满足$v^{\delta}\geqslant v_{\delta}$；

(4) 若$0<\delta'\leqslant\delta$，则有$v_{\delta}\leqslant v_{\delta'}\leqslant v^{\delta'}\leqslant v^{\delta}$；

(5) 对于δ对策$G(\delta)$，其值$\tilde{v}^{\delta}$和$\tilde{v}_{\delta}$有$v_{\delta}\leqslant\tilde{v}_{\delta}\leqslant\tilde{v}^{\delta}\leqslant v^{\delta}$。

当v^{δ}和v_{δ}分别为微分对策的上、下δ值时，有$\tilde{v}^{\delta}=v^{\delta}$，$\tilde{v}_{\delta}=v_{\delta}$。

3.2　二人零和微分对策形式和鞍点及性质

1. 二人零和微分对策问题

二人零和微分对策问题包含两个参与人，即甲乙双方。双方针对同一个支付函数，各自进行决策以最大化或最小化该支付函数。基于动态博弈可以引申出微分对策问题形式。在二人零和微分对策问题中，认为参与人甲具有追方的角色，而参与人乙扮演逃方的角色。甲将力图最小化支付泛函，而乙将最大化支付泛函。在本书所考虑的问题中，可以使用max和min来分别替换sup和inf，因此有如下微分对策问题的一般形式：

$$\begin{cases}\min\limits_{\boldsymbol{u}(t)\in\boldsymbol{\varOmega}_U}\max\limits_{\boldsymbol{v}(t)\in\boldsymbol{\varOmega}_V} J=\phi\left[\boldsymbol{x}(t_{\mathrm{f}}),t_{\mathrm{f}}\right]+\int_{t_0}^{t_{\mathrm{f}}}F\left[\boldsymbol{x}(t),\boldsymbol{u}(t),\boldsymbol{v}(t),t\right]\mathrm{d}t \\ \text{s.t.} \qquad \dot{\boldsymbol{x}}=\boldsymbol{f}\left[\boldsymbol{x}(t),\boldsymbol{u}(t),\boldsymbol{v}(t),t\right]\end{cases} \tag{3.10}$$

该问题的边界条件是

$$\boldsymbol{x}(t_0)=\boldsymbol{x}_0,\quad \boldsymbol{G}\left[\boldsymbol{x}(t_{\mathrm{f}}),t_{\mathrm{f}}\right]=\boldsymbol{0} \tag{3.11}$$

记该问题的上、下 δ 对策 G^{δ} 和 G_{δ} 构成的序列对为 $G=\left(\left\{G^{\delta}\right\},\left\{G_{\delta}\right\}\right)$，其中 $\delta=\left(t_{\mathrm{f}}-t_0\right)/n$，则称 G 是由上述问题(3.10)中支付泛函和状态方程所确定的微分对策。

若 ν^{δ} 和 ν_{δ} 存在，则记当 $\delta\to 0$ 时这两个值的极限分别为 ν^{+} 和 ν^{-}，即有 $\nu^{+}=\lim\limits_{\delta\to 0}\nu^{\delta}$ 和 $\nu^{-}=\lim\limits_{\delta\to 0}\nu_{\delta}$。称 ν^{+} 是微分对策 G 上值，ν^{-} 是微分对策 G 下值。此时有 $\nu^{-}\leqslant\nu^{+}$。如果 ν^{+} 和 ν^{-} 存在，且两者相等，则称它们是微分对策 G 的值，记为 ν，有

$$\nu=\nu^{+}=\nu^{-} \tag{3.12}$$

给出了微分对策的问题形式和值的定义之后，可以对鞍点进行定义。为此，先引入下列记号。设非空集合 $\boldsymbol{A},\boldsymbol{B}\subseteq\boldsymbol{R}$，若对 $\forall a\in\boldsymbol{A}$ 和 $\forall b\in\boldsymbol{B}$ 均有 $a\leqslant b$，则记 $\boldsymbol{A}\leqslant\boldsymbol{B}$ 或 $\boldsymbol{B}\geqslant\boldsymbol{A}$，且当 $\boldsymbol{A}$ 或 $\boldsymbol{B}$ 中任一集合为空集时，仍可写作 $\boldsymbol{A}\leqslant\boldsymbol{B}$ 或 $\boldsymbol{B}\geqslant\boldsymbol{A}$。

基于定义式(3.12)，假设微分对策的值是 ν。如果对于参与人甲和乙的任意策略 $\boldsymbol{\Gamma}$ 和 $\boldsymbol{\Delta}$，策略对 $\left(\boldsymbol{\Delta}^*,\boldsymbol{\Gamma}^*\right)$ 都满足 $J\left[\boldsymbol{\Delta}^*,\boldsymbol{\Gamma}\right]\leqslant J\left[\boldsymbol{\Delta}^*,\boldsymbol{\Gamma}^*\right]=\{\nu\}\leqslant J\left[\boldsymbol{\Delta},\boldsymbol{\Gamma}^*\right]$，则称策略对 $\left(\boldsymbol{\Delta}^*,\boldsymbol{\Gamma}^*\right)$ 是微分对策的鞍点，$\boldsymbol{\Gamma}^*$ 和 $\boldsymbol{\Delta}^*$ 分别是甲乙双方的最优策略。记 $\left(\boldsymbol{u}^*,\boldsymbol{v}^*\right)$ 是 $\left(\boldsymbol{\Delta}^*,\boldsymbol{\Gamma}^*\right)$ 的局势，有时也称 $\left(\boldsymbol{u}^*,\boldsymbol{v}^*\right)$ 是鞍点，其中 $\boldsymbol{u}^*$ 和 $\boldsymbol{v}^*$ 分别是甲乙双方的最优行动或最优控制。

微分对策鞍点和最优控制解的区别在于后者是单边优化，不考虑其他参与人的控制，仅通过各个参与人的状态 $\boldsymbol{x}$ 来制定策略。然而微分对策是双边乃至多边优化，模型中直接包含了所有参与人的状态方程和控制量，追方假设逃方采用最优逃逸策略并计算出该策略,在此基础上寻找已方合适的控制以最小化相对距离。

若追逃双方均采用微分对策控制决策时，支付函数将等于微分对策的值 ν。若此时某一方改变策略,那么支付函数的值将会朝向不利于该参与人的方向变化。这是因为追逃问题是双边控制过程，追逃双方均可通过自己的控制影响二人之间的相对距离。基于微分对策进行控制的一方不但在模型中包含了相对距离，而且还考虑到了对手控制策略对相对距离的影响。他能够在此基础上提前预判对手的最优策略，并据此制定自己的控制方案。

首先针对固定逗留期微分对策给出完整的问题形式和一般性质，同时给出相应的最优性条件，并根据最优性条件给出基于动态规划原理和梯度迭代法的求解方法。

2. 鞍点的存在性

微分对策的终端集T由$t=t_{\mathrm{f}}$决定，即t_{f}固定时，对应如下固定逗留期微分对策问题：

$$\begin{cases}\min\limits_{\boldsymbol{u}(t)\in\boldsymbol{\Omega}_u}\max\limits_{\boldsymbol{v}(t)\in\boldsymbol{\Omega}_v} J=\phi\left[\boldsymbol{x}(t_{\mathrm{f}}),t_{\mathrm{f}}\right]+\int_{t_0}^{t_{\mathrm{f}}}F\left[\boldsymbol{x}(t),\boldsymbol{u}(t),\boldsymbol{v}(t),t\right]\mathrm{d}t \\ \text{s.t.} \qquad \dot{\boldsymbol{x}}=\boldsymbol{f}\left[\boldsymbol{x}(t),\boldsymbol{u}(t),\boldsymbol{v}(t),t\right] \\ \qquad\qquad \boldsymbol{x}(t_0)=\boldsymbol{x}_0\end{cases} \tag{3.13}$$

该问题在t_{f}时刻的终端条件为

$$\boldsymbol{G}\left[\boldsymbol{x}(t_{\mathrm{f}}),t_{\mathrm{f}}\right]=0 \tag{3.14}$$

为了给出固定逗留期微分对策值的存在条件，先定义$C^{0.n}\left[t_0,t_{\mathrm{f}}\right]$空间和其上的轨迹子空间$\boldsymbol{X}_{[t_0,t_{\mathrm{f}}]}$以及其内轨迹的一致连续性。记$C^{0.n}\left[t_0,t_{\mathrm{f}}\right]$是定义在区间$\left[t_0,t_{\mathrm{f}}\right]$上所有连续实向量函数$\boldsymbol{x}(t)=\left(x_1(t),x_2(t),\cdots,x_n(t)\right)^{\mathrm{T}}\in\boldsymbol{R}^m$的集合，同时定义$C^{0.n}\left[t_0,t_{\mathrm{f}}\right]$上的范数形式为

$$\|\boldsymbol{x}\|=\max_{t_0\leqslant t\leqslant t_{\mathrm{f}}}\left|\boldsymbol{x}(t)\right|=\max_{t_0\leqslant t\leqslant t_{\mathrm{f}}}\sqrt{\sum_{i=1}^{n}x_i^2(t)} \tag{3.15}$$

该范数使得$C^{0.n}\left[t_0,t_{\mathrm{f}}\right]$成为一个赋范空间，或称为度量空间。此时记问题(3.13)中状态方程：

$$\begin{cases}\dot{\boldsymbol{x}}=\boldsymbol{f}\left[\boldsymbol{x}(t),\boldsymbol{u}(t),\boldsymbol{v}(t),t\right] \\ \boldsymbol{x}(t_0)=\boldsymbol{x}_0\end{cases} \tag{3.16}$$

的所有可能轨迹集合为$\boldsymbol{X}_{[t_0,t_{\mathrm{f}}]}$，则$\boldsymbol{X}_{[t_0,t_{\mathrm{f}}]}$构成了$C^{0.n}\left[t_0,t_{\mathrm{f}}\right]$的一个子空间。在该子空间$\boldsymbol{X}_{[t_0,t_{\mathrm{f}}]}$中，若对于$\forall\varepsilon>0$，存在$\eta>0$，使得对$\forall\boldsymbol{x},\overline{\boldsymbol{x}}\in\boldsymbol{X}_{[t_0,t_{\mathrm{f}}]}$，在满足两条轨迹之差的范数小于$\eta$，即$\|\boldsymbol{x}-\overline{\boldsymbol{x}}\|<\eta$时，若$\phi\left(\boldsymbol{x}(t),t\right)$满足$\left|\phi\left(\boldsymbol{x}(t),t\right)-\phi\left(\overline{\boldsymbol{x}}(t),t\right)\right|<\varepsilon$，则称$\phi\left(\boldsymbol{x}(t),t\right)$在$\boldsymbol{X}_{[t_0,t_{\mathrm{f}}]}$中一致连续。

此时对于固定逗留期微分对策问题(3.13)来说，当以下三个条件成立时，固定逗留期微分对策的对策值存在。

(1) $\boldsymbol{f}\left(\boldsymbol{x},\boldsymbol{u},\boldsymbol{v},t\right)$关于$\boldsymbol{u}$和$\boldsymbol{v}$是可分离函数，即

$$\boldsymbol{f}\left(\boldsymbol{x},\boldsymbol{u},\boldsymbol{v},t\right)=\boldsymbol{f}_1\left(\boldsymbol{x},\boldsymbol{u},t\right)+\boldsymbol{f}_2\left(\boldsymbol{x},\boldsymbol{v},t\right) \tag{3.17}$$

(2) $\phi\left(\boldsymbol{x}(t),t\right)$在$\boldsymbol{X}_{[t_0,t_{\mathrm{f}}]}$上一致连续。

(3) 实值函数$F(\boldsymbol{x},\boldsymbol{u},\boldsymbol{v},t)$关于其控制量$\boldsymbol{u}$和$\boldsymbol{v}$是可分离函数，有

$$F(\boldsymbol{x},\boldsymbol{u},\boldsymbol{v},t)=F_1(\boldsymbol{x},\boldsymbol{u},t)+F_2(\boldsymbol{x},\boldsymbol{v},t) \tag{3.18}$$

如果对于甲和乙的任意策略$\boldsymbol{\Gamma}$和$\boldsymbol{\varDelta}$，策略对$(\boldsymbol{\varDelta}^*,\boldsymbol{\Gamma}^*)$都满足$J[\boldsymbol{\varDelta}^*,\boldsymbol{\Gamma}]\leqslant J[\boldsymbol{\varDelta}^*,\boldsymbol{\Gamma}^*]\leqslant J[\boldsymbol{\varDelta},\boldsymbol{\Gamma}^*]$，则$(\boldsymbol{\varDelta}^*,\boldsymbol{\Gamma}^*)$是鞍点，且$J[\boldsymbol{\varDelta}^*,\boldsymbol{\Gamma}^*]=\{v\}$。

在讨论鞍点的存在性时，对支付泛函的约束更加严格。当支付泛函$J=\phi[\boldsymbol{x}(t_{\mathrm{f}}),t_{\mathrm{f}}]$，且上述条件(1)和(2)成立，同时对于$\forall(\boldsymbol{x},t)\in\boldsymbol{R}^n\times[t_0,t_{\mathrm{f}}]$，定义状态方程中函数$\boldsymbol{f}(\boldsymbol{x},\boldsymbol{u},\boldsymbol{v},t)$的所有可能轨迹集合为$\boldsymbol{f}(\boldsymbol{x},\boldsymbol{\Omega}_U,\boldsymbol{\Omega}_V,t)=\{\boldsymbol{f}(\boldsymbol{x},\boldsymbol{u},\boldsymbol{v},t)|\boldsymbol{u}\in\boldsymbol{\Omega}_U,\boldsymbol{v}\in\boldsymbol{\Omega}_V\}$。此时若$\boldsymbol{f}(\boldsymbol{x},\boldsymbol{\Omega}_U,\boldsymbol{\Omega}_V,t)$是凸集，则相应微分对策问题(3.13)的鞍点存在。

3. 鞍点的连续性

定义问题(3.13)在终端时刻t_{f}处的值$v(\boldsymbol{x}(t_{\mathrm{f}}),t_{\mathrm{f}})$和上、下$\delta$值$v^+(\boldsymbol{x}(t_{\mathrm{f}}),t_{\mathrm{f}})$、$v^-(\boldsymbol{x}(t_{\mathrm{f}}),t_{\mathrm{f}})$分别为$v(\boldsymbol{x}(t_{\mathrm{f}}),t_{\mathrm{f}}):=\phi(\boldsymbol{x}(t_{\mathrm{f}}),t_{\mathrm{f}})$和$v^+(\boldsymbol{x}(t_{\mathrm{f}}),t_{\mathrm{f}}):=\phi(\boldsymbol{x}(t_{\mathrm{f}}),t_{\mathrm{f}})$、$v^-(\boldsymbol{x}(t_{\mathrm{f}}),t_{\mathrm{f}}):=\phi(\boldsymbol{x}(t_{\mathrm{f}}),t_{\mathrm{f}})$。此时，若支付泛函中的终端支付指标$\phi(\boldsymbol{x}(t),t)$关于$\boldsymbol{x}(t)$是连续函数，则微分对策问题(3.13)的上、下$\delta$值$v^+(\boldsymbol{x},t)$和$v^-(\boldsymbol{x},t)$在$\boldsymbol{R}^n\times[t_0,t_{\mathrm{f}}]$中连续。

进一步，当终端支付指标$\phi(\boldsymbol{x}(t),t)$关于$\boldsymbol{x}(t)$是连续函数，且$\boldsymbol{f}(\boldsymbol{x},\boldsymbol{u},\boldsymbol{v},t)$和$F(\boldsymbol{x},\boldsymbol{u},\boldsymbol{v},t)$关于$\boldsymbol{u}$和$\boldsymbol{v}$是可分离函数(参见式(3.17)和式(3.18))时，则微分对策问题(3.13)的值$v(\boldsymbol{x},t)$存在且在$\boldsymbol{R}^n\times[t_0,t_{\mathrm{f}}]$上连续。

若$v(\boldsymbol{x},t)$在$\boldsymbol{R}^n\times[t_0,t_{\mathrm{f}}]$的有界闭子集中关于$(\boldsymbol{x},t)$一致利普希茨连续，则其一阶偏导数几乎处处存在。但即使$\boldsymbol{f}$、F和ϕ足够光滑，$v(\boldsymbol{x},t)$也不一定处处可微。一致利普希茨连续指对于任意给定的$\varepsilon>0$，总存在常数$\delta>0$，使得当一切$t,\bar{t}\in[t_0,t_{\mathrm{f}}]$，$\boldsymbol{u}\in\boldsymbol{\Omega}_U,\boldsymbol{v}\in\boldsymbol{\Omega}_V$，$\boldsymbol{x},\bar{\boldsymbol{x}}\in\boldsymbol{R}^n$且$|\boldsymbol{x}|<\delta,|\bar{\boldsymbol{x}}|<\delta$时，都有$|v(\boldsymbol{x}(t),t)-v(\bar{\boldsymbol{x}}(\bar{t}),\bar{t})|\leqslant\varepsilon(|t-\bar{t}|+|\boldsymbol{x}-\bar{\boldsymbol{x}}|)$。此时称$v(\boldsymbol{x},t)$在$\boldsymbol{R}^n\times[t_0,t_{\mathrm{f}}]$的有界子集中关于$(\boldsymbol{x},t)$一致利普希茨连续。

例 3.1　计算下列命题的值，其中$x_0\in\boldsymbol{R}$、$\boldsymbol{\Omega}_U=\{u|0\leqslant u\leqslant 1\}$、$\boldsymbol{\Omega}_V=\{v|0\leqslant v\leqslant 1\}$。

$$\begin{cases}\max\limits_{u\in\boldsymbol{\Omega}_U}\min\limits_{v\in\boldsymbol{\Omega}_V} & J(u,v)=\displaystyle\int_0^{t_{\mathrm{f}}}x(t)\,\mathrm{d}t\\ \text{s.t.} & \dot{x}=xv-u\\ & x(0)=x_0\end{cases}$$

解：因为命题中各部分函数均满足本节“固定逗留期微分对策值的存在性”条件(1)～(3)，所以对策值存在。

由一阶非线性齐次微分方程的解理论可得 $x(t)=\mathrm{e}^{\int_0^t v(\tau)\mathrm{d}\tau}\left(x_0-\int_0^t u(s)\cdot\mathrm{e}^{-\int_0^s v(\tau)\mathrm{d}\tau}\mathrm{d}s\right)$，从而有支付函数 $J(u,v)=\int_0^{t_f}\mathrm{e}^{\int_0^t v(\tau)\mathrm{d}\tau}\left(x_0-\int_0^t u(s)\mathrm{e}^{-\int_0^s v(\tau)\mathrm{d}\tau}\mathrm{d}s\right)\mathrm{d}t$。参与人甲选择上 δ 策略 $\tilde{\boldsymbol{\Gamma}}=\left(\tilde{\Gamma}^{\delta 1},\tilde{\Gamma}^{\delta 2},\cdots,\tilde{\Gamma}^{\delta n}\right)$，使得 $J\left[\boldsymbol{\Delta}_\delta,\tilde{\boldsymbol{\Gamma}}^\delta\right]=\max\limits_{\boldsymbol{\Gamma}^\delta}J\left[\boldsymbol{\Delta}_\delta,\boldsymbol{\Gamma}^\delta\right]$，其中 $\tilde{\Gamma}^{\delta j}\left(v_1,u_1,\cdots,v_{j-1},u_{j-1},v_j\right)=\tilde{u}_j=0\,(j=1,2,\cdots,n)$。此时有 $J\left[\boldsymbol{\Delta}_\delta,\tilde{\boldsymbol{\Gamma}}^\delta\right]=\int_0^{t_f}x_0\cdot\mathrm{e}^{\int_0^t v(\tau)\mathrm{d}\tau}\mathrm{d}t$。

针对甲的策略，参与人乙在选择 $\tilde{\boldsymbol{\Delta}}_\delta=\left(\tilde{\Delta}_{\delta 1},\tilde{\Delta}_{\delta 2},\cdots,\tilde{\Delta}_{\delta n}\right)$时有两种情况。

(1) 当 $x_0\geqslant 0$ 时，乙选择 $\tilde{\Delta}_{\delta j}=\left(v_1,u_1,\cdots,v_{j-1},u_{j-1}\right)=\tilde{v}_j=0\,(j=2,3,\cdots,n)$，使得 $J\left[\tilde{\boldsymbol{\Delta}}_\delta,\tilde{\boldsymbol{\Gamma}}^\delta\right]=\min\limits_{\boldsymbol{\Delta}_\delta}J\left[\boldsymbol{\Delta}_\delta,\tilde{\boldsymbol{\Gamma}}^\delta\right]$。此时 $J\left[\tilde{\boldsymbol{\Delta}}_\delta,\tilde{\boldsymbol{\Gamma}}^\delta\right]=\int_0^{t_f}x_0\mathrm{d}t=x_0t_f$，即 $v^\delta=x_0t_f$。因此 $v=v^+=\lim\limits_{\delta\to 0}v^\delta=x_0t_f$。

(2) 当 $x_0<0$时，乙选择 $\tilde{\Delta}_{\delta j}=\left(v_1,u_1,\cdots,v_{j-1},u_{j-1}\right)=\tilde{v}_j=1\,(j=2,3,\cdots,n)$，$\tilde{\Delta}_{\delta 1}=\tilde{v}_1=1$，使得 $J\left[\tilde{\boldsymbol{\Delta}}_\delta,\tilde{\boldsymbol{\Gamma}}^\delta\right]=\min\limits_{\boldsymbol{\Delta}_\delta}J\left[\boldsymbol{\Delta}_\delta,\tilde{\boldsymbol{\Gamma}}^\delta\right]$。此时 $J\left[\tilde{\boldsymbol{\Delta}}_\delta,\tilde{\boldsymbol{\Gamma}}^\delta\right]=\int_0^{t_f}x_0\mathrm{e}^t\mathrm{d}t=x_0\left(\mathrm{e}^{t_f}-1\right)$，即 $v^\delta=x_0\left(\mathrm{e}^{t_f}-1\right)$。因此 $v=v^+=x_0\left(\mathrm{e}^{t_f}-1\right)$。

综上可得，该对策的值为

$$v=\begin{cases}x_0t_f, & x_0\geqslant 0\\ x_0\left(\mathrm{e}^{t_f}-1\right), & x_0<0\end{cases}$$

当参数连续变化时，相应的策略可能发生突变。此时，对策值虽然关于该参数连续，但是在策略发生突变处可能不可导。

3.3　微分对策的最优性原理

1. 贝尔曼-艾萨克斯方程

艾萨克斯针对微分对策提出了与动态规划相似的最优性原理，即微分对策最优解的任何最后一段都是最优的，不论此段的初始状态是什么，也不论达到此初始状态的对策是什么。他通过微分得到了与 HJB 方程类似的结果，称为贝尔曼-艾萨克斯方程，或 HJI 方程。

针对问题(3.10)和初始条件：

$$\boldsymbol{x}(t_0)=\boldsymbol{x}_0 \tag{3.19}$$

将 $t\in[t_0,t_{\mathrm{f}}]$ 到终端时刻 t_{f} 时间段上的最优指标记为 $v(\boldsymbol{x},t)$，有

$$v(\boldsymbol{x},t):=\min_{\boldsymbol{u}(\tau)\in\boldsymbol{\Omega}_u}\max_{\boldsymbol{v}(\tau)\in\boldsymbol{\Omega}_v}\left\{\phi\left[\boldsymbol{x}(t_{\mathrm{f}}),t_{\mathrm{f}}\right]+\int_t^{t_{\mathrm{f}}}F\left[\boldsymbol{x}(\tau),\boldsymbol{u}(\tau),\boldsymbol{v}(\tau),\tau\right]\mathrm{d}\tau\right\} \tag{3.20}$$

则 $v(\boldsymbol{x},t)$ 在终端时刻 t_{f} 处有性质：

$$v\left[\boldsymbol{X}(t_{\mathrm{f}}),t_{\mathrm{f}}\right]=\phi\left[\boldsymbol{X}(t_{\mathrm{f}}),t_{\mathrm{f}}\right] \tag{3.21}$$

根据最优性原理，最优状态 $\boldsymbol{x}^*(t)$ 以及双方的最优控制 $\boldsymbol{u}^*(t)$ 和 $\boldsymbol{v}^*(t)$ 满足下述方程：

$$\frac{\partial v(\boldsymbol{x},t)}{\partial t}+\min_{\boldsymbol{u}(t)\in\boldsymbol{\Omega}_U}\max_{\boldsymbol{v}(t)\in\boldsymbol{\Omega}_V}\left\{F(\boldsymbol{x},\boldsymbol{u},\boldsymbol{v},t)+\left(\frac{\partial v(\boldsymbol{x},t)}{\partial \boldsymbol{x}}\right)^{\mathrm{T}}\boldsymbol{f}(\boldsymbol{x},\boldsymbol{u},\boldsymbol{v},t)\right\}=0 \tag{3.22}$$

例 3.2　针对下列攻防消耗微分对策问题：

$$\begin{cases}\min\limits_{v\in\boldsymbol{V}}\max\limits_{u\in\boldsymbol{U}} J(u,v)=\displaystyle\int_{t_0}^{t_{\mathrm{f}}}\left[(1-u)x_2-(1-v)x_1\right]\mathrm{d}t\\ \text{s.t.}\qquad \dot{x}_1=m_1-c_1ux_2\\ \qquad\qquad \dot{x}_2=m_2-c_2vx_1\\ \qquad\qquad x_1(t_0)=\xi_1,x_2(t_0)=\xi_2\end{cases}$$

给出相应的艾萨克斯方程，其中 $\tau\in[0,T]$，$(\xi_1,\xi_2)^{\mathrm{T}}\in\boldsymbol{R}^2$。

解：根据式(3.22)有

$$\frac{\partial v(\boldsymbol{\xi},\tau)}{\partial\tau}+\max_{\boldsymbol{u}(t)\in\boldsymbol{U}}\min_{\boldsymbol{v}(t)\in\boldsymbol{V}}\left\{\frac{\partial v(\boldsymbol{\xi},\tau)}{\partial\xi_1}(m_1-c_1u\xi_2)\right.$$
$$\left.+\frac{\partial v(\boldsymbol{\xi},\tau)}{\partial\xi_2}(m_2-c_2u\xi_1)+(1-u)\xi_2-(1-v)\xi_1\right\}=0$$

整理可得艾萨克斯方程：

$$\xi_1\overline{v}\left(1-c_2\frac{\partial v(\boldsymbol{\xi},\tau)}{\partial\xi_2}\right)+\xi_2\overline{u}\left(-1-c_1\frac{\partial v(\boldsymbol{\xi},\tau)}{\partial\xi_1}\right)$$
$$+m_1\frac{\partial v(\boldsymbol{\xi},\tau)}{\partial\xi_1}+m_2\frac{\partial v(\boldsymbol{\xi},\tau)}{\partial\xi_2}+m_1\frac{\partial v(\boldsymbol{\xi},\tau)}{\partial\tau}+\xi_2-\xi_1=0 \tag{3.23}$$

其中，

$$\bar{u}=\begin{cases}1, & c_1\dfrac{\partial v(\xi,\tau)}{\partial\xi_1}\leqslant -1\\[2ex] 0, & c_1\dfrac{\partial v(\xi,\tau)}{\partial\xi_1}> -1\end{cases},\quad \bar{v}=\begin{cases}1, & c_2\dfrac{\partial v(\xi,\tau)}{\partial\xi_2}\geqslant 1\\[2ex] 0, & c_2\dfrac{\partial v(\xi,\tau)}{\partial\xi_2}<1\end{cases}$$

可以验证函数：

$$v(\xi,\tau)=\begin{cases}(\xi_2-\xi_1)(T_0-\tau)+\dfrac{1}{2}(m_2-m_1)(T_0-\tau)^2, & T_0-\tau\leqslant a_1\\[2ex] \dfrac{\xi_2}{2c_1}-\dfrac{m_2}{6c_1^2}+\left(\dfrac{m_2}{2c_1}-\xi_1\right)(T_0-\tau)+\dfrac{1}{2}(c_1\xi_2-m_1)(T_0-\tau)^2+\dfrac{c_1m_2}{6}(T_0-\tau)^3, & a_1<T_0-\tau\leqslant a_2\\[2ex] \dfrac{\xi_2}{2c_1}-\dfrac{m_2}{6c_1^2}+\left(\dfrac{m_2}{2c_1}-\xi_1\right)a_2+\dfrac{1}{2}(c_1\xi_2-m_1)a_2^2+\dfrac{c_1m_2}{6}a_2^3, & T_0-\tau>a_2\end{cases}$$

是方程(3.23)的一个解，其中对于$0<c_2<c_1$，有$a_1=1/c_1$，$a_2=a_1\sqrt{2c_1/c_2-1}$。

2. 哈密顿–雅可比方程

当$\boldsymbol{f}(\boldsymbol{x},\boldsymbol{u},\boldsymbol{v},t)$和$F(\boldsymbol{x},\boldsymbol{u},\boldsymbol{v},t)$关于$\boldsymbol{u}$和$\boldsymbol{v}$可分离时，$\boldsymbol{v}^0(\boldsymbol{x},\boldsymbol{\lambda},t)$和$\boldsymbol{u}$无关。此时可在贝尔曼–艾萨克斯方程的基础上建立哈密顿–雅可比方程，根据该方程求解相应的微分对策问题。

对于$\forall\boldsymbol{\lambda}\in\boldsymbol{R}^n$，构造哈密顿函数$H(\boldsymbol{x},\boldsymbol{u},\boldsymbol{v},\boldsymbol{\lambda},t)=F(\boldsymbol{x},\boldsymbol{u},\boldsymbol{v},t)+\boldsymbol{\lambda}^{\mathrm{T}}\boldsymbol{f}(\boldsymbol{x},\boldsymbol{u},\boldsymbol{v},t)$。如果$\boldsymbol{u}^0(\boldsymbol{x},\boldsymbol{\lambda},t)$满足：

$$\min_{\boldsymbol{u}\in\boldsymbol{\Omega}_U}H(\boldsymbol{x},\boldsymbol{u},\boldsymbol{v},\boldsymbol{\lambda},t)=H\left[\boldsymbol{x},\boldsymbol{u}^0(\boldsymbol{x},\boldsymbol{\lambda},t),\boldsymbol{v},\boldsymbol{\lambda},t\right]\tag{3.24}$$

则称$\boldsymbol{u}^0(\boldsymbol{x},\boldsymbol{\lambda},t)$是参与人甲的反馈控制函数。当$\boldsymbol{f}(\boldsymbol{x},\boldsymbol{u},\boldsymbol{v},t)$和$F(\boldsymbol{x},\boldsymbol{u},\boldsymbol{v},t)$关于$\boldsymbol{u}$和$\boldsymbol{v}$是可分离函数时，哈密顿函数$\boldsymbol{u}$和$\boldsymbol{v}$也是可分离函数，此时$\boldsymbol{u}^0(\boldsymbol{x},\boldsymbol{\lambda},t)$和$\boldsymbol{v}$无关。

同样，如果$\boldsymbol{v}^0(\boldsymbol{x},\boldsymbol{\lambda},t)$满足：

$$\max_{\boldsymbol{v}\in\boldsymbol{\Omega}_V}H(\boldsymbol{x},\boldsymbol{u},\boldsymbol{v},\boldsymbol{\lambda},t)=H\left[\boldsymbol{x},\boldsymbol{u},\boldsymbol{v}^0(\boldsymbol{x},\boldsymbol{\lambda},t),\boldsymbol{\lambda},t\right]\tag{3.25}$$

则称$\boldsymbol{v}^0(\boldsymbol{x},\boldsymbol{\lambda},t)$是参与人乙的反馈控制函数。

此时，设$\boldsymbol{u}^0(\boldsymbol{x},\boldsymbol{\lambda},t)$和$\boldsymbol{v}^0(\boldsymbol{x},\boldsymbol{\lambda},t)$是甲和乙的反馈控制函数，则

$$\begin{aligned}H\left[\boldsymbol{x},\boldsymbol{u}^0(\boldsymbol{x},\boldsymbol{\lambda},t),\boldsymbol{v}^0(\boldsymbol{x},\boldsymbol{\lambda},t),\boldsymbol{\lambda},t\right]&=\min_{\boldsymbol{u}\in\boldsymbol{\Omega}_U}\max_{\boldsymbol{v}\in\boldsymbol{\Omega}_V}H(\boldsymbol{x},\boldsymbol{u},\boldsymbol{v},\boldsymbol{\lambda},t)\\&=\max_{\boldsymbol{v}\in\boldsymbol{\Omega}_V}\min_{\boldsymbol{u}\in\boldsymbol{\Omega}_U}H(\boldsymbol{x},\boldsymbol{u},\boldsymbol{v},\boldsymbol{\lambda},t)\end{aligned}\tag{3.26}$$

且有 $\boldsymbol{u}^*(\boldsymbol{x},t)=\boldsymbol{u}^0\left[\boldsymbol{x},\nabla_{\boldsymbol{x}}\nu(t,\boldsymbol{x}),t\right]$，$\boldsymbol{v}^*(\boldsymbol{x},t)=\boldsymbol{v}^0\left[\boldsymbol{x},\nabla_{\boldsymbol{x}}\nu(t,\boldsymbol{x}),t\right]$。

此时，固定逗留期微分对策鞍点的基本计算过程如下：

(1) 根据问题(3.24)与问题(3.25)计算反馈控制函数 $\boldsymbol{u}^0(\boldsymbol{x},\boldsymbol{\lambda},t)$ 和 $\boldsymbol{v}^0(\boldsymbol{x},\boldsymbol{\lambda},t)$，两者是状态变量 $\boldsymbol{x}$ 和协态变量 $\boldsymbol{\lambda}$ 的函数。将 $\boldsymbol{u}^0(\boldsymbol{x},\boldsymbol{\lambda},t)$ 和 $\boldsymbol{v}^0(\boldsymbol{x},\boldsymbol{\lambda},t)$ 代入状态方程 $\dot{\boldsymbol{x}}=\boldsymbol{f}\left[\boldsymbol{x}(t),\boldsymbol{u}(t),\boldsymbol{v}(t),t\right]$ 中可以得到以 $\boldsymbol{\lambda}$ 为参数的状态轨迹 $\boldsymbol{x}(\boldsymbol{\lambda},t)$，从而反馈控制函数和状态轨迹都是协态变量 $\boldsymbol{\lambda}$ 的函数。

(2) 将式(3.26)、$\boldsymbol{u}^0(\boldsymbol{x},\boldsymbol{\lambda},t)$、$\boldsymbol{v}^0(\boldsymbol{x},\boldsymbol{\lambda},t)$ 和 $\boldsymbol{x}(\boldsymbol{\lambda},t)$ 代入贝尔曼-艾萨克斯方程中，并用值函数关于状态变量的偏导数 $\nabla_{\boldsymbol{x}}\nu(t,\boldsymbol{x})$ 来代替协态变量 $\boldsymbol{\lambda}$，有

$$\begin{aligned}&\frac{\partial\nu(\boldsymbol{x},\tau)}{\partial\tau}+F\left[\boldsymbol{x},\boldsymbol{u}^0\left(\boldsymbol{x},\nabla_{\boldsymbol{x}}\nu(t,\boldsymbol{x}),t\right),\boldsymbol{v}^0\left(\boldsymbol{x},\nabla_{\boldsymbol{x}}\nu(t,\boldsymbol{x}),t\right),t\right]\\&\qquad+\sum_{i=1}^{n}\frac{\partial\nu(\boldsymbol{x},\tau)}{\partial x_i}f_i\left(\boldsymbol{x},\boldsymbol{u}^0\left(\boldsymbol{x},\nabla_{\boldsymbol{x}}\nu(t,\boldsymbol{x}),t\right),\boldsymbol{v}^0\left(\boldsymbol{x},\nabla_{\boldsymbol{x}}\nu(t,\boldsymbol{x}),t\right),t\right)=0\end{aligned}\tag{3.27}$$

称偏微分方程(3.27)是哈密顿-雅可比方程。其终端条件为

$$\nu(\boldsymbol{x},t_{\mathrm{f}})=\phi\left(\boldsymbol{x}(t_{\mathrm{f}}),t_{\mathrm{f}}\right)\tag{3.28}$$

由此可以求得对策值在 $\boldsymbol{R}^n\times[t_0,t_{\mathrm{f}}]$ 上的解 $\nu(\boldsymbol{x},t)$。

(3) 记 $\boldsymbol{u}^*(\boldsymbol{x},t)=\boldsymbol{u}^0\left(\boldsymbol{x},\nabla_{\boldsymbol{x}}\nu(t,\boldsymbol{x}),t\right)$ 和 $\boldsymbol{v}^*(\boldsymbol{x},t)=\boldsymbol{v}^0\left(\boldsymbol{x},\nabla_{\boldsymbol{x}}\nu(t,\boldsymbol{x}),t\right)$，此时可以验证 $\left(\boldsymbol{u}^*(\boldsymbol{x},t),\boldsymbol{v}^*(\boldsymbol{x},t)\right)$ 是否为微分对策的鞍点。

对于生存型微分对策来说，终端时刻 t_{f} 不固定，不能建立如式(3.28)的对策值终端条件。决定对策是否终止的条件是系统状态 $(\boldsymbol{x},t)$ 是否进入目标集 $\boldsymbol{T}$ 或达到目标集的边界，记为 $\partial\boldsymbol{T}$。关于生存型微分对策目标集的相关概念在 4.2.1 小节中将有详细的论述。当系统状态 $(\boldsymbol{x},t)$ 由目标集以外到达目标集边界 $\partial\boldsymbol{T}$ 时，对策终止。令对策值在 $\partial\boldsymbol{T}$ 处相应的终端条件为

$$\nu(\boldsymbol{x},t_{\mathrm{f}})\big|_{(\boldsymbol{x},t_{\mathrm{f}})\in\partial\boldsymbol{T}}=0\tag{3.29}$$

因此，生存型微分对策鞍点的计算框架如下：

根据终端条件(3.29)和哈密顿函数极值问题(3.24)与问题(3.25)，计算反馈控制 $\boldsymbol{u}^0(\boldsymbol{x},\boldsymbol{\lambda},t)$ 和 $\boldsymbol{v}^0(\boldsymbol{x},\boldsymbol{\lambda},t)$，两者是关于状态变量 $\boldsymbol{x}$ 和协态变量 $\boldsymbol{\lambda}$ 的函数。将 $\boldsymbol{u}^0(\boldsymbol{x},\boldsymbol{\lambda},t)$ 和 $\boldsymbol{v}^0(\boldsymbol{x},\boldsymbol{\lambda},t)$ 代入状态方程 $\dot{\boldsymbol{x}}=\boldsymbol{f}\left[\boldsymbol{x}(t),\boldsymbol{u}(t),\boldsymbol{v}(t),t\right]$ 中可以得到以 $\boldsymbol{\lambda}$ 为参数的状态轨迹 $\boldsymbol{x}(\boldsymbol{\lambda},t)$，从而反馈控制函数和状态轨迹都是协态变量 $\boldsymbol{\lambda}$ 的函数。

(1) 基于终端条件(3.29)，在 $\boldsymbol{T}'=[t_0,t_{\mathrm{f}}]\times\boldsymbol{R}^n/\boldsymbol{T}$ 上求解哈密顿-雅可比方程，得到对策值在 $\boldsymbol{R}^n\times[t_0,t_{\mathrm{f}}]$ 上的解 $\nu(\boldsymbol{x},t)$。

(2) 记 $\boldsymbol{u}^*(\boldsymbol{x},t)=\boldsymbol{u}^0\left(\boldsymbol{x},\nabla_{\boldsymbol{x}}v(t,\boldsymbol{x}),t\right)$ 且 $\boldsymbol{v}^*(\boldsymbol{x},t)=\boldsymbol{v}^0\left(\boldsymbol{x},\nabla_{\boldsymbol{x}}v(t,\boldsymbol{x}),t\right)$，此时可以验证 $\left(\boldsymbol{u}^*(\boldsymbol{x},t),\boldsymbol{v}^*(\boldsymbol{x},t)\right)$ 是否为微分对策的鞍点。

利用上述两个计算框架求解微分对策的方法是哈密顿-雅可比方程求解方法。这种方法有两个困难，首先是哈密顿-雅可比方程的求解十分困难，可能有无穷多解或是无解；其次是鞍点的验证也很困难。不过对于某些问题来说，该方法仍是很有用的。

例 3.3　计算下列固定逗留期二人零和微分对策问题：

$$\begin{cases}\min\limits_{u\in \boldsymbol{U}}\max\limits_{v\in \boldsymbol{V}} J(u,v)=\int_{\tau}^{t_{\mathrm{f}}} x^2(t)\mathrm{d}t \\ \text{s.t.} \qquad \dot{x}=u-v \\ \qquad\qquad x(\tau)=\xi \end{cases}$$

其中，$\tau\leqslant t\leqslant t_{\mathrm{f}}$；$\xi\in \boldsymbol{R}^+$；$\boldsymbol{U}=\{u|0\leqslant u\leqslant 1\}$；$\boldsymbol{V}=\{v|0\leqslant v\leqslant 1\}$。

解：该问题的哈密顿函数为 $H(x,u,v,\lambda)=x^2+\lambda(u-v)$。根据微分对策的双方极值原理可得二人的最优反馈控制函数为

$$u^0(t,x,\lambda)=\begin{cases}1, & \lambda\geqslant 0\\ 0, & \lambda<0\end{cases},\quad v^0(t,x,\lambda)=\begin{cases}1, & \lambda\geqslant 0\\ 0, & \lambda<0\end{cases}$$

根据式(3.27)和式(3.28)可得哈密顿-雅可比方程及其边界条件 $\partial v(\xi,\tau)/\partial\tau+\xi^2=0$ 和 $v(\xi,t_{\mathrm{f}})=0$，从而可以解出 $v(\xi,\tau)=\xi^2(t_{\mathrm{f}}-\tau)$。因为 $\lambda=\partial v(\xi,\tau)/\partial\xi=2\xi(t_{\mathrm{f}}-\tau)>0$，所以有 $u^0(t,x,\lambda)=v^0(t,x,\lambda)=1$，可得

$$u^*(t,x)=u^0\left(t,x,\nabla_x v(t,x)\right)=1,\quad v^*(t,x)=v^0\left(t,x,\nabla_x v(t,x)\right)=1$$

3. 双方极值原理

双方极值原理给出了微分对策最优策略 $\left(\boldsymbol{u}^*,\boldsymbol{v}^*\right)$ 所需满足的必要条件。对于微分对策问题(3.10)，引入哈密顿函数 $H(\boldsymbol{x},\boldsymbol{u},\boldsymbol{v},\boldsymbol{\lambda},t)=F(\boldsymbol{x},\boldsymbol{u},\boldsymbol{v},t)+\boldsymbol{\lambda}^{\mathrm{T}}\boldsymbol{f}(\boldsymbol{x},\boldsymbol{u},\boldsymbol{v},t)$，出于简洁考虑，在不引起歧义的前提下省略了 $\boldsymbol{x}(t)$、$\boldsymbol{u}(t)$、$\boldsymbol{v}(t)$ 和 $\boldsymbol{\lambda}(t)$ 中的 (t)。同时，引入增广泛函：

$$J_a=\phi\left[\boldsymbol{x}(t_{\mathrm{f}}),t_{\mathrm{f}}\right]+\boldsymbol{\upsilon}^{\mathrm{T}}\boldsymbol{G}\left[\boldsymbol{x}(t_{\mathrm{f}}),t_{\mathrm{f}}\right] +\int_{t_0}^{t_{\mathrm{f}}}\left\{F(\boldsymbol{x},\boldsymbol{u},\boldsymbol{v},t)+\boldsymbol{\lambda}^{\mathrm{T}}\left[\boldsymbol{f}(\boldsymbol{x},\boldsymbol{u},\boldsymbol{v},t)-\dot{\boldsymbol{x}}\right]\right\}\mathrm{d}t \tag{3.30}$$

假设：

(1) $\boldsymbol{\Omega}_{\boldsymbol{u}}$ 和 $\boldsymbol{\Omega}_{\boldsymbol{v}}$ 是闭区域，且边界光滑。

(2) $\boldsymbol{f}(\boldsymbol{x},\boldsymbol{u},\boldsymbol{v},t)$ 连续可微，且在 $\boldsymbol{R}^n \times \boldsymbol{\Omega}_{\boldsymbol{u}} \times \boldsymbol{\Omega}_{\boldsymbol{v}} \times [t_0,t_{\mathrm{f}}]$ 的有界子集中关于 $(\boldsymbol{x},\boldsymbol{u},\boldsymbol{v},t)$ 一致利普希茨连续。

(3) $F(\boldsymbol{x},\boldsymbol{u},\boldsymbol{v},t)$ 连续可微，且在 $\boldsymbol{R}^n \times \boldsymbol{\Omega}_{\boldsymbol{u}} \times \boldsymbol{\Omega}_{\boldsymbol{v}} \times [t_0,t_{\mathrm{f}}]$ 的有界子集中关于 $(\boldsymbol{x},t)$ 一致利普希茨连续。

(4) $\phi(\boldsymbol{x},t)$ 和 $\boldsymbol{G}(\boldsymbol{x},t)$ 在 $\boldsymbol{R}^n \times [t_0,t_{\mathrm{f}}]$ 的有界子集中一致利普希茨连续，且连续可微。

当满足上述假设时，若 $(\boldsymbol{u}^*,\boldsymbol{v}^*)$ 是原微分对策问题(3.10)的鞍点，且 $\boldsymbol{x}^*$ 是相应的最优状态轨迹，则双方极值原理要求 $\boldsymbol{x}^*(t)$、$\boldsymbol{u}^*(t)$、$\boldsymbol{v}^*(t)$、$\boldsymbol{\lambda}(t)$ 和 $\boldsymbol{\upsilon}(t)$ 需同时满足下述必要条件。

(1) 正则方程的状态方程和协态方程如下。

状态方程：

$$\dot{\boldsymbol{x}}^* = \boldsymbol{f}\left[\boldsymbol{x}^*(t),\boldsymbol{u}^*(t),\boldsymbol{v}^*(t),t\right] \tag{3.31}$$

协态方程：

$$\dot{\boldsymbol{\lambda}}(t) = -\partial H/\partial \boldsymbol{x} \tag{3.32}$$

(2) 边界条件：

$$\boldsymbol{x}(t_0)=\boldsymbol{x}_0,\quad \boldsymbol{G}\left[\boldsymbol{x}(t_{\mathrm{f}}),t_{\mathrm{f}}\right]=\boldsymbol{0} \tag{3.33}$$

(3) 横截条件：

$$\boldsymbol{\lambda}(t_{\mathrm{f}}) = \frac{\partial \phi}{\partial \boldsymbol{x}(t_{\mathrm{f}})} + \frac{\partial \boldsymbol{G}^{\mathrm{T}}}{\partial \boldsymbol{x}(t_{\mathrm{f}})}\boldsymbol{\upsilon} \tag{3.34}$$

(4) 哈密顿函数取极大极小：

$$\begin{aligned}&H\left[\boldsymbol{x}^*(t),\boldsymbol{u}^*(t),\boldsymbol{v}^*(t),\boldsymbol{\lambda}(t),t\right]\\ &=\min_{\boldsymbol{u}\in\boldsymbol{\Omega}_U}\max_{\boldsymbol{v}\in\boldsymbol{\Omega}_V} H\left(\boldsymbol{x}^*,\boldsymbol{u},\boldsymbol{v},\boldsymbol{\lambda},t\right)\\ &=\max_{\boldsymbol{v}\in\boldsymbol{\Omega}_V}\min_{\boldsymbol{u}\in\boldsymbol{\Omega}_U} H\left(\boldsymbol{x}^*,\boldsymbol{u},\boldsymbol{v},\boldsymbol{\lambda},t\right)\end{aligned} \tag{3.35}$$

(5) 最优终端时刻条件：

$$H\left[\boldsymbol{x}^*(t_{\mathrm{f}}),\boldsymbol{u}^*(t_{\mathrm{f}}),\boldsymbol{v}^*(t_{\mathrm{f}}),\boldsymbol{\lambda}(t_{\mathrm{f}}),t_{\mathrm{f}}\right] = -\frac{\partial \phi\left[\boldsymbol{x}(t_{\mathrm{f}}),t_{\mathrm{f}}\right]}{\partial t_{\mathrm{f}}} - \frac{\partial \boldsymbol{G}^{\mathrm{T}}\left[\boldsymbol{x}(t_{\mathrm{f}}),t_{\mathrm{f}}\right]}{\partial t_{\mathrm{f}}}\boldsymbol{\upsilon} \tag{3.36}$$

当这 5 条最优性必要条件成立时，验证 $\boldsymbol{u}^*(t)$ 和 $\boldsymbol{v}^*(t)$ 分别使 $J^*(\boldsymbol{u},\boldsymbol{v})$ 达到极小和极大之后，就能确定 $\boldsymbol{u}^*(t)$ 和 $\boldsymbol{v}^*(t)$ 是微分对策问题的鞍点了。

注意到在飞行器对抗过程中，追逃双方的控制量作用于各自的作战平台。与之相关的多数微分对策问题中，状态方程函数 $\boldsymbol{f}$ 和性能指标积分项中的 F 函数都关于交战双方是可分离的。此时条件(4)哈密顿函数取极大极小中，甲乙双方根据当前时刻状态针对 $H\left(\boldsymbol{x}^{*},\boldsymbol{u},\boldsymbol{v},\boldsymbol{\lambda},t\right)$ 中与自身单独相关的部分进行优化即可得到相应的最优控制 $\boldsymbol{u}^{*}(t)$ 和 $\boldsymbol{v}^{*}(t)$。

3.4 定性微分对策的问题和最优性原理

定量微分对策研究使某种支付函数极大化或极小化的最优策略，恰如前面所讲二人零和微分对策问题。从对抗的角度看，追方力图捕获逃方，而逃方力图逃离追方，此时定性微分对策研究的是于何种情况下双方采取何种控制才能够解决捕获或躲避的问题。虽然定性微分对策不研究支付函数的优化，但其也包含参与人、状态方程、目标集和策略等概念。

1. 定性微分对策问题形式

1) 状态方程

定性微分对策中的状态方程形式为

$$\dot{\boldsymbol{x}}=\boldsymbol{f}\left[\boldsymbol{x}(t),\boldsymbol{u}(t),\boldsymbol{v}(t)\right] \tag{3.37}$$

注意式(3.37)中不显含时间 t。如果 $\boldsymbol{f}$ 函数中显含时间 t，可以将时间作为第 $n+1$ 维状态变量，即 $x_{n+1}=t$，则相应的状态方程为 $\dot{x}_{n+1}=1$，初始条件为 $x_{n+1}\left(t_0\right)=t_0$。

2) 目标集

区别于 3.3 节所定义的显含时间 t 的目标集形式，这里将目标集定义为如下状态变量空间的某个集合 $\boldsymbol{D}$：

$$\boldsymbol{D}=\left\{\boldsymbol{x}\middle|\boldsymbol{x}\in\boldsymbol{R}^{n},\boldsymbol{\psi}\left(\boldsymbol{x}\right)\leqslant\boldsymbol{0}\right\} \tag{3.38}$$

以追逃问题为例，追方通过自身的控制量 $\boldsymbol{u}$ 力图使状态变量 $\boldsymbol{x}$ 运动进入目标集 $\boldsymbol{D}$，即使得 $\boldsymbol{\psi}\left(\boldsymbol{x}\right)\leqslant\boldsymbol{0}$；逃方力图通过其控制量 $\boldsymbol{v}$ 使得状态变量 $\boldsymbol{x}$ 保持在目标集之外，即 $\boldsymbol{\psi}\left(\boldsymbol{x}\right)>\boldsymbol{0}$。

3) 躲避区、截获区和界栅计算问题

目标集以外的空间可以划分为躲避区和截获区两种类型。在躲避区中，不论追方采用何种策略，逃方都能选择适当的策略，使得追方无法捕获自己，即保持 $\boldsymbol{\psi}\left(\boldsymbol{x}\right)>\boldsymbol{0}$；在截获区中，不论逃方采取何种策略，追方都有适当的策略能够实现对逃方的捕获，即使得 $\boldsymbol{\psi}\left(\boldsymbol{x}\right)\leqslant\boldsymbol{0}$。

在一方占有绝对优势的时候，躲避区和截获区不一定同时存在。在双方各有优劣时，躲避区和截获区可能同时存在。此时，将躲避区和截获区的分界面称为界栅，记为 Barr 。参与人双方在界栅上展开了最激烈的对抗。当系统状态 $\boldsymbol{x}$ 位于界栅上，且对抗双方采用最优策略时，始终有 $\boldsymbol{x}\in \mathrm{Barr}$ 。此时双方不能将状态拉进自身所期望的躲避区或截获区，均处于平局的局面。当一方的控制偏离最优策略时，$\boldsymbol{x}$ 立即从界栅上进入对手所期望的截获区或躲避区，局面由平局变为败局。

因此，定性微分对策的核心问题是计算界栅 Barr 和参与人双方在界栅上的最优策略 $\left(\bar{\boldsymbol{\Gamma}},\bar{\boldsymbol{\varDelta}}\right)$ 或 $\left(\bar{\boldsymbol{u}},\bar{\boldsymbol{v}}\right)$ 。

2. 目标集边界的分析

记 $\partial\boldsymbol{D}$ 是目标集 $\boldsymbol{D}$ 的边界，则 $\partial\boldsymbol{D}$ 是 $n-1$ 维曲面。记目标集边界 $\partial\boldsymbol{D}$ 上的法向量为 $\boldsymbol{\gamma}\in\boldsymbol{R}^n$ ，定义哈密顿函数 $H\left(\boldsymbol{x},\boldsymbol{u},\boldsymbol{v},\boldsymbol{\gamma}\right)=\boldsymbol{\gamma}^{\mathrm{T}}\boldsymbol{f}\left(\boldsymbol{x},\boldsymbol{u},\boldsymbol{v}\right)$ 为点 $\boldsymbol{x}$ 处的状态变化率沿 $\boldsymbol{\gamma}$ 方向的分量。

当 $\boldsymbol{x}\in\partial\boldsymbol{D}$ 时，若有 $H\left(\boldsymbol{x},\boldsymbol{u},\boldsymbol{v},\boldsymbol{\gamma}\right)>0$ ，则表示状态变量 $\boldsymbol{x}$ 将沿 $\partial\boldsymbol{D}$ 上 $\boldsymbol{x}$ 点处的法向量 $\boldsymbol{\gamma}$ 向外运动。同样，当 $\boldsymbol{x}$ 充分接近 $\partial\boldsymbol{D}$ 时，$H\left(\boldsymbol{x},\boldsymbol{u},\boldsymbol{v},\boldsymbol{\gamma}\right)>0$ 也意味着 $\boldsymbol{x}$ 将沿 $\partial\boldsymbol{D}$ 上 $\boldsymbol{x}$ 点附近的法向量 $\boldsymbol{\gamma}$ 向远离目标集的方向运动。

当 $\boldsymbol{x}\in\partial\boldsymbol{D}$ 或充分接近 $\partial\boldsymbol{D}$ 时，若有 $H\left(\boldsymbol{x},\boldsymbol{u},\boldsymbol{v},\boldsymbol{\gamma}\right)<0$ ，则表示 $\boldsymbol{x}$ 的轨迹将穿过 $\partial\boldsymbol{D}$ ，进入目标集内部。此时对策终止。

在追逃问题中，追方欲通过其控制量 $\boldsymbol{u}$ 使 $H\left(\boldsymbol{x},\boldsymbol{u},\boldsymbol{v},\boldsymbol{\gamma}\right)\big|_{\boldsymbol{x}\in\partial\boldsymbol{D}}<0$ ，即令 $\boldsymbol{x}\in\partial\boldsymbol{D}$ 处的哈密顿函数尽可能负(min)，从而最大化该点处状态轨迹向目标集内部运动的速度。然而逃方欲通过 $\boldsymbol{v}$ 使 $H\left(\boldsymbol{x},\boldsymbol{u},\boldsymbol{v},\boldsymbol{\gamma}\right)\big|_{\boldsymbol{x}\in\partial\boldsymbol{D}}>0$ ，即令 $\boldsymbol{x}\in\partial\boldsymbol{D}$ 处的哈密顿函数尽可能正(max)，从而最大化该点处状态轨迹向目标集外部运动的速度。因此在目标集边界上，参与人双方构成如下极小极大化问题：

$$H\left(\boldsymbol{x},\bar{\boldsymbol{u}},\bar{\boldsymbol{v}},\boldsymbol{\gamma}\right)\big|_{\boldsymbol{x}\in\partial\boldsymbol{D}}=\min_{\boldsymbol{u}\in\boldsymbol{\Omega}_U}\max_{\boldsymbol{v}\in\boldsymbol{\Omega}_V}H\left(\boldsymbol{x},\boldsymbol{u},\boldsymbol{v},\boldsymbol{\gamma}\right)\big|_{\boldsymbol{x}\in\partial\boldsymbol{D}} \tag{3.39}$$

其中，$\bar{\boldsymbol{u}}$ 和 $\bar{\boldsymbol{v}}$ 分别是甲乙双方的最优策略。$H\left(\boldsymbol{x},\bar{\boldsymbol{u}},\bar{\boldsymbol{v}},\boldsymbol{\gamma}\right)\big|_{\boldsymbol{x}\in\partial\boldsymbol{D}}$ 是正还是负完全取决于 $\partial\boldsymbol{D}$ 上点 $\boldsymbol{x}$ 的值。

由此，将目标集边界上所有满足：

$$H\left(\boldsymbol{x},\bar{\boldsymbol{u}},\bar{\boldsymbol{v}},\boldsymbol{\gamma}\right)\big|_{\boldsymbol{x}\in\partial\boldsymbol{D}}>0 \tag{3.40}$$

的点称为不可用部分(non-usable part，NUP)。在 NUP 上，不论追方采取任何行动，逃方总能找到合适的行动逃脱追捕。将目标集边界上所有满足：

$$H\left(\boldsymbol{x},\bar{\boldsymbol{u}},\bar{\boldsymbol{v}},\boldsymbol{\gamma}\right)\big|_{\boldsymbol{x}\in\partial\boldsymbol{D}}<0 \tag{3.41}$$

的点称为可用部分(usable part，UP)。在 UP 上，不论逃方采取任何行动，追方总能找到合适的行动捕获对手，即让 $\boldsymbol{x}$ 的轨迹进入目标集 $\boldsymbol{D}$ 内部。

将目标集边界上所有满足：

$$H\left(\boldsymbol{x},\bar{\boldsymbol{u}},\bar{\boldsymbol{v}},\boldsymbol{\gamma}\right)\Big|_{\boldsymbol{x}\in\partial\boldsymbol{D}}=0 \tag{3.42}$$

的点称为可用部分边界(boundary of usable part，BUP)，记为 $\boldsymbol{D}_{\mathrm{BUP}}$。BUP 将 $\partial\boldsymbol{D}$ 划分为 UP 和 NUP 两部分。

BUP 是界栅的起点。以 BUP 中的点为起点所形成的界栅 Barr 同 UP 一起围成了 $\boldsymbol{R}^n$ 中的截获区。目标集和截获区的外部是躲避区。UP 和 NUP 不一定同时存在，BUP 可能是空集也可能是部分或全部的 $\partial\boldsymbol{D}$。$\boldsymbol{D}_{\mathrm{BUP}}$ 是 $n-2$ 维曲面，记其参数化表示方式为

$$\boldsymbol{x}=\bar{\boldsymbol{\varphi}}\left(s_1,s_2,\cdots,s_{n-2}\right),\quad \boldsymbol{x}\in\boldsymbol{D}_{\mathrm{BUP}} \tag{3.43}$$

其中，$s_1,s_2,\cdots,s_{n-2}$ 是 $\boldsymbol{D}_{\mathrm{BUP}}$ 曲面的 $n-2$ 个参数。这种参数化表示方法在 $\boldsymbol{\gamma}$ 的归一化和界栅的构造过程中将会用到。

3. 界栅构造方法

类似于定量微分对策中的协态 $\boldsymbol{\lambda}$，这里的 $\boldsymbol{\gamma}$ 同哈密顿函数在界栅上满足下列关系：

$$\dot{\boldsymbol{\gamma}}=-\nabla_{\boldsymbol{x}}H\left(\boldsymbol{x},\boldsymbol{u},\boldsymbol{v},\boldsymbol{\gamma}\right) \tag{3.44}$$

此时以所有 $\boldsymbol{x}\in\boldsymbol{D}_{\mathrm{BUP}}$ 和相应的 $\boldsymbol{\gamma}\left(\boldsymbol{x}\right)\Big|_{\boldsymbol{x}\in\boldsymbol{D}_{\mathrm{BUP}}}$ 为初始条件，对以下微分方程组进行时间逆向积分，就可以得到从目标集可用部分边界 $\boldsymbol{D}_{\mathrm{BUP}}$ 发出的界栅 Barr $\in\boldsymbol{R}^n$。

$$\begin{cases}\dot{\boldsymbol{\gamma}}=-\nabla_{\boldsymbol{x}}H\left(\boldsymbol{x},\tilde{\boldsymbol{u}},\tilde{\boldsymbol{v}},\boldsymbol{\gamma}\right)\\ \dot{\boldsymbol{x}}=\boldsymbol{f}\left(\boldsymbol{x},\tilde{\boldsymbol{u}},\tilde{\boldsymbol{v}}\right)\\ \boldsymbol{x}_0=\bar{\boldsymbol{\varphi}}\left(s_1,s_2,\cdots,s_{n-2}\right)\in\boldsymbol{D}_{\mathrm{BUP}}\\ \boldsymbol{\gamma}_0=\boldsymbol{\gamma}\left(\boldsymbol{x}_0\right)\end{cases} \tag{3.45}$$

其中，$\tilde{\boldsymbol{u}}$ 和 $\tilde{\boldsymbol{v}}$ 根据定性微分对策的极小极大化问题(3.39)来计算。$\boldsymbol{\gamma}$ 是状态方程逆向积分所得的界栅上点 $\boldsymbol{x}$ 处的协态变量，它通过问题(3.39)的求解影响 $\tilde{\boldsymbol{u}}$ 和 $\tilde{\boldsymbol{v}}$，从而影响到状态方程 $\dot{\boldsymbol{x}}=\boldsymbol{f}\left(\boldsymbol{x},\tilde{\boldsymbol{u}},\tilde{\boldsymbol{v}}\right)$。

对于 $H\left(\boldsymbol{x},\boldsymbol{u},\boldsymbol{v},\boldsymbol{\gamma}\right)$ 不是 $\boldsymbol{u}$ 和 $\boldsymbol{v}$ 的线性函数，且 $\boldsymbol{u}$ 和 $\boldsymbol{v}$ 均位于各自容许控制集合 $\boldsymbol{\Omega}_U$ 和 $\boldsymbol{\Omega}_V$ 的内部这种特殊情况，可以根据下述方程将 $\tilde{\boldsymbol{u}}$ 和 $\tilde{\boldsymbol{v}}$ 表示为 $\boldsymbol{x}$ 和 $\boldsymbol{\gamma}$ 的函数，从而将控制量 $\tilde{\boldsymbol{u}}$ 和 $\tilde{\boldsymbol{v}}$ 从界栅微分方程组(3.45)中消去。

$$\frac{\partial H(\boldsymbol{x},\boldsymbol{u},\boldsymbol{v},\boldsymbol{\gamma})}{\partial \boldsymbol{u}}=\boldsymbol{0}$$

$$\frac{\partial H(\boldsymbol{x},\boldsymbol{u},\boldsymbol{v},\boldsymbol{\gamma})}{\partial \boldsymbol{v}}=\boldsymbol{0}$$

若 $\boldsymbol{u}$ 、$\boldsymbol{v}$ 在 $\boldsymbol{f}(\boldsymbol{x},\boldsymbol{u},\boldsymbol{v})$ 中是可分离的，则可以根据：

$$\tilde{\boldsymbol{u}}=\arg\min_{\boldsymbol{u}\in\boldsymbol{\Omega}_U} H(\boldsymbol{x},\boldsymbol{u},\boldsymbol{v},\boldsymbol{\gamma})$$

和

$$\tilde{\boldsymbol{v}}=\arg\max_{\boldsymbol{v}\in\boldsymbol{\Omega}_V} H(\boldsymbol{x},\boldsymbol{u},\boldsymbol{v},\boldsymbol{\gamma})$$

分别求得 $\tilde{\boldsymbol{u}}$ 和 $\tilde{\boldsymbol{v}}$ 关于当前状态变量 $\boldsymbol{x}$ 和协态变量 $\boldsymbol{\gamma}$ 的表达式或值。

根据以下方程可以确定目标集边界 $\partial\boldsymbol{D}$ 上的单位法向量 $\boldsymbol{\gamma}|_{\partial\boldsymbol{D}}$ ：

$$\begin{cases}\displaystyle\sum_{i=1}^{n}\gamma_i\frac{\partial\varphi_i(s_1,s_2,\cdots,s_{n-2})}{\partial s_1}=0\\ \vdots\\ \displaystyle\sum_{i=1}^{n}\gamma_i\frac{\partial\varphi_i(s_1,s_2,\cdots,s_{n-2})}{\partial s_{n-2}}=0\\ \boldsymbol{\gamma}^{\mathrm{T}}\boldsymbol{\gamma}=1\end{cases}$$

其中，$\left[\dfrac{\partial\varphi_1(s_1,s_2,\cdots,s_{n-2})}{\partial s_j},\cdots,\dfrac{\partial\varphi_n(s_1,s_2,\cdots,s_{n-2})}{\partial s_j}\right]^{\mathrm{T}}$ 是目标集可用部分边界 $\boldsymbol{D}_{\mathrm{BUP}}$ 这一 $n-2$ 维参数曲面沿其参数 s_j 方向上的切向量；$\boldsymbol{\gamma}^{\mathrm{T}}\boldsymbol{\gamma}=1$ 是法向量的归一化方程。

3.5　本 章 小 结

微分对策从形式上可以看作一种多边最优控制问题。然而，由于存在多个参与人或控制器，参与人的目标之间相互关联、冲突，从而使得微分对策问题具有丰富的种类和形式，包括二人零和与非零和对策、合作博弈、定量与定性微分对策等。其理论研究相比于最优控制来说更为困难，如鞍点的存在性等问题。

本章首先从动态博弈的扩展式描述的角度给出了飞行器对抗中典型的二人零和微分对策形式及其鞍点定义。针对该问题给出了两种最优性条件，一种是双方极值原理，另一种是基于动态规划原理的贝尔曼-艾萨克斯方程和哈密顿-雅可比方程。二人零和问题或追逃问题在本质上是定量微分对策，它对由双方的相对距离和能量消耗等构成的综合指标进行定量优化，以此来进行控制决策。

相对于定量微分对策来说，定性微分对策研究追方在什么情况下能够或不能够捕获逃方，相对应的区域分别称为截获区和躲避区。定性微分对策的研究是在所有参与人全部状态变量所处的空间中进行的。在该空间中首先定义或计算出追方最终成功抓住逃方的区域，即目标集。当博弈双方的状态变量接触到该区域时，表示追方抓住了逃方，博弈宣告结束。这意味着目标集边界十分重要。对目标集边界进行具体考察时，将其分为可用部分、不可用部分和可用部分边界三种情况。在可用部分边界上，追逃双方都处于成功捕获和成功逃脱的临界状态，双方僵持不下。从可用部分边界出发，向目标集以外以某种形式延伸开，相应的曲面是界栅。界栅从目标集的可用部分边界某处出发，又回到可用部分边界上，并将全部状态变量所处的空间分为截获区和躲避区。当状态变量位于界栅上时，对抗双方处于捕获或逃逸的临界状态。因此，界栅的计算是定性微分对策理论的一个关键点。本章最后给出了界栅计算的一般性方法。

第 4 章　定量微分对策

微分对策的基本解法有三类，分别是基于间接法的迭代算法、基于最优性条件的解析法和基于直接离散化的方法。本章首先在前述固定逗留期微分对策鞍点定义及性质的基础上，给出基于梯度迭代的间接法。其次给出生存型微分对策问题的形式及其鞍点性质，以线性二次微分对策为例，根据鞍点条件推导比例导引律的解析形式。最后以再入飞行器拦截问题为例，采用半直接配置法将相应的微分对策问题转换成为最优控制问题。根据第 2 章中的直接法，将所得最优控制问题离散化为非线性规划问题。

4.1　固定逗留期微分对策的梯度迭代法

针对固定逗留期微分对策问题，本节分别给出无约束问题和有约束问题的梯度迭代法。无约束固定逗留期微分对策问题是指参与人双方的控制量定义在 $\boldsymbol{R}^p$ 和 $\boldsymbol{R}^q$ 上。有约束固定逗留期微分对策问题是指参与人双方的控制量定义在 $\boldsymbol{R}^p$ 和 $\boldsymbol{R}^q$ 的真子空间上，即 $\boldsymbol{u}(t)\in\boldsymbol{\Omega}_U\subset\boldsymbol{R}^p$ 和 $\boldsymbol{v}(t)\in\boldsymbol{\Omega}_V\subset\boldsymbol{R}^q$ 。

1. 无约束问题的梯度迭代法

无约束固定逗留期微分对策问题的形式为

$$
\begin{cases}
\min\limits_{\boldsymbol{u}(t)\in\boldsymbol{R}^p}\ \max\limits_{\boldsymbol{v}(t)\in\boldsymbol{R}^q} & J=\phi\left[\boldsymbol{x}(t_\mathrm{f}),t_\mathrm{f}\right]+\displaystyle\int_{t_0}^{t_\mathrm{f}}F\left[\boldsymbol{x}(t),\boldsymbol{u}(t),\boldsymbol{v}(t),t\right]\mathrm{d}t \\
\text{s.t.} & \dot{\boldsymbol{x}}=\boldsymbol{f}\left[\boldsymbol{x}(t),\boldsymbol{u}(t),\boldsymbol{v}(t),t\right] \\
 & \boldsymbol{x}(t_0)=\boldsymbol{x}_0
\end{cases}
\tag{4.1}
$$

其中，对终端状态的约束是 $\boldsymbol{G}\left[\boldsymbol{x}(t_\mathrm{f}),t_\mathrm{f}\right]=\boldsymbol{0}$ 。这里假设 $\boldsymbol{f}$ 和 F 关于参与人双方的控制量 $\boldsymbol{u}(t)$ 和 $\boldsymbol{v}(t)$ 是可分离的。

因为问题(4.1)中的控制量是无约束且关于 $\boldsymbol{f}$ 和 F 可分离的，所以哈密顿函数 $H(\boldsymbol{x},\boldsymbol{u},\boldsymbol{v},\boldsymbol{\lambda},t)$ 取极大极小条件(3.35)可变为其在最优控制量 $\boldsymbol{u}^*(t)$ 和 $\boldsymbol{v}^*(t)$ 处的偏导数均为 $\boldsymbol{0}$ 的条件，即

$$\frac{\partial H(\boldsymbol{x},\boldsymbol{u},\boldsymbol{v},\boldsymbol{\lambda},t)}{\partial \boldsymbol{u}}=\boldsymbol{0},\quad \frac{\partial H(\boldsymbol{x},\boldsymbol{u},\boldsymbol{v},\boldsymbol{\lambda},t)}{\partial \boldsymbol{v}}=\boldsymbol{0} \tag{4.2}$$

其中，$\boldsymbol{x}$ 和 $\boldsymbol{\lambda}$ 与 $\boldsymbol{u}^*(t)$ 和 $\boldsymbol{v}^*(t)$ 相对应。此时相应的梯度迭代法的具体形式如下。

(1) $k=0$，初始化，即任取甲乙双方的初始控制量 $\boldsymbol{u}^0(t)$ 和 $\boldsymbol{v}^0(t)$。

(2) 计算状态轨迹 $\boldsymbol{x}^k(t)$ 和支付泛函值 $J(\boldsymbol{u}^k,\boldsymbol{v}^k)$。根据控制量 $\boldsymbol{u}^k(t)$、$\boldsymbol{v}^k(t)$ 和初始状态 $\boldsymbol{x}(0)$，对问题(4.1)的状态方程进行数值积分，得到轨迹 $\boldsymbol{x}^k(t)$。然后根据 $\boldsymbol{u}^k(t)$、$\boldsymbol{v}^k(t)$ 和 $\boldsymbol{x}^k(t)$ 计算得到 $J(\boldsymbol{u}^k,\boldsymbol{v}^k)$。

(3) 计算协态方程。将 $\boldsymbol{u}^k(t)$、$\boldsymbol{v}^k(t)$ 和 $\boldsymbol{x}^k(t)$ 的值代入协态方程(3.32)，以横截条件(3.34)为终端值，沿时间逆向做数值积分。按照下式重写协态方程和横截条件，计算得到 $\boldsymbol{\lambda}^k(t)$：

$$\dot{\boldsymbol{\lambda}}(t)=-\nabla_{\boldsymbol{x}}H\left[\boldsymbol{x}^k(t),\boldsymbol{u}^k(t),\boldsymbol{v}^k(t),\boldsymbol{\lambda}(t),t\right],\quad \boldsymbol{\lambda}(t_{\mathrm{f}})=\frac{\partial\phi}{\partial\boldsymbol{x}(t_{\mathrm{f}})}+\frac{\partial\boldsymbol{G}^{\mathrm{T}}}{\partial\boldsymbol{x}(t_{\mathrm{f}})}\boldsymbol{\upsilon}$$

(4) 收敛条件判定。计算哈密顿函数关于最优控制偏导数方程(4.2)的残差，即

$$\nabla_{\boldsymbol{u}}J(\boldsymbol{u}^k,\boldsymbol{v}^k)=\left.\frac{\partial H(\boldsymbol{x}^k,\boldsymbol{u},\boldsymbol{v}^k,\boldsymbol{\lambda}^k,t)}{\partial\boldsymbol{u}}\right|_{\boldsymbol{u}=\boldsymbol{u}^k},\quad \nabla_{\boldsymbol{v}}J(\boldsymbol{u}^k,\boldsymbol{v}^k)=\left.\frac{\partial H(\boldsymbol{x}^k,\boldsymbol{u}^k,\boldsymbol{v},\boldsymbol{\lambda}^k,t)}{\partial\boldsymbol{v}}\right|_{\boldsymbol{v}=\boldsymbol{v}^k}$$

若对任意给定精度 $\varepsilon>0$，不等式 $\left\|\nabla_{\boldsymbol{u}}J(\boldsymbol{u}^k(t),\boldsymbol{v}^k(t))\right\|<\varepsilon$ 和 $\left\|\nabla_{\boldsymbol{v}}J(\boldsymbol{u}^k(t),\boldsymbol{v}^k(t))\right\|<\varepsilon$ 同时成立，则停止，并令 $\boldsymbol{u}^*(t)=\boldsymbol{u}^k(t)$ 且 $\boldsymbol{v}^*(t)=\boldsymbol{v}^k(t)$。否则，继续下一步。

(5) 根据梯度法，迭代改进 $\boldsymbol{u}^k(t)$ 和 $\boldsymbol{v}^k(t)$，即有

$$\boldsymbol{u}^{k+1}(t)=\boldsymbol{u}^k(t)+\alpha_k\nabla_{\boldsymbol{u}}J(\boldsymbol{u}^k,\boldsymbol{v}^k) \tag{4.3}$$

$$\boldsymbol{v}^{k+1}(t)=\boldsymbol{v}^k(t)+\beta_k\nabla_{\boldsymbol{v}}J(\boldsymbol{u}^k,\boldsymbol{v}^k) \tag{4.4}$$

其中，可以使用一维搜索等方法来确定有效的步长 α_k 和 β_k。令 $k=k+1$，并转至步骤(2)。

可以证明，式(4.3)是下降迭代公式，而式(4.4)是上升迭代公式。

2. 有约束问题的梯度迭代法

控制量有约束固定逗留期微分对策问题形式为

$$\begin{cases} \min\limits_{\boldsymbol{u}(t)\in\boldsymbol{\Omega}_U} \max\limits_{\boldsymbol{v}(t)\in\boldsymbol{\Omega}_V} & J=\phi\left[\boldsymbol{x}(t_\mathrm{f}),t_\mathrm{f}\right]+\int_{t_0}^{t_\mathrm{f}} F\left[\boldsymbol{x}(t),\boldsymbol{u}(t),\boldsymbol{v}(t),t\right]\mathrm{d}t \\ \text{s.t.} & \dot{\boldsymbol{x}}=\boldsymbol{f}\left[\boldsymbol{x}(t),\boldsymbol{u}(t),\boldsymbol{v}(t),t\right] \\ & \boldsymbol{x}(t_0)=\boldsymbol{x}_0 \end{cases} \tag{4.5}$$

其中，对终端状态的约束是 $\boldsymbol{G}\left[\boldsymbol{x}(t_\mathrm{f}),t_\mathrm{f}\right]=\mathbf{0}$，假设 $\boldsymbol{f}$ 和 F 关于参与人双方的控制量 $\boldsymbol{u}(t)$ 和 $\boldsymbol{v}(t)$ 是可分离的。

有约束固定逗留期微分对策问题(4.5)同无约束问题(4.1)之间的区别在于控制量是否受约束。当控制量受约束时，即 $\boldsymbol{u}(t)\in\boldsymbol{\Omega}_U\subset\boldsymbol{R}^p$ 和 $\boldsymbol{v}(t)\in\boldsymbol{\Omega}_V\subset\boldsymbol{R}^q$，无法根据式(4.3)和式(4.4)计算 $\boldsymbol{u}^{k+1}(t)$ 和 $\boldsymbol{v}^{k+1}(t)$。因为 $\boldsymbol{f}$ 和 F 关于 $\boldsymbol{u}(t)$ 和 $\boldsymbol{v}(t)$ 可分离，所以最为根本的方法是针对 $\boldsymbol{u}^{k+1}(t)$ 和 $\boldsymbol{v}^{k+1}(t)$ 分别求解以下两个优化问题：

$$\boldsymbol{u}^{k+1}(t)=\arg\min_{\boldsymbol{u}(t)\in\boldsymbol{\Omega}_U} H\left[\boldsymbol{x}^k(t),\boldsymbol{u}(t),\boldsymbol{v}^k(t),\boldsymbol{\lambda}^k(t),t\right] \tag{4.6}$$

和

$$\boldsymbol{v}^{k+1}(t)=\arg\max_{\boldsymbol{v}(t)\in\boldsymbol{\Omega}_V} H\left[\boldsymbol{x}^k(t),\boldsymbol{u}^k(t),\boldsymbol{v}(t),\boldsymbol{\lambda}^k(t),t\right] \tag{4.7}$$

此时的有约束固定逗留期微分对策问题的求解算法如下。

(1) $k=0$，初始化。任取甲乙双方的初始控制量 $\boldsymbol{u}^0(t)$ 和 $\boldsymbol{v}^0(t)$。根据控制量 $\boldsymbol{u}^0(t)$、$\boldsymbol{v}^0(t)$ 和状态初值 $\boldsymbol{x}(0)$，对问题(4.5)中的状态方程进行积分，得到轨迹 $\boldsymbol{x}^0(t)$。然后根据 $\boldsymbol{u}^0(t)$、$\boldsymbol{v}^0(t)$ 和 $\boldsymbol{x}^0(t)$ 计算得到 $J\left(\boldsymbol{u}^0(t),\boldsymbol{v}^0(t)\right)$。将 $\boldsymbol{u}^0(t)$、$\boldsymbol{v}^0(t)$ 和 $\boldsymbol{x}^0(t)$ 代入协态方程(3.32)中，以横截条件(3.34)为初值逆时间方向进行数值积分，得到初始协态变量 $\boldsymbol{\lambda}^0(t)$。

(2) 令 $k=k+1$，将优化问题(4.6)和优化问题(4.7)写为如下形式，求解得到 $\boldsymbol{u}^k(t)$ 和 $\boldsymbol{v}^k(t)$。

$$\boldsymbol{u}^k(t)=\arg\min_{\boldsymbol{u}(t)\in\boldsymbol{\Omega}_U} H\left[\boldsymbol{x}^{k-1}(t),\boldsymbol{u}(t),\boldsymbol{v}^{k-1}(t),\boldsymbol{\lambda}^{k-1}(t),t\right]$$

$$\boldsymbol{v}^k(t)=\arg\max_{\boldsymbol{v}(t)\in\boldsymbol{\Omega}_V} H\left[\boldsymbol{x}^{k-1}(t),\boldsymbol{u}^{k-1}(t),\boldsymbol{v}(t),\boldsymbol{\lambda}^{k-1}(t),t\right]$$

(3) 根据 $\boldsymbol{u}^k(t)$、$\boldsymbol{v}^k(t)$ 和状态初值 $\boldsymbol{x}(0)$，对问题(4.5)的状态方程积分，得到轨迹 $\boldsymbol{x}^k(t)$，再根据 $\boldsymbol{u}^k(t)$、$\boldsymbol{v}^k(t)$ 和 $\boldsymbol{x}^k(t)$ 计算得到 $J\left(\boldsymbol{u}^k(t),\boldsymbol{v}^k(t)\right)$。

(4) 收敛条件判定。若对 $\forall\varepsilon>0$，有 $\left\|J\left(\boldsymbol{u}^k(t),\boldsymbol{v}^k(t)\right)-J\left(\boldsymbol{u}^{k-1}(t),\boldsymbol{v}^{k-1}(t)\right)\right\|<\varepsilon$，

则停止，并令 $\boldsymbol{u}^*(t)=\boldsymbol{u}^k(t)$ 且 $\boldsymbol{v}^*(t)=\boldsymbol{v}^k(t)$。否则，继续下一步。

(5) 计算协态方程。将 $\boldsymbol{u}^k(t)$、$\boldsymbol{v}^k(t)$ 和 $\boldsymbol{x}^k(t)$ 代入协态方程(3.32)，以横截条件(3.34)为终端值做逆向积分。协态方程和横截条件重写如下：

$$\dot{\boldsymbol{\lambda}}(t)=-\nabla_{\boldsymbol{x}}H\left[\boldsymbol{x}^k(t),\boldsymbol{u}^k(t),\boldsymbol{v}^k(t),\boldsymbol{\lambda}(t),t\right],\quad \boldsymbol{\lambda}(t_{\mathrm{f}})=\partial\phi/\partial\boldsymbol{x}(t_{\mathrm{f}})+\left(\partial\boldsymbol{G}^{\mathrm{T}}/\partial\boldsymbol{x}(t_{\mathrm{f}})\right)\boldsymbol{v}$$

从而得到 $\boldsymbol{\lambda}^k(t)$，并转至步骤(2)。

以上是完整的有约束固定逗留期微分对策问题求解算法。

还有一个方法：通过约束算子对无约束固定逗留期微分对策所得的 $\boldsymbol{u}^{k+1}(t)\in\boldsymbol{R}^p$ 和 $\boldsymbol{v}^{k+1}(t)\in\boldsymbol{R}^q$ 进行修正，从而使修正后 $\tilde{\boldsymbol{u}}^{k+1}(t)$ 和 $\tilde{\boldsymbol{v}}^{k+1}(t)$ 满足 $\tilde{\boldsymbol{u}}^{k+1}(t)\in\boldsymbol{\Omega}_U$ 和 $\tilde{\boldsymbol{v}}^{k+1}(t)\in\boldsymbol{\Omega}_V$。与 $\boldsymbol{u}^{k+1}(t)$ 和 $\boldsymbol{v}^{k+1}(t)$ 相应的修正函数称为修正算子，分别记为 $\boldsymbol{L}_{\boldsymbol{u}}$ 和 $\boldsymbol{L}_{\boldsymbol{v}}$。

需要根据情况构造以下四种修正算子。

1) $\boldsymbol{u}$ 和 $\boldsymbol{v}$ 具有定常边界约束

$\boldsymbol{u}$ 和 $\boldsymbol{v}$ 具有定常边界约束的具体形式为 $\boldsymbol{\Omega}_U=\left\{\boldsymbol{u}\middle|\boldsymbol{u}\in\boldsymbol{R}^p,a_j\leqslant u_j\leqslant b_j,j=1,2,\cdots,p\right\}$ 和 $\boldsymbol{\Omega}_V=\left\{\boldsymbol{v}\middle|\boldsymbol{v}\in\boldsymbol{R}^q,c_j\leqslant v_j\leqslant d_j,j=1,2,\cdots,q\right\}$，其中常数 a_j 和 b_j（$j=1,2,\cdots,p$）、c_j 和 d_j（$j=1,2,\cdots,q$）满足 $a_j\leqslant b_j$ 和 $c_j\leqslant d_j$。对于 $\forall\tilde{\boldsymbol{u}}(t)\in\boldsymbol{R}^p$，定义 $\boldsymbol{L}_{\boldsymbol{u}}^1$ 的分量 $\boldsymbol{L}_{u_j}^1$ 为

$$u_j(t)=\boldsymbol{L}_{u_j}^1\left(\tilde{u}_j(t)\right)=\begin{cases}a_j, & \tilde{u}_j(t)\leqslant a_j\\ \tilde{u}_j(t), & a_j<\tilde{u}_j(t)\leqslant b_j\\ b_j, & b_j<\tilde{u}_j(t)\end{cases},\quad j=1,2,\cdots,p \tag{4.8}$$

同理，针对 $\forall\tilde{\boldsymbol{v}}(t)\in\boldsymbol{R}^q$，定义 $\boldsymbol{L}_{\boldsymbol{v}}^1$ 的分量 $\boldsymbol{L}_{v_j}^1$ 为

$$v_j(t)=\boldsymbol{L}_{v_j}^1\left(\tilde{v}_j(t)\right)=\begin{cases}c_j, & \tilde{v}_j(t)\leqslant c_j\\ \tilde{v}_j(t), & c_j<\tilde{v}_j(t)\leqslant d_j\\ d_j, & d_j<\tilde{v}_j(t)\end{cases},\quad j=1,2,\cdots,q \tag{4.9}$$

2) $\boldsymbol{u}$ 和 $\boldsymbol{v}$ 具有时变边界约束

$\boldsymbol{u}$ 和 $\boldsymbol{v}$ 具有时变边界约束相应的形式为

$$\boldsymbol{\Omega}_U=\left\{\boldsymbol{u}\middle|\boldsymbol{u}\in\boldsymbol{R}^p,\boldsymbol{y}(t)\leqslant\boldsymbol{u}(t)\leqslant\overline{\boldsymbol{y}}(t),\text{其中}\boldsymbol{y}(t),\overline{\boldsymbol{y}}(t)\in\boldsymbol{R}^p,\text{且}\boldsymbol{y}(t)\leqslant\overline{\boldsymbol{y}}(t)\right\} \tag{4.10}$$

和

$$\boldsymbol{\Omega}_V=\left\{\boldsymbol{v}\middle|\boldsymbol{v}\in\boldsymbol{R}^q,\boldsymbol{z}(t)\leqslant\boldsymbol{v}(t)\leqslant\overline{\boldsymbol{z}}(t),\text{其中}\boldsymbol{z}(t),\overline{\boldsymbol{z}}(t)\in\boldsymbol{R}^q,\text{且}\boldsymbol{z}(t)\leqslant\overline{\boldsymbol{z}}(t)\right\} \tag{4.11}$$

对于 $\forall \tilde{\boldsymbol{u}}(t) \in \boldsymbol{R}^p$，定义 $\boldsymbol{L}_{\boldsymbol{u}}^2$ 的分量 $\boldsymbol{L}_{u_j}^2$ 为

$$u_j(t) = \boldsymbol{L}_{u_j}^2\left(\tilde{u}_j(t)\right) = \begin{cases} y_j(t), & \tilde{u}_j(t) \leqslant y_j(t) \\ \tilde{u}_j(t), & y_j(t) < \tilde{u}_j(t) \leqslant \overline{y}_j(t), \\ \overline{y}_j(t), & \overline{y}_j(t) < \tilde{u}_j(t) \end{cases} \quad j = 1,2,\cdots,p \quad (4.12)$$

同理，针对 $\forall \tilde{\boldsymbol{v}}(t) \in \boldsymbol{R}^q$，定义 $\boldsymbol{L}_{\boldsymbol{v}}^2$ 的分量 $\boldsymbol{L}_{v_j}^2$ 为

$$v_j(t) = \boldsymbol{L}_{v_j}^2\left(\tilde{v}_j(t)\right) = \begin{cases} z_j(t), & \tilde{v}_j(t) \leqslant z_j(t) \\ \tilde{v}_j(t), & z_j(t) < \tilde{v}_j(t) \leqslant \overline{z}_j(t), \\ \overline{z}_j(t), & \overline{z}_j(t) < \tilde{v}_j(t) \end{cases} \quad j = 1,2,\cdots,q \quad (4.13)$$

3) $\boldsymbol{u}$ 和 $\boldsymbol{v}$ 具有与自身以及状态变量相关的时变边界约束

$\boldsymbol{u}$ 和 $\boldsymbol{v}$ 具有与自身以及状态变量相关的时变边界约束相应的形式为

$$\boldsymbol{\Omega}_U = \Big\{ \boldsymbol{u} \big| \boldsymbol{u} \in \boldsymbol{R}^p, \boldsymbol{y}(t,\boldsymbol{x},\boldsymbol{u}) \leqslant \boldsymbol{u}(t,\boldsymbol{x}) \leqslant \overline{\boldsymbol{y}}(t,\boldsymbol{x},\boldsymbol{u}),$$
$$\text{其中} \boldsymbol{y}(t,\boldsymbol{x},\boldsymbol{u}), \overline{\boldsymbol{y}}(t,\boldsymbol{x},\boldsymbol{u}) \in \boldsymbol{R}^p, \text{且} \boldsymbol{y}(t,\boldsymbol{x},\boldsymbol{u}) \leqslant \overline{\boldsymbol{y}}(t,\boldsymbol{x},\boldsymbol{u}) \Big\} \quad (4.14)$$

和

$$\boldsymbol{\Omega}_V = \Big\{ \boldsymbol{v} \big| \boldsymbol{v} \in \boldsymbol{R}^q, \boldsymbol{z}(t,\boldsymbol{x},\boldsymbol{v}) \leqslant \boldsymbol{v}(t,\boldsymbol{x}) \leqslant \overline{\boldsymbol{z}}(t,\boldsymbol{x},\boldsymbol{v}),$$
$$\text{其中} \boldsymbol{z}(t,\boldsymbol{x},\boldsymbol{v}), \overline{\boldsymbol{z}}(t,\boldsymbol{x},\boldsymbol{v}) \in \boldsymbol{R}^q, \text{且} \boldsymbol{z}(t,\boldsymbol{x},\boldsymbol{v}) \leqslant \overline{\boldsymbol{z}}(t,\boldsymbol{x},\boldsymbol{v}) \Big\} \quad (4.15)$$

对于 $\forall \tilde{\boldsymbol{u}}(t) \in \boldsymbol{R}^p$，定义 $\boldsymbol{L}_{\boldsymbol{u}}^3$ 的分量 $\boldsymbol{L}_{u_j}^3$ 为

$$u_j(t,\boldsymbol{x}) = \boldsymbol{L}_{u_j}^3\left(\tilde{u}_j(t,\boldsymbol{x})\right) = \begin{cases} y_j(t,\boldsymbol{x},\boldsymbol{u}), & \tilde{u}_j(t,\boldsymbol{x}) \leqslant y_j(t,\boldsymbol{x},\boldsymbol{u}) \\ \tilde{u}_j(t,\boldsymbol{x}), & y_j(t,\boldsymbol{x},\boldsymbol{u}) < \tilde{u}_j(t,\boldsymbol{x}) \leqslant \overline{y}_j(t,\boldsymbol{x},\boldsymbol{u}) \\ \overline{y}_j(t,\boldsymbol{x},\boldsymbol{u}), & \overline{y}_j(t,\boldsymbol{x},\boldsymbol{u}) < \tilde{u}_j(t,\boldsymbol{x}) \end{cases} \quad (4.16)$$

其中，$j = 1,2,\cdots,p$。

同理，针对 $\forall \tilde{\boldsymbol{v}}(t) \in \boldsymbol{R}^q$，定义 $\boldsymbol{L}_{\boldsymbol{v}}^3$ 的分量 $\boldsymbol{L}_{v_j}^3$ 为

$$v_j(t,\boldsymbol{x}) = \boldsymbol{L}_{v_j}^3\left(\tilde{v}_j(t,\boldsymbol{x})\right) = \begin{cases} z_j(t,\boldsymbol{x},\boldsymbol{v}), & \tilde{v}_j(t,\boldsymbol{x}) \leqslant z_j(t,\boldsymbol{x},\boldsymbol{v}) \\ \tilde{v}_j(t,\boldsymbol{x}), & z_j(t,\boldsymbol{x},\boldsymbol{v}) < \tilde{v}_j(t,\boldsymbol{x}) \leqslant \overline{z}_j(t,\boldsymbol{x},\boldsymbol{v}) \\ \overline{z}_j(t,\boldsymbol{x},\boldsymbol{v}), & \overline{z}_j(t,\boldsymbol{x},\boldsymbol{v}) < \tilde{v}_j(t,\boldsymbol{x}) \end{cases} \quad (4.17)$$

其中，$j = 1,2,\cdots,q$。

4) $\boldsymbol{u}$ 和 $\boldsymbol{v}$ 均具有与 $\boldsymbol{u}$、$\boldsymbol{v}$ 和 $\boldsymbol{x}$ 相关的时变边界约束

$\boldsymbol{u}$ 和 $\boldsymbol{v}$ 均具有与 $\boldsymbol{u}$、$\boldsymbol{v}$ 和 $\boldsymbol{x}$ 相关的时变边界约束相应的形式为

$$\begin{aligned}\boldsymbol{\Omega}_U = \Big\{\boldsymbol{u}\Big|\boldsymbol{u}\in\boldsymbol{R}^p, \boldsymbol{y}(t,\boldsymbol{x},\boldsymbol{u},\boldsymbol{v})\leqslant\boldsymbol{u}(t,\boldsymbol{x},\boldsymbol{v})\leqslant\overline{\boldsymbol{y}}(t,\boldsymbol{x},\boldsymbol{u},\boldsymbol{v}),\\ \text{其中}\boldsymbol{y}(t,\boldsymbol{x},\boldsymbol{u},\boldsymbol{v}),\overline{\boldsymbol{y}}(t,\boldsymbol{x},\boldsymbol{u},\boldsymbol{v})\in\boldsymbol{R}^p,\text{且}\boldsymbol{y}(t,\boldsymbol{x},\boldsymbol{u},\boldsymbol{v})\leqslant\overline{\boldsymbol{y}}(t,\boldsymbol{x},\boldsymbol{u},\boldsymbol{v})\Big\}\end{aligned} \tag{4.18}$$

和

$$\begin{aligned}\boldsymbol{\Omega}_V = \Big\{\boldsymbol{v}\Big|\boldsymbol{v}\in\boldsymbol{R}^q, \boldsymbol{z}(t,\boldsymbol{x},\boldsymbol{u},\boldsymbol{v})\leqslant\boldsymbol{v}(t,\boldsymbol{x},\boldsymbol{u})\leqslant\overline{\boldsymbol{z}}(t,\boldsymbol{x},\boldsymbol{u},\boldsymbol{v}),\\ \text{其中}\boldsymbol{z}(t,\boldsymbol{x},\boldsymbol{u},\boldsymbol{v}),\overline{\boldsymbol{z}}(t,\boldsymbol{x},\boldsymbol{u},\boldsymbol{v})\in\boldsymbol{R}^q,\text{且}\boldsymbol{z}(t,\boldsymbol{x},\boldsymbol{u},\boldsymbol{v})\leqslant\overline{\boldsymbol{z}}(t,\boldsymbol{x},\boldsymbol{u},\boldsymbol{v})\Big\}\end{aligned} \tag{4.19}$$

对于 $\forall\tilde{\boldsymbol{u}}(t)\in\boldsymbol{R}^p$ ，定义 $\boldsymbol{L}_{\boldsymbol{u}}^4$ 的分量 $\boldsymbol{L}_{u_j}^4$ 为

$$u_j(t,\boldsymbol{x},\boldsymbol{v}) = \boldsymbol{L}_{u_j}^4\left(\tilde{u}_j(t,\boldsymbol{x},\boldsymbol{v})\right) = \begin{cases} y_j(t,\boldsymbol{x},\boldsymbol{u},\boldsymbol{v}), & \tilde{u}_j(t,\boldsymbol{x},\boldsymbol{v})\leqslant y_j(t,\boldsymbol{x},\boldsymbol{u},\boldsymbol{v}) \\ \tilde{u}_j(t,\boldsymbol{x},\boldsymbol{v}), & y_j(t,\boldsymbol{x},\boldsymbol{u},\boldsymbol{v})<\tilde{u}_j(t,\boldsymbol{x},\boldsymbol{v}) \leqslant\overline{y}_j(t,\boldsymbol{x},\boldsymbol{u},\boldsymbol{v}) \\ \overline{y}_j(t,\boldsymbol{x},\boldsymbol{u},\boldsymbol{v}), & \overline{y}_j(t,\boldsymbol{x},\boldsymbol{u},\boldsymbol{v})<\tilde{u}_j(t,\boldsymbol{x},\boldsymbol{v}) \end{cases} \tag{4.20}$$

其中， $j=1,2,\cdots,p$ 。

同理，针对 $\forall\tilde{\boldsymbol{v}}(t)\in\boldsymbol{R}^q$ ，定义 $\boldsymbol{L}_{\boldsymbol{v}}^4$ 的分量 $\boldsymbol{L}_{v_j}^4$ 为

$$v_j(t,\boldsymbol{x},\boldsymbol{u}) = \boldsymbol{L}_{v_j}^4\left(\tilde{v}_j(t,\boldsymbol{x},\boldsymbol{u})\right) = \begin{cases} z_j(t,\boldsymbol{x},\boldsymbol{u},\boldsymbol{v}), & \tilde{v}_j(t,\boldsymbol{x},\boldsymbol{u})\leqslant z_j(t,\boldsymbol{x},\boldsymbol{u},\boldsymbol{v}) \\ \tilde{v}_j(t,\boldsymbol{x},\boldsymbol{u}), & z_j(t,\boldsymbol{x},\boldsymbol{u},\boldsymbol{v})<\tilde{v}_j(t,\boldsymbol{x},\boldsymbol{u}) \leqslant\overline{z}_j(t,\boldsymbol{x},\boldsymbol{u},\boldsymbol{v}) \\ \overline{z}_j(t,\boldsymbol{x},\boldsymbol{u},\boldsymbol{v}), & \overline{z}_j(t,\boldsymbol{x},\boldsymbol{u},\boldsymbol{v})<\tilde{v}_j(t,\boldsymbol{x},\boldsymbol{u}) \end{cases} \tag{4.21}$$

其中，$j=1,2,\cdots,q$ 。此时，当 $\boldsymbol{L}_{\boldsymbol{u}}^k(\tilde{\boldsymbol{u}})=\tilde{\boldsymbol{u}}$ 时，有 $\tilde{\boldsymbol{u}}\in\boldsymbol{\Omega}_U$ ，当 $\boldsymbol{L}_{\boldsymbol{v}}^k(\tilde{\boldsymbol{v}})=\tilde{\boldsymbol{v}}$ 时，有 $\tilde{\boldsymbol{v}}\in\boldsymbol{\Omega}_V$ 。

在无约束固定逗留期微分对策算法的基础上，使用修正算子对式(4.3)和式(4.4)中的 $\boldsymbol{u}^{k+1}(t)$ 和 $\boldsymbol{v}^{k+1}(t)$ 进行修正之后，即得到了有约束固定逗留期微分对策的相应数值求解算法。此时令 $\tilde{\boldsymbol{u}}^{k+1}(t)=\boldsymbol{u}^k(t)+\alpha_k\nabla_{\boldsymbol{u}}J\left(\boldsymbol{u}^k,\boldsymbol{v}^k\right)$ 且 $\tilde{\boldsymbol{v}}^{k+1}(t)=\boldsymbol{v}^k(t)+\beta_k\nabla_{\boldsymbol{v}}J\left(\boldsymbol{u}^k,\boldsymbol{v}^k\right)$ ，则有 $\boldsymbol{u}^{k+1}(t)=\boldsymbol{L}_{\boldsymbol{u}}\left(\tilde{\boldsymbol{u}}^{k+1}(t)\right)$ 和 $\boldsymbol{v}^{k+1}(t)=\boldsymbol{L}_{\boldsymbol{v}}\left(\tilde{\boldsymbol{v}}^{k+1}(t)\right)$ 。基于修正算子 $\boldsymbol{L}_{\boldsymbol{u}}$ 和 $\boldsymbol{L}_{\boldsymbol{v}}$ 的有约束固定逗留期微分对策算法，当如下不等式关系同时成立时收敛。

$$\left\|\boldsymbol{L}_{\boldsymbol{u}}\left(\boldsymbol{u}^{k+1}\right)-\boldsymbol{L}_{\boldsymbol{u}}\left(\boldsymbol{u}^k\right)\right\|\leqslant\left\|\boldsymbol{u}^{k+1}-\boldsymbol{u}^k\right\|,\quad \left\|\boldsymbol{L}_{\boldsymbol{v}}\left(\boldsymbol{v}^{k+1}\right)-\boldsymbol{L}_{\boldsymbol{v}}\left(\boldsymbol{v}^k\right)\right\|\leqslant\left\|\boldsymbol{v}^{k+1}-\boldsymbol{v}^k\right\| \tag{4.22}$$

4.2 基于线性二次微分对策的比例导引律

本节首先给出生存型微分对策问题的形式及其鞍点性质，然后基于线性二次微分对策问题的双方极值原理推导出比例导引律。

4.2.1　生存型微分对策的鞍点

1. 生存型微分对策问题形式

生存型微分对策问题如下，其与固定逗留期微分对策问题的形式基本一致。

$$\begin{cases} \min\limits_{\boldsymbol{u}(t)\in\boldsymbol{\Omega}_u} \max\limits_{\boldsymbol{v}(t)\in\boldsymbol{\Omega}_v} & J=\phi\left[\boldsymbol{x}(t_{\mathrm{f}}),t_{\mathrm{f}}\right]+\int_{t_0}^{t_{\mathrm{f}}} F\left[\boldsymbol{x}(t),\boldsymbol{u}(t),\boldsymbol{v}(t),t\right]\mathrm{d}t \\ \text{s.t.} & \dot{\boldsymbol{x}}=\boldsymbol{f}\left[\boldsymbol{x}(t),\boldsymbol{u}(t),\boldsymbol{v}(t),t\right] \\ & \boldsymbol{x}(t_0)=\boldsymbol{x}_0 \end{cases} \tag{4.23}$$

该问题中的终端时刻 t_{f} 不固定，而是由终端集或目标集 $\boldsymbol{T}:=\left\{(\boldsymbol{x},t)\middle|\boldsymbol{\varphi}\left(\boldsymbol{x}(t),t\right)\leqslant\boldsymbol{0}\right\}$ 所决定，其中 $\boldsymbol{\varphi}:\boldsymbol{R}^n\times\left[t_0,\infty\right)\to\boldsymbol{R}^l$，即当被控系统的状态变量从目标集外部到达目标集边界时，博弈过程终止。这相当于为状态变量 $\boldsymbol{x}$ 设定了一个终端条件 $\boldsymbol{\varphi}\left(\boldsymbol{x}(t),t\right)=\boldsymbol{0}$。

在讨论生存型微分对策的值和鞍点的存在性等性质时，重点考虑追逃微分对策问题和广义追逃微分对策问题。追逃微分对策问题的形式是在生存型微分对策问题(4.23)的基础上，将支付泛函写为

$$J=\int_{t_0}^{t_{\mathrm{f}}}1\mathrm{d}t=t_{\mathrm{f}}-t \tag{4.24}$$

此时参与人甲是追方，通过行动 $\boldsymbol{u}$ 来尽可能缩短对逃方乙的捕获时间，而参与人乙通过其行动 $\boldsymbol{v}$ 来尽可能延长捕获时间。追逃微分对策问题的一个典型应用场景是空空导弹的制导拦截。

广义追逃微分对策是在支付泛函中去掉了终端时刻代价项，即

$$J=\int_{t_0}^{t_{\mathrm{f}}}F\left[\boldsymbol{x}(t),\boldsymbol{u}(t),\boldsymbol{v}(t),t\right]\mathrm{d}t \tag{4.25}$$

即使针对追逃微分对策这一最简单的生存型微分对策，也不存在固定逗留期微分对策中支付泛函关于状态变量的轨迹连续的结论。

2. 对策的值和鞍点的存在性

首先给出目标集相关的假设条件。记集合 $\boldsymbol{S}$ 的内部、闭包和补集分别为 $\overset{o}{\boldsymbol{S}}$、$\bar{\boldsymbol{S}}$ 和 $\boldsymbol{S}'$。设闭区域 $\boldsymbol{D}\subset\boldsymbol{R}^k$，$\bar{\gamma}$ 是非负整数。若函数 $\boldsymbol{\varphi}(\boldsymbol{x})$ 在 $\boldsymbol{D}$ 中的 $\bar{\gamma}$ 阶微分存在且在 $\overset{o}{\boldsymbol{D}}$ 中一致连续，则记 $\boldsymbol{\varphi}(\boldsymbol{x})\in C^{\bar{\gamma}}(\boldsymbol{D})$；若 $\boldsymbol{\varphi}(\boldsymbol{x})$ 在开集 $\boldsymbol{\Omega}\subset\boldsymbol{R}^k$ 中是 $\bar{\gamma}$ 阶连续可微的，则记 $\boldsymbol{\varphi}(\boldsymbol{x})\in C^{\bar{\gamma}}(\boldsymbol{\Omega})$。记 $\boldsymbol{D}\subset\boldsymbol{R}^k$ 的边界为 $\partial\boldsymbol{D}$，若其可以局部表示为函数形

式 $y_i = z(y_1,\cdots,y_{i-1},y_{i+1},\cdots,y_k)$，则称 $\partial\boldsymbol{D}$ 是 $C^{\overline{\gamma}}$ 类的，其中 $i=1,2,\cdots,k$ 且 z 至多有 $\overline{\gamma}$ 阶连续微分。此时可以对目标集做如下假设。

假设(H)：目标集 $\boldsymbol{T}$ 的边界是闭域，且是 C^2 类的，并且对一切 $(\boldsymbol{x},t)\in\partial\boldsymbol{T}$ 都有

$$\gamma_n + \min_{\boldsymbol{u}\in\boldsymbol{\Omega}_U}\max_{\boldsymbol{v}\in\boldsymbol{\Omega}_V}\sum_{i=1}^{n}\gamma_{i-1}f_i(\boldsymbol{x},\boldsymbol{u},\boldsymbol{v},t)<0$$

其中，$\boldsymbol{\gamma}=[\gamma_0,\gamma_1,\cdots,\gamma_n]$，表示边界 $\partial\boldsymbol{T}$ 在点 $(\boldsymbol{x},t)$ 处的法线，指向 $\boldsymbol{T}$ 的外部；γ_n 表示目标集所在空间中的时间维度上，点 $(\boldsymbol{x},t)$ 处的法向量分量。

上述不等式表示在鞍点局势 $(\boldsymbol{u}^*,\boldsymbol{v}^*)$ 中，状态 $\boldsymbol{x}$ 的变化率在点 $(\boldsymbol{x},t)$ 处顺时间流逝方向指向目标集内部，即在目标集边界点 $(\boldsymbol{x},t)$ 处，不论逃方的行动 $\boldsymbol{v}$ 为何，追方总存在一个最优行动 $\boldsymbol{u}$ 使其能够捕获逃方。当假设(H)成立时，若 $\boldsymbol{f}(\boldsymbol{x},\boldsymbol{u},\boldsymbol{v},t)$ 和 $F(\boldsymbol{x},\boldsymbol{u},\boldsymbol{v},t)$ 关于 $\boldsymbol{u}$ 和 $\boldsymbol{v}$ 是可分离的，则式(4.24)和式(4.25)对应的追逃微分对策问题和广义追逃微分对策问题的值存在。

在说明追逃微分对策问题鞍点的存在性之前，需要定义目标集边界上的可达终端集和近似可达终端集概念，并给出与假设(H)类似的条件。定义目标集 $\boldsymbol{T}$ 边界上的可达终端集 $\partial_{\mathrm{A}}\boldsymbol{T}$ 为

$$\partial_{\mathrm{A}}\boldsymbol{T}=\left\{(\boldsymbol{x}(t_{\mathrm{f}}),t_{\mathrm{f}})\,\middle|\,(\boldsymbol{x}(t_{\mathrm{f}}),t_{\mathrm{f}})\in\partial\boldsymbol{T},\boldsymbol{x}(t_{\mathrm{f}})\in X_{\left[t_0,t_{\mathrm{f}}^+\right]}\right\}\tag{4.26}$$

其中，$t_{\mathrm{f}}\leqslant t_{\mathrm{f}}^+$ 是与状态 $\boldsymbol{x}$ 相关的捕获时间，或终止时间。可达终端集 $\partial_{\mathrm{A}}\boldsymbol{T}$ 是指服从生存型微分对策问题(4.23)中状态方程的所有轨迹同目标集边界的交集。

将 $(\boldsymbol{x},t)\in\boldsymbol{R}^n\times[t_0,\infty)$ 到目标集 $\boldsymbol{T}$ 的距离记为 $\rho_T(\boldsymbol{x},t)$。对于任意给定的 $\varepsilon>0$，即目标集 $\boldsymbol{T}$ 的 ε 邻域为 $T_\varepsilon=\left\{(\boldsymbol{x},t)\,\middle|\,(\boldsymbol{x},t)\notin\overset{0}{T},\rho_T(\boldsymbol{x},t)\leqslant\varepsilon\right\}$。此时可以定义近似可达终端集。近似可达终端集 $\partial_0\boldsymbol{T}$ 是指目标集边界 $\partial\boldsymbol{T}$ 上的一个有界闭子集，如果存在一个初始状态 $(\boldsymbol{x}_0,t_0)$ 所对应的轨迹在某个时间点 $t^*\geqslant t_0$ 之后始终位于目标集边界的 ε 邻域 T_ε 内部，则定义 $\partial_0\boldsymbol{T}$ 是目标集边界 $\partial\boldsymbol{T}$ 上所有 2ε 邻域同时刻 t^* 及其后状态轨迹相交非空的点的集合。此时称 $\partial_0\boldsymbol{T}$ 是点 $(\boldsymbol{x}_0,t_0)$ 的近似可达终端集。现在给出与条件(H)类似的假设。

假设(H_0)：设 $\boldsymbol{T}$ 是闭域，$\boldsymbol{L}\subseteq\partial\boldsymbol{T}$ 是开集，且满足条件：

(1) $\boldsymbol{L}\supseteq\partial_0\boldsymbol{T}$，且 L 是 C^2 类的；

(2) 对一切 $(\boldsymbol{x},t)\in\boldsymbol{L}$ 有 $\gamma_n+\min\limits_{\boldsymbol{u}\in\boldsymbol{\Omega}_U}\max\limits_{\boldsymbol{v}\in\boldsymbol{\Omega}_V}\sum\limits_{i=1}^{n}\gamma_{i-1}f_i(\boldsymbol{x},\boldsymbol{u},\boldsymbol{v},t)<0$。

当条件(H_0)成立时，若 $\boldsymbol{f}(\boldsymbol{x},\boldsymbol{u},\boldsymbol{v},t)$ 和 $F(\boldsymbol{x},\boldsymbol{u},\boldsymbol{v},t)$ 关于 $\boldsymbol{u}$ 和 $\boldsymbol{v}$ 是可分离的，则式(4.24)和式(4.25)对应的追逃微分对策问题和广义追逃微分对策问题的鞍点存在。

3. 对策值关于初始条件的连续性

假设(H_Ω)：设 $\boldsymbol{T}'$ 是闭区域目标集 $\boldsymbol{T}$ 的补集，$\boldsymbol{\Omega}$ 是 $\boldsymbol{T}'$ 中的有界开集，且 $\bar{\boldsymbol{\Omega}} \subseteq \boldsymbol{T}'$。同时设 $\boldsymbol{L}$ 是 ∂T 上的开子集，且满足：

(1) $\boldsymbol{L} \supseteq \partial_{\bar{\boldsymbol{\Omega}}} \boldsymbol{T}$ 是 C^2 类的；

(2) 对一切 $(\boldsymbol{x},t) \in \boldsymbol{L}$ 有 $\gamma_n + \min\limits_{\boldsymbol{u}\in\boldsymbol{\Omega}_U} \max\limits_{\boldsymbol{v}\in\boldsymbol{\Omega}_V} \sum\limits_{i=1}^{n} \gamma_{i-1} f_i(\boldsymbol{x},\boldsymbol{u},\boldsymbol{v},t) < 0$，其中 $\partial_{\bar{\boldsymbol{\Omega}}} T$ 是初始点位于 $\bar{\boldsymbol{\Omega}}$ 内的所有状态轨迹的近似可达终端集的并集。

当条件(H_Ω)成立时，若 $\boldsymbol{f}(\boldsymbol{x},\boldsymbol{u},\boldsymbol{v},t)$ 和 $F(\boldsymbol{x},\boldsymbol{u},\boldsymbol{v},t)$ 关于 $\boldsymbol{u}$ 和 $\boldsymbol{v}$ 是可分离的，则式(4.24)和式(4.25)对应的追逃微分对策问题和广义追逃微分对策问题的值 $v(\boldsymbol{x},t)$ 在 $\boldsymbol{\Omega}$ 中连续。

例 4.1　解析求解生存型微分对策问题。其状态方程为

$$
\begin{cases}
\dot{x}_1 = \left(2+\sqrt{2}\right)u - \sin v \\
\dot{x}_2 = -2 - \cos v \\
x_1(0) = x_1^0 \\
x_2(0) = x_2^0
\end{cases}
$$

支付泛函：

$$J(u,v) = x_1(t_\mathrm{f})$$

其中，$x_2^0 > 0$，x_1^0 是给定常数；$|u| \leqslant 1$，$v \in \boldsymbol{R}$。目标集：

$$\boldsymbol{T} = \left\{ (\boldsymbol{x},t) \middle| x_2 \leqslant 0, \boldsymbol{x} = [x_1 \quad x_2]^\mathrm{T} \in \boldsymbol{R}^2 \right\}$$

解：从目标集 $\boldsymbol{T}$ 可以看出，当点 $\boldsymbol{x} = [x_1 \quad x_2]^\mathrm{T}$ 在 x_1 轴上时，对策终止，相应的时间即为终端时刻 t_f。由于 $\dot{x}_2 \leqslant -1$ 且 $x_2^0 > 0$，所以有 $x_2 \leqslant -t + x_2^0$，从而追逃双方经过一段时间的对抗之后，追踪者可以捕获躲避者，因此 t_f 有限。

此时，哈密顿函数为 $H(\boldsymbol{x},u,v,\boldsymbol{\lambda},t) = \lambda_1\left[\left(2+\sqrt{2}\right)u - \sin v\right] + \lambda_2(-2-\cos v)$，其中 $\boldsymbol{\lambda} = [\lambda_1 \quad \lambda_2]^\mathrm{T}$。由协态方程(3.32)和横截条件(3.34)可得

$$
\begin{aligned}
\dot{\lambda}_1 &= 0, \quad \lambda_1(t_\mathrm{f}) = 1 \\
\dot{\lambda}_2 &= 0, \quad \lambda_2(t_\mathrm{f}) = \mu
\end{aligned}
$$

其中，μ 是待定的拉格朗日乘子。求解该协态方程组可得 $\lambda_1=1$ 和 $\lambda_2=\mu$。将其代入哈密顿函数有 $H(\boldsymbol{x},u,v,\boldsymbol{\lambda},t)=\left(2+\sqrt{2}\right)u-2\mu-\sqrt{1+\mu^2}\sin(v+\varphi)$，其中 φ 满足 $\sin\varphi=\mu\big/\sqrt{1+\mu^2}$ 和 $\cos\varphi=1\big/\sqrt{1+\mu^2}$。因此，参与人甲和乙的最优策略分别为 $u^*=1$ 和 $v^*=\dfrac{\pi}{2}-\varphi$。

由最优终端时刻条件(3.36)可得 $2+\sqrt{2}-2\mu-\sqrt{1+\mu^2}=0$，求解得到 $\mu=1$。因此有 $\lambda_2=1$，$\varphi=\pi/4$ 和 $v^*=\pi/4$。求解状态方程可得

$$x_1^*=\left(2+\sqrt{2}/2\right)t+x_1^0,\quad x_2^*=-\left(2+\sqrt{2}/2\right)t+x_2^0$$

令 $x_2^*=0$ 可得捕获时间为 $t_{\mathrm{f}}=2x_2^0\big/\left(2+\sqrt{2}\right)$，相应的对策值为 $v=J\left(u^*,v^*\right)=x_1^0+x_2^0$。

4.2.2　线性二次微分对策问题

假设追逃双方的状态方程是如下线性形式：

$$\begin{aligned}\dot{\boldsymbol{x}}_{\mathrm{p}}&=\boldsymbol{A}_{\mathrm{p}}(t)\boldsymbol{x}_{\mathrm{p}}+\boldsymbol{B}_{\mathrm{p}}(t)\boldsymbol{v},\ \boldsymbol{x}_{\mathrm{p}}(t_0)=\boldsymbol{x}_{\mathrm{p}0}\\ \dot{\boldsymbol{x}}_{\mathrm{e}}&=\boldsymbol{A}_{\mathrm{e}}(t)\boldsymbol{x}_{\mathrm{e}}+\boldsymbol{B}_{\mathrm{e}}(t)\boldsymbol{u},\ \boldsymbol{x}_{\mathrm{e}}(t_0)=\boldsymbol{x}_{\mathrm{e}0}\end{aligned}\tag{4.27}$$

其中，下标 p、e 分别代表追方和逃方。追方通过其控制量 $\boldsymbol{u}$ 力图捕获逃方，而逃方通过 $\boldsymbol{v}$ 来避免被捕获的结局。双方的能量有限，即服从约束：

$$\int_{t_0}^{t_{\mathrm{f}}}\boldsymbol{u}^{\mathrm{T}}\boldsymbol{R}_{\mathrm{p}}\boldsymbol{u}\mathrm{d}t\leqslant E_{\mathrm{p}}\tag{4.28}$$

和

$$\int_{t_0}^{t_{\mathrm{f}}}\boldsymbol{v}^{\mathrm{T}}\boldsymbol{R}_{\mathrm{e}}\boldsymbol{v}\mathrm{d}t\leqslant E_{\mathrm{e}}\tag{4.29}$$

追方要用尽可能少的能量达到尽可能小的脱靶量，而逃方要使用尽可能少的能量来最大化脱靶量。通过建立加权二次目标函数，可以构造满足双方目标的线性二次零和微分对策问题：

$$\begin{aligned}J(\boldsymbol{u},\boldsymbol{v})=&\frac{1}{2}\left[\boldsymbol{x}_{\mathrm{p}}(t_{\mathrm{f}})-\boldsymbol{x}_{\mathrm{e}}(t_{\mathrm{f}})\right]^{\mathrm{T}}\boldsymbol{F}^{\mathrm{T}}\boldsymbol{F}\left[\boldsymbol{x}_{\mathrm{p}}(t_{\mathrm{f}})-\boldsymbol{x}_{\mathrm{e}}(t_{\mathrm{f}})\right]\\&+\frac{1}{2}\int_{t_0}^{t_{\mathrm{f}}}\left[\boldsymbol{u}^{\mathrm{T}}(t)\boldsymbol{R}_{\mathrm{p}}(t)\boldsymbol{u}(t)-\boldsymbol{v}^{\mathrm{T}}(t)\boldsymbol{R}_{\mathrm{e}}(t)\boldsymbol{v}(t)\right]\mathrm{d}t\end{aligned}\tag{4.30}$$

其中，$\left[\boldsymbol{x}_{\mathrm{p}}(t_{\mathrm{f}})-\boldsymbol{x}_{\mathrm{e}}(t_{\mathrm{f}})\right]^{\mathrm{T}}\boldsymbol{F}^{\mathrm{T}}\boldsymbol{F}\left[\boldsymbol{x}_{\mathrm{p}}(t_{\mathrm{f}})-\boldsymbol{x}_{\mathrm{e}}(t_{\mathrm{f}})\right]$ 是加权形式脱靶量；$\boldsymbol{F}$ 非奇异；$\boldsymbol{R}_{\mathrm{p}}$

和 $\boldsymbol{R}_{\mathrm{e}}$ 正定。线性二次微分对策问题的完整形式包括线性二次目标函数(4.30)和状态方程(4.27)。

为了简化问题，将惯性参照系中的状态 $\boldsymbol{x}_{\mathrm{e}}$ 和 $\boldsymbol{x}_{\mathrm{p}}$ 转换为如下相对运动状态变量：

$$\boldsymbol{x}(t)=\boldsymbol{F}\left[\boldsymbol{\Phi}_{\mathrm{p}}(t_{\mathrm{f}},t)\boldsymbol{x}_{\mathrm{p}}(t)-\boldsymbol{\Phi}_{\mathrm{e}}(t_{\mathrm{f}},t)\boldsymbol{x}_{\mathrm{e}}(t)\right] \tag{4.31}$$

其中，$\boldsymbol{F}$ 是目标函数中脱靶量的权矩阵，但不一定必须为方阵；$\boldsymbol{\Phi}_{\mathrm{p}}(t_{\mathrm{f}},t)$ 和 $\boldsymbol{\Phi}_{\mathrm{e}}(t_{\mathrm{f}},t)$ 分别为 $\boldsymbol{A}_{\mathrm{p}}(t)$ 和 $\boldsymbol{A}_{\mathrm{e}}(t)$ 的基本解阵，有

$$\frac{\mathrm{d}\boldsymbol{\Phi}_{\mathrm{p}}(t_{\mathrm{f}},t)}{\mathrm{d}t}=-\boldsymbol{\Phi}_{\mathrm{p}}(t_{\mathrm{f}},t)\boldsymbol{A}_{\mathrm{p}}(t),\quad \frac{\mathrm{d}\boldsymbol{\Phi}_{\mathrm{e}}(t_{\mathrm{f}},t)}{\mathrm{d}t}=-\boldsymbol{\Phi}_{\mathrm{e}}(t_{\mathrm{f}},t)\boldsymbol{A}_{\mathrm{e}}(t) \tag{4.32}$$

将式(4.32)和状态方程(4.27)代入相对运动方程(4.31)中，可得

$$\dot{\boldsymbol{x}}(t)=\boldsymbol{G}_{\mathrm{p}}(t)\boldsymbol{u}(t)-\boldsymbol{G}_{\mathrm{e}}(t)\boldsymbol{v}(t),\ \boldsymbol{x}(t_0)=\boldsymbol{x}_0 \tag{4.33}$$

其中，

$$\boldsymbol{G}_{\mathrm{p}}(t)=\boldsymbol{F}\boldsymbol{\Phi}_{\mathrm{p}}(t_{\mathrm{f}},t)\boldsymbol{B}_{\mathrm{p}}(t),\quad \boldsymbol{G}_{\mathrm{e}}(t)=\boldsymbol{F}\boldsymbol{\Phi}_{\mathrm{e}}(t_{\mathrm{f}},t)\boldsymbol{B}_{\mathrm{e}}(t) \tag{4.34}$$

目标函数相应地变为

$$J(\boldsymbol{u},\boldsymbol{v})=\frac{1}{2}\boldsymbol{x}^{\mathrm{T}}(t_{\mathrm{f}})\boldsymbol{x}(t_{\mathrm{f}})+\frac{1}{2}\int_{t_0}^{t_{\mathrm{f}}}\left[\boldsymbol{u}^{\mathrm{T}}(t)\boldsymbol{R}_{\mathrm{p}}(t)\boldsymbol{u}(t)-\boldsymbol{v}^{\mathrm{T}}(t)\boldsymbol{R}_{\mathrm{e}}(t)\boldsymbol{v}(t)\right]\mathrm{d}t \tag{4.35}$$

基于相对运动的微分对策问题由目标函数(4.35)和状态方程(4.33)构成。该问题的哈密顿函数为

$$\begin{aligned}H(\boldsymbol{x},\boldsymbol{u},\boldsymbol{v},\boldsymbol{\lambda},t)=&\frac{1}{2}\left[\boldsymbol{u}^{\mathrm{T}}(t)\boldsymbol{R}_{\mathrm{p}}(t)\boldsymbol{u}(t)-\boldsymbol{v}^{\mathrm{T}}(t)\boldsymbol{R}_{\mathrm{e}}(t)\boldsymbol{v}(t)\right]\\&+\boldsymbol{\lambda}^{\mathrm{T}}\left[\boldsymbol{G}_{\mathrm{p}}(t)\boldsymbol{u}(t)-\boldsymbol{G}_{\mathrm{e}}(t)\boldsymbol{v}(t)\right]\end{aligned}$$

根据双方极值原理，可得该问题的协态方程和横截条件：

$$\dot{\boldsymbol{\lambda}}(t)=-\frac{\partial H}{\partial \boldsymbol{x}}=\mathbf{0},\quad \boldsymbol{\lambda}(t_{\mathrm{f}})=\frac{\partial \boldsymbol{\Phi}}{\partial t_{\mathrm{f}}}=\boldsymbol{x}(t_{\mathrm{f}})$$

因为哈密顿函数关于控制量二次连续可微，所以双方的控制方程为

$$\frac{\partial H}{\partial \boldsymbol{u}}=\boldsymbol{u}^{\mathrm{T}}(t)\boldsymbol{R}_{\mathrm{p}}(t)+\boldsymbol{\lambda}^{\mathrm{T}}\boldsymbol{G}_{\mathrm{p}}(t)=\mathbf{0},\quad \frac{\partial H}{\partial \boldsymbol{u}}=-\boldsymbol{v}^{\mathrm{T}}(t)\boldsymbol{R}_{\mathrm{e}}(t)-\boldsymbol{\lambda}^{\mathrm{T}}\boldsymbol{G}_{\mathrm{e}}(t)=\mathbf{0}$$

从而可得最优对策为

$$\boldsymbol{u}^{*}(t)=-\boldsymbol{R}_{\mathrm{p}}^{-1}(t)\boldsymbol{G}_{\mathrm{p}}^{\mathrm{T}}(t)\boldsymbol{\lambda}(t),\quad \boldsymbol{v}^{*}(t)=-\boldsymbol{R}_{\mathrm{e}}^{-1}(t)\boldsymbol{G}_{\mathrm{e}}^{\mathrm{T}}(t)\boldsymbol{\lambda}(t)$$

因为相对运动方程和协态方程均为线性，因此假设最优解 $\boldsymbol{x}^{*}(t)$ 同 $\boldsymbol{\lambda}(t)$ 之间呈现线性关系，即假设 $\boldsymbol{\lambda}(t)=\boldsymbol{K}(t)\boldsymbol{x}(t)$。采用扫描法可以得到 $\boldsymbol{K}(t)$ 的解析形式：

$$\boldsymbol{K}(t)=\left\{\boldsymbol{I}+\int_{t}^{t_{\mathrm{f}}}\left[\boldsymbol{G}_{\mathrm{p}}(t)\boldsymbol{R}_{\mathrm{p}}^{-1}(t)\boldsymbol{G}_{\mathrm{p}}^{\mathrm{T}}(t)-\boldsymbol{G}_{\mathrm{p}}(t)\boldsymbol{R}_{\mathrm{p}}^{-1}(t)\boldsymbol{G}_{\mathrm{p}}^{\mathrm{T}}(t)\right]\mathrm{d}t\right\}^{-1} \tag{4.36}$$

从而可得闭环控制：

$$\boldsymbol{u}^{*}(t)=-\boldsymbol{R}_{\mathrm{p}}^{-1}(t)\boldsymbol{G}_{\mathrm{p}}^{\mathrm{T}}(t)\boldsymbol{K}(t)\boldsymbol{x}(t),\quad \boldsymbol{v}^{*}(t)=-\boldsymbol{R}_{\mathrm{e}}^{-1}(t)\boldsymbol{G}_{\mathrm{e}}^{\mathrm{T}}(t)\boldsymbol{K}(t)\boldsymbol{x}(t) \tag{4.37}$$

通过验证 $J(\boldsymbol{u}^{*},\boldsymbol{v})\leqslant J(\boldsymbol{u}^{*},\boldsymbol{v}^{*})\leqslant J(\boldsymbol{u},\boldsymbol{v}^{*})$ 可知 $(\boldsymbol{u}^{*},\boldsymbol{v}^{*})$ 是基于相对运动的微分对策问题的鞍点。

4.2.3　基于解析法推导的比例导引律

本小节基于线性二次微分对策问题的解来研究图 4.1 所示的水平面上导弹拦截目标的问题，其中 $\boldsymbol{r}_{\mathrm{p}}$ 和 $\boldsymbol{r}_{\mathrm{e}}$ 分别是导弹和目标的位置向量，$\boldsymbol{v}_{\mathrm{p}}$ 和 $\boldsymbol{v}_{\mathrm{e}}$ 分别是二者的速度向量。因此，导弹和目标的运动方程分别为

$$\begin{cases}\dot{\boldsymbol{r}}_{\mathrm{p}}=\boldsymbol{v}_{\mathrm{p}}\\ \dot{\boldsymbol{v}}_{\mathrm{p}}=\boldsymbol{f}_{\mathrm{p}}+\boldsymbol{a}_{\mathrm{p}}\end{cases} \tag{4.38}$$

$$\begin{cases}\dot{\boldsymbol{r}}_{\mathrm{e}}=\boldsymbol{v}_{\mathrm{e}}\\ \dot{\boldsymbol{v}}_{\mathrm{e}}=\boldsymbol{f}_{\mathrm{e}}+\boldsymbol{a}_{\mathrm{e}}\end{cases} \tag{4.39}$$

其中，$\boldsymbol{f}_{\mathrm{p}}$ 和 $\boldsymbol{f}_{\mathrm{e}}$ 分别表示由重力和气动力引起的导弹和目标的加速度；$\boldsymbol{a}_{\mathrm{p}}$ 和 $\boldsymbol{a}_{\mathrm{e}}$ 分别表示导弹和目标的控制加速度向量。

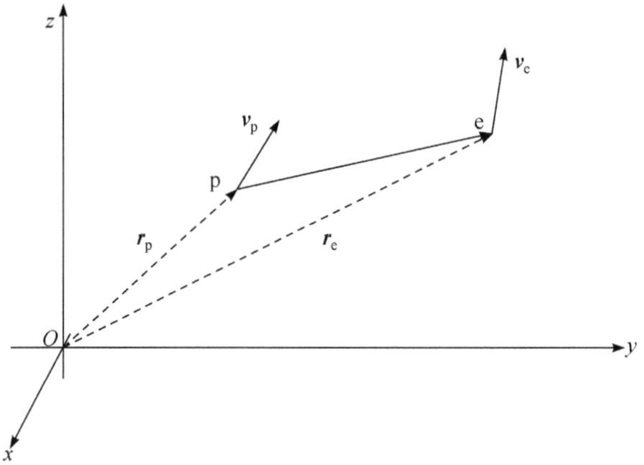

图 4.1　水平面上导弹拦截目标的问题示意图

记式(4.30)中的权矩阵 $\boldsymbol{F}=\sqrt{k}\left[\boldsymbol{I}_{3}\quad \boldsymbol{0}_{3}\right]$，且

$$\boldsymbol{R}_{\mathrm{p}}=c_{\mathrm{p}}\boldsymbol{I}_{3} \tag{4.40}$$

$$\boldsymbol{R}_{\mathrm{e}}=c_{\mathrm{e}}\boldsymbol{I}_3 \tag{4.41}$$

其中，c_{p} 和 c_{e} 非负。定义图 4.1 中追方 p 和逃方 e 的状态变量分别为 $\boldsymbol{x}_{\mathrm{p}}=\left[\boldsymbol{r}_{\mathrm{p}}^{\mathrm{T}}\quad \boldsymbol{v}_{\mathrm{p}}^{\mathrm{T}}\right]^{\mathrm{T}}$ 和 $\boldsymbol{x}_{\mathrm{e}}=\left[\boldsymbol{r}_{\mathrm{e}}^{\mathrm{T}}\quad \boldsymbol{v}_{\mathrm{e}}^{\mathrm{T}}\right]^{\mathrm{T}}$，并记两组状态变量的相对差值为 $\Delta\boldsymbol{x}=\boldsymbol{x}_{\mathrm{p}}-\boldsymbol{x}_{\mathrm{e}}=\left[\tilde{\boldsymbol{x}}^{\mathrm{T}}\quad \tilde{\boldsymbol{v}}^{\mathrm{T}}\right]^{\mathrm{T}}$，其中 $\tilde{\boldsymbol{x}}=\boldsymbol{r}_{\mathrm{p}}(t)-\boldsymbol{r}_{\mathrm{e}}(t)$ 是相对位置，$\tilde{\boldsymbol{v}}=\boldsymbol{v}_{\mathrm{p}}(t)-\boldsymbol{v}_{\mathrm{e}}(t)$ 是相对速度。根据问题(4.30)的二次指标有

$$\begin{aligned}J\left(\boldsymbol{a}_{\mathrm{p}},\boldsymbol{a}_{\mathrm{e}}\right)&=\frac{1}{2}\Delta\boldsymbol{x}^{\mathrm{T}}\boldsymbol{F}^{\mathrm{T}}\boldsymbol{F}\Delta\boldsymbol{x}+\frac{1}{2}\int_{t_0}^{t_{\mathrm{f}}}\left[\boldsymbol{a}_{\mathrm{p}}^{\mathrm{T}}(t)\boldsymbol{R}_{\mathrm{p}}\boldsymbol{a}_{\mathrm{p}}(t)-\boldsymbol{a}_{\mathrm{e}}^{\mathrm{T}}(t)\boldsymbol{R}_{\mathrm{e}}\boldsymbol{a}_{\mathrm{e}}(t)\right]\mathrm{d}t\\&=\frac{N}{2}\tilde{\boldsymbol{x}}^{\mathrm{T}}\tilde{\boldsymbol{x}}+\frac{1}{2}\int_{t_0}^{t_{\mathrm{f}}}\left[c_{\mathrm{p}}\boldsymbol{a}_{\mathrm{p}}^{\mathrm{T}}(t)\boldsymbol{a}_{\mathrm{p}}(t)-c_{\mathrm{e}}\boldsymbol{a}_{\mathrm{e}}^{\mathrm{T}}(t)\boldsymbol{a}_{\mathrm{e}}(t)\right]\mathrm{d}t\end{aligned} \tag{4.42}$$

因气动加速度 $\boldsymbol{f}_{\mathrm{p}}$ 和 $\boldsymbol{f}_{\mathrm{e}}$ 相对于控制加速度 $\boldsymbol{a}_{\mathrm{p}}$ 和 $\boldsymbol{a}_{\mathrm{e}}$ 比较小，所以在此忽略气动加速度。由此根据运动方程(4.38)和运动方程(4.39)有

$$\boldsymbol{A}_{\mathrm{e}}(t)=\boldsymbol{A}_{\mathrm{p}}(t)=\begin{bmatrix}\boldsymbol{0}_3 & \boldsymbol{I}_3\\ \boldsymbol{0}_3 & \boldsymbol{0}_3\end{bmatrix},\quad \boldsymbol{B}_{\mathrm{p}}(t)=\boldsymbol{B}_{\mathrm{e}}(t)=\begin{bmatrix}\boldsymbol{0}_3\\ \boldsymbol{I}_3\end{bmatrix}$$

可得基本解矩阵为

$$\boldsymbol{\Phi}_{\mathrm{p}}\left(t_{\mathrm{f}},t\right)=\boldsymbol{\Phi}_{\mathrm{e}}\left(t_{\mathrm{f}},t\right)=\begin{bmatrix}\boldsymbol{I}_3 & (t_{\mathrm{f}}-t)\boldsymbol{I}_3\\ \boldsymbol{0}_3 & \boldsymbol{I}_3\end{bmatrix}$$

根据方程(4.31)定义相对运动状态：

$$\begin{aligned}\boldsymbol{x}(t)&=\boldsymbol{F}\left[\boldsymbol{\Phi}_{\mathrm{p}}(t_{\mathrm{f}},t)\boldsymbol{x}_{\mathrm{p}}(t)-\boldsymbol{\Phi}_{\mathrm{e}}(t_{\mathrm{f}},t)\boldsymbol{x}_{\mathrm{e}}(t)\right]\\&=\sqrt{k}\left[\boldsymbol{I}_3\quad \boldsymbol{0}_3\right]\begin{bmatrix}\boldsymbol{I}_3 & (t_{\mathrm{f}}-t)\boldsymbol{I}_3\\ \boldsymbol{0}_3 & \boldsymbol{I}_3\end{bmatrix}\begin{bmatrix}\tilde{\boldsymbol{x}}(t)\\ \tilde{\boldsymbol{v}}(t)\end{bmatrix}\\&=\sqrt{k}\left(\tilde{\boldsymbol{x}}(t)+(t_{\mathrm{f}}-t)\tilde{\boldsymbol{v}}(t)\right)\end{aligned} \tag{4.43}$$

根据式(4.34)可得

$$\boldsymbol{G}_{\mathrm{p}}(t)=\boldsymbol{G}_{\mathrm{e}}(t)=\sqrt{k}\left[\boldsymbol{I}_3\quad \boldsymbol{0}_3\right]\begin{bmatrix}\boldsymbol{I}_3 & (t_{\mathrm{f}}-t)\boldsymbol{I}_3\\ \boldsymbol{0}_3 & \boldsymbol{I}_3\end{bmatrix}\begin{bmatrix}\boldsymbol{0}_3\\ \boldsymbol{I}_3\end{bmatrix}=\sqrt{k}\left(t_{\mathrm{f}}-t\right)\boldsymbol{I}_3 \tag{4.44}$$

将式(4.44)、式(4.40)和式(4.41)代入式(4.36)中，有

$$\boldsymbol{K}(t)=\left[1+\left(\frac{1}{c_{\mathrm{p}}}-\frac{1}{c_{\mathrm{e}}}\right)\frac{k\left(t_{\mathrm{f}}-t\right)^3}{3}\right]^{-1}\boldsymbol{I}_3 \tag{4.45}$$

将式(4.43)～式(4.45)、式(4.40)和式(4.41)代入式(4.37)中，得到：

$$
\begin{aligned}
\boldsymbol{a}_{\mathrm{p}}(t)=\boldsymbol{u}^{*}(t)=-(t_{\mathrm{f}}-t)\left[\tilde{\boldsymbol{x}}+(t_{\mathrm{f}}-t)\tilde{\boldsymbol{v}}\right]\Big/\left[\frac{c_{\mathrm{p}}}{k}+\frac{c_{\mathrm{p}}(c_{\mathrm{e}}-c_{\mathrm{p}})}{3c_{\mathrm{e}}c_{\mathrm{p}}}(t_{\mathrm{f}}-t)^{3}\right] \\
\boldsymbol{a}_{\mathrm{e}}(t)=\boldsymbol{v}^{*}(t)=-(t_{\mathrm{f}}-t)\left[\tilde{\boldsymbol{x}}+(t_{\mathrm{f}}-t)\tilde{\boldsymbol{v}}\right]\Big/\left[\frac{c_{\mathrm{e}}}{k}+\frac{c_{\mathrm{e}}(c_{\mathrm{e}}-c_{\mathrm{p}})}{3c_{\mathrm{e}}c_{\mathrm{p}}}(t_{\mathrm{f}}-t)^{3}\right]
\end{aligned}
\tag{4.46}
$$

现在来看追方 p，即导弹的最优控制 $\boldsymbol{u}^{*}(t)$。若以式(4.42)为目标函数，式(4.38)和式(4.39)为状态方程的线性二次零和微分对策问题在 $k\to\infty$ 时存在解，则该性能指标的终端项需满足脱靶量为 0 的条件，即 $\|\tilde{\boldsymbol{x}}(t_{\mathrm{f}})\|_2=\|\boldsymbol{r}_{\mathrm{p}}(t_{\mathrm{f}})-\boldsymbol{r}_{\mathrm{e}}(t_{\mathrm{f}})\|_2=0$。此时

$$
\boldsymbol{u}^{*}(t)=\frac{(t_{\mathrm{f}}-t)\left[\tilde{\boldsymbol{x}}+(t_{\mathrm{f}}-t)\tilde{\boldsymbol{v}}\right]}{\dfrac{c_{\mathrm{p}}-c_{\mathrm{e}}}{3c_{\mathrm{e}}}(t_{\mathrm{f}}-t)^{3}}=-\frac{3\left[\tilde{\boldsymbol{x}}+(t_{\mathrm{f}}-t)\tilde{\boldsymbol{v}}\right]}{\left(1-\dfrac{c_{\mathrm{p}}}{c_{\mathrm{e}}}\right)(t_{\mathrm{f}}-t)^{2}}
\tag{4.47}
$$

若线性二次零和微分对策问题在 $k\to\infty$ 时有解，则该解对应着导弹逐渐接近目标，并在 t_{f} 时刻使得脱靶量为 0。当导弹足够接近目标时，可以近似假设 $\tilde{\boldsymbol{v}}$ 为常数，从而得 $\tilde{\boldsymbol{x}}(t)=-(t_{\mathrm{f}}-t)\tilde{\boldsymbol{v}}$，左乘 $\tilde{\boldsymbol{x}}^{\mathrm{T}}(t)$ 可得

$$
t_{\mathrm{f}}-t=-\frac{\tilde{\boldsymbol{x}}^{\mathrm{T}}(t)\tilde{\boldsymbol{x}}(t)}{\tilde{\boldsymbol{x}}^{\mathrm{T}}(t)\tilde{\boldsymbol{v}}}=-\frac{\langle\tilde{\boldsymbol{x}}(t),\tilde{\boldsymbol{x}}(t)\rangle}{\langle\tilde{\boldsymbol{x}}(t),\tilde{\boldsymbol{v}}\rangle}
\tag{4.48}
$$

将式(4.48)中的剩余飞行时间 $t_{\mathrm{f}}-t$ 代入式(4.47)有

$$
\boldsymbol{u}^{*}(t)=-\frac{3\left[\tilde{\boldsymbol{x}}-\dfrac{\langle\tilde{\boldsymbol{x}}(t),\tilde{\boldsymbol{x}}(t)\rangle}{\langle\tilde{\boldsymbol{x}}(t),\tilde{\boldsymbol{v}}\rangle}\tilde{\boldsymbol{v}}\right]}{\left(1-\dfrac{c_{\mathrm{p}}}{c_{\mathrm{e}}}\right)\dfrac{\langle\tilde{\boldsymbol{x}}(t),\tilde{\boldsymbol{x}}(t)\rangle^{2}}{\langle\tilde{\boldsymbol{x}}(t),\tilde{\boldsymbol{v}}\rangle^{2}}}=\frac{3\left[\langle\tilde{\boldsymbol{x}}(t),\tilde{\boldsymbol{x}}(t)\rangle\tilde{\boldsymbol{v}}-\langle\tilde{\boldsymbol{x}}(t),\tilde{\boldsymbol{v}}\rangle\tilde{\boldsymbol{x}}(t)\right]}{\left(1-\dfrac{c_{\mathrm{p}}}{c_{\mathrm{e}}}\right)\langle\tilde{\boldsymbol{x}}(t),\tilde{\boldsymbol{x}}(t)\rangle}\frac{\langle\tilde{\boldsymbol{x}}(t),\tilde{\boldsymbol{v}}\rangle}{\langle\tilde{\boldsymbol{x}}(t),\tilde{\boldsymbol{x}}(t)\rangle}
$$

根据三向量叉乘的拉格朗日公式可得 $\langle\tilde{\boldsymbol{x}}(t),\tilde{\boldsymbol{x}}(t)\rangle\tilde{\boldsymbol{v}}-\langle\tilde{\boldsymbol{x}}(t),\tilde{\boldsymbol{v}}\rangle\tilde{\boldsymbol{x}}(t)=(\tilde{\boldsymbol{x}}(t)\times\tilde{\boldsymbol{v}})\times\tilde{\boldsymbol{x}}(t)$，因此有

$$
\boldsymbol{u}^{*}(t)=\frac{3(\tilde{\boldsymbol{x}}(t)\times\tilde{\boldsymbol{v}})\times\tilde{\boldsymbol{x}}(t)}{\left(1-\dfrac{c_{\mathrm{p}}}{c_{\mathrm{e}}}\right)\langle\tilde{\boldsymbol{x}}(t),\tilde{\boldsymbol{x}}(t)\rangle}\frac{\langle\tilde{\boldsymbol{x}}(t),\tilde{\boldsymbol{v}}\rangle}{\langle\tilde{\boldsymbol{x}}(t),\tilde{\boldsymbol{x}}(t)\rangle}
\tag{4.49}
$$

导弹至目标的视线角速度 $\dot{\boldsymbol{q}}$ 同式(4.49)中部分项的关系为 $\dot{\boldsymbol{q}}(t)=(\tilde{\boldsymbol{x}}(t)\times\tilde{\boldsymbol{v}})/\langle\tilde{\boldsymbol{x}}(t),\tilde{\boldsymbol{x}}(t)\rangle$。将其代入式(4.49)中，可得一种比例导引律：

$$\boldsymbol{u}^*(t)=\frac{3\langle\tilde{\boldsymbol{x}}(t),\tilde{\boldsymbol{v}}\rangle}{\left(1-\dfrac{c_{\mathrm{p}}}{c_{\mathrm{e}}}\right)\langle\tilde{\boldsymbol{x}}(t),\tilde{\boldsymbol{x}}(t)\rangle}\dot{\boldsymbol{q}}(t)\times\tilde{\boldsymbol{x}}(t)$$

该最优策略 $\boldsymbol{a}_{\mathrm{p}}(t)=\boldsymbol{u}^*(t)$ 的大小正比于视线角速度 $\dot{\boldsymbol{q}}(t)$ 的模，方向垂直于视线 $\tilde{\boldsymbol{x}}(t)$，且位于 $\tilde{\boldsymbol{x}}(t)$ 和 $\tilde{\boldsymbol{v}}$ 张成的平面内。

根据视线角速度定义知，$\dot{\boldsymbol{q}}(t)$ 垂直于 $\tilde{\boldsymbol{x}}(t)$，故 $|\dot{\boldsymbol{q}}(t)\times\tilde{\boldsymbol{x}}(t)|=|\dot{\boldsymbol{q}}(t)||\tilde{\boldsymbol{x}}(t)|\sin 90°=|\dot{\boldsymbol{q}}(t)||\tilde{\boldsymbol{x}}(t)|$。从而可得导弹最优控制的模：

$$|\boldsymbol{u}^*(t)|=\frac{3|\tilde{\boldsymbol{x}}(t)||\tilde{\boldsymbol{v}}|\cos\delta}{\left|1-\dfrac{c_{\mathrm{p}}}{c_{\mathrm{e}}}\right||\tilde{\boldsymbol{x}}(t)|^2}|\dot{\boldsymbol{q}}(t)||\tilde{\boldsymbol{x}}(t)|=\frac{3\cos\delta}{\left|1-\dfrac{c_{\mathrm{p}}}{c_{\mathrm{e}}}\right|}|\tilde{\boldsymbol{v}}||\dot{\boldsymbol{q}}(t)|$$

其中，δ 是 $\tilde{\boldsymbol{x}}(t)$ 和 $\tilde{\boldsymbol{v}}$ 的夹角。定义比例系数 $N=3\cos\delta\big/\left|1-c_{\mathrm{p}}/c_{\mathrm{e}}\right|$，可得常见的比例导引律形式 $|\boldsymbol{u}^*(t)|=N|\tilde{\boldsymbol{v}}||\dot{\boldsymbol{q}}(t)|$。当 $c_{\mathrm{e}}=\infty$ 时，根据式(4.46)可知 $\boldsymbol{a}_{\mathrm{e}}(t)=0$，目标不机动。若令 $\delta=0$，则可得经典的比例系数 $N=3$。

4.3　基于半直接法的再入飞行器拦截问题

对具有机动能力弹道目标和再入飞行器的拦截通常非常困难，这类高速机动目标的运动规律无法估计，不宜直接采用最优控制方法，而是需要根据微分对策理论研究相应的拦截策略。本节就再入飞行器拦截的微分对策问题展开讨论。首先针对一对一空中追逃问题给出相应的零和微分对策基本命题，其次给出将该双边优化基本命题转换为单边优化最优控制问题的方法——半直接配置法[200]，再次给出将最优控制问题转换为 NLP 问题的 5 阶 Gauss-Lobatto 配置法，最后针对再入飞行器的拦截问题给出从微分对策向 NLP 转换的具体过程。这里所讨论的问题限制在二维平面中，且假设追逃双方的信息是完全且准确的。

4.3.1　最优性条件和半直接配置法

1. 最优性条件

这里用 p 代表追方，e 代表逃方，$\boldsymbol{u}_{\mathrm{p}}$ 和 $\boldsymbol{u}_{\mathrm{e}}$ 分别表示追逃双方的控制量。一对一空中追逃问题的动力学模型可以解耦表示为由追方和逃方两者的状态方程所组成的常微分方程组：

$$\begin{cases}\dot{\boldsymbol{x}}_{\mathrm{p}}=\boldsymbol{f}_{\mathrm{p}}(\boldsymbol{x}_{\mathrm{p}},\boldsymbol{u}_{\mathrm{p}},t)\\ \dot{\boldsymbol{x}}_{\mathrm{e}}=\boldsymbol{f}_{\mathrm{e}}(\boldsymbol{x}_{\mathrm{e}},\boldsymbol{u}_{\mathrm{e}},t)\end{cases}\tag{4.50}$$

其中，$t_0 \leqslant t \leqslant t_f$，$t_0$ 和 t_f 分别为对策的初始时刻和终端时刻。这两个时刻可以固定，也可以自由。在 t_0 时刻的状态变量值可以部分待定。在 t_0 和 t_f 时刻，边界条件 $\boldsymbol{\psi}$ 的一般形式为

$$\boldsymbol{\psi}\left(\boldsymbol{x}_{p0}, \boldsymbol{x}_{e0}, \boldsymbol{x}_{pf}, \boldsymbol{x}_{ef}, t_0, t_f\right) = 0 \tag{4.51}$$

其中包含了终止条件 $\Psi_q\left[=\Psi_q\left(\boldsymbol{x}_{pf}, \boldsymbol{x}_{ef}, t_f\right)\right]$。对于空中追逃问题，这个终止条件意味着当两个飞行器之间的距离等于(或小于)捕获半径时，微分对策过程终止。

微分对策的性能指标为迈耶(Mayer)型 $J = \phi\left(\boldsymbol{x}_{p0}, \boldsymbol{x}_{e0}, \boldsymbol{x}_{pf}, \boldsymbol{x}_{ef}, t_0, t_f\right)$，该指标可以视为双方控制函数的泛函。记追逃双方的反馈控制函数分别为 $\boldsymbol{\gamma}_p$ 和 $\boldsymbol{\gamma}_e$，即 $\boldsymbol{u}_p(t) = \boldsymbol{\gamma}_p\left(\boldsymbol{x}_p, \boldsymbol{x}_e, t\right)$ 且 $\boldsymbol{u}_e(t) = \boldsymbol{\gamma}_e\left(\boldsymbol{x}_p, \boldsymbol{x}_e, t\right)$。追逃双方分别试图最小化和最大化该性能指标。本小节的追逃微分对策问题形式归纳如下：

$$\begin{cases} \min\limits_{\boldsymbol{u}_p(t)} \max\limits_{\boldsymbol{u}_e(t)} \ J = \phi\left(\boldsymbol{x}_{p0}, \boldsymbol{x}_{e0}, \boldsymbol{x}_{pf}, \boldsymbol{x}_{ef}, t_0, t_f\right) \\ \text{s.t.} \quad \dot{\boldsymbol{x}}_p = \boldsymbol{f}_p\left(\boldsymbol{x}_p, \boldsymbol{u}_p, t\right) \\ \qquad \dot{\boldsymbol{x}}_e = \boldsymbol{f}_e\left(\boldsymbol{x}_e, \boldsymbol{u}_e, t\right) \\ \qquad \boldsymbol{\psi}\left(\boldsymbol{x}_{p0}, \boldsymbol{x}_{e0}, \boldsymbol{x}_{pf}, \boldsymbol{x}_{ef}, t_0, t_f\right) = 0 \end{cases} \tag{4.52}$$

当 $\Psi_q = 0$ 时，博弈过程结束。因为 $\boldsymbol{u}_p$ 和 $\boldsymbol{u}_e$ 可分离，所以问题(4.52)中的 $\min\limits_{\boldsymbol{u}_p(t)}$ 和 $\max\limits_{\boldsymbol{u}_e(t)}$ 顺序可交换，且对策的值 V 存在，并且 $V = \min\limits_{\boldsymbol{u}_p(t)} \max\limits_{\boldsymbol{u}_e(t)} J = \max\limits_{\boldsymbol{u}_e(t)} \min\limits_{\boldsymbol{u}_p(t)} J$。此时，对策的鞍点存在，且为 $\boldsymbol{u}_p^*(t) = \boldsymbol{\gamma}_p^*\left(\boldsymbol{x}_p^*, \boldsymbol{x}_e^*, t\right), \boldsymbol{u}_e^*(t) = \boldsymbol{\gamma}_e^*\left(\boldsymbol{x}_p^*, \boldsymbol{x}_e^*, t\right)$ ($t_0^* \leqslant t \leqslant t_f^*$)。

定义哈密顿函数：

$$H = \boldsymbol{\lambda}_p^{\mathrm{T}} \boldsymbol{f}_p + \boldsymbol{\lambda}_e^{\mathrm{T}} \boldsymbol{f}_e \tag{4.53}$$

和

$$\boldsymbol{\Phi} = \phi + \boldsymbol{\upsilon}^{\mathrm{T}} \boldsymbol{\psi} \tag{4.54}$$

其中，$\boldsymbol{\lambda}_p$ 和 $\boldsymbol{\lambda}_e$ 分别是追逃双方的协态变量；$\boldsymbol{\upsilon}$ 是关于边界条件的拉格朗日乘子。关于 $\boldsymbol{\lambda}_p$ 和 $\boldsymbol{\lambda}_e$ 的协态方程分别为

$$\dot{\boldsymbol{\lambda}}_p = -\frac{\partial H}{\partial \boldsymbol{x}_p} = -\left[\frac{\partial \boldsymbol{f}_p}{\partial \boldsymbol{x}_p}\right]^{\mathrm{T}} \boldsymbol{\lambda}_p \tag{4.55}$$

$$\dot{\boldsymbol{\lambda}}_e = -\frac{\partial H}{\partial \boldsymbol{x}_e} = -\left[\frac{\partial \boldsymbol{f}_e}{\partial \boldsymbol{x}_e}\right]^{\mathrm{T}} \boldsymbol{\lambda}_e \tag{4.56}$$

其边界条件为

$$\text{若初始条件 } x_{pk}(t_0) \text{ 未指定}(k=1,2,\cdots,n_\mathrm{p}),\quad \lambda_{pk}(t_0)+\frac{\partial \Phi}{\partial x_{pk}(t_0)}=0 \tag{4.57}$$

$$\text{若终端条件 } x_{pk}(t_\mathrm{f}) \text{ 未指定}(k=1,2,\cdots,n_\mathrm{p}),\quad \lambda_{pk}(t_\mathrm{f})+\frac{\partial \Phi}{\partial x_{pk}(t_\mathrm{f})}=0 \tag{4.58}$$

$$\text{若初始条件 } x_{ek}(t_0) \text{ 未指定}(k=1,2,\cdots,n_\mathrm{e}),\quad \lambda_{ek}(t_0)+\frac{\partial \Phi}{\partial x_{ek}(t_0)}=0 \tag{4.59}$$

$$\text{若终端条件 } x_{ek}(t_\mathrm{f}) \text{ 未指定}(k=1,2,\cdots,n_\mathrm{e}),\quad \lambda_{ek}(t_\mathrm{f})+\frac{\partial \Phi}{\partial x_{ek}(t_\mathrm{f})}=0 \tag{4.60}$$

其中，式(4.57)和式(4.59)分别是协态变量 $\boldsymbol{\lambda}_\mathrm{p}$ 和 $\boldsymbol{\lambda}_\mathrm{e}$ 的初始条件；式(4.58)和式(4.60)是相应的终端条件。

根据极小值原理，追逃双方的最优控制策略需满足：

$$\begin{cases} \boldsymbol{u}_\mathrm{p}=\arg\min\limits_{\boldsymbol{u}_\mathrm{p}} H=\arg\min\limits_{\boldsymbol{u}_\mathrm{p}}\left(\boldsymbol{\lambda}_\mathrm{p}^\mathrm{T}\boldsymbol{f}_\mathrm{p}\right) \\ \boldsymbol{u}_\mathrm{e}=\arg\min\limits_{\boldsymbol{u}_\mathrm{e}} H=\arg\min\limits_{\boldsymbol{u}_\mathrm{e}}\left(\boldsymbol{\lambda}_\mathrm{e}^\mathrm{T}\boldsymbol{f}_\mathrm{e}\right) \end{cases} \tag{4.61}$$

若控制量无约束，则上述条件放宽为控制方程：

$$\left[\frac{\partial H}{\partial \boldsymbol{u}_\mathrm{p}}\right]^\mathrm{T}=\left[\frac{\partial \boldsymbol{f}_\mathrm{p}}{\partial \boldsymbol{u}_\mathrm{p}}\right]^\mathrm{T}\boldsymbol{\lambda}_\mathrm{p} \tag{4.62}$$

$$\left[\frac{\partial H}{\partial \boldsymbol{u}_\mathrm{e}}\right]^\mathrm{T}=\left[\frac{\partial \boldsymbol{f}_\mathrm{e}}{\partial \boldsymbol{u}_\mathrm{e}}\right]^\mathrm{T}\boldsymbol{\lambda}_\mathrm{e} \tag{4.63}$$

方程组(4.50)、方程(4.55)和方程(4.56)组成了一组关于状态变量和协态变量的常微分方程组，称为正则方程。其中的控制量对应着式(4.61)或方程(4.62)和方程(4.63)。求解正则方程的边界条件包括式(4.51)和条件(4.57)～条件(4.60)。这些是一对一空中追逃微分对策问题(4.52)最优解的一阶必要条件。在控制无约束情况下，该问题最优解的二阶充分条件为

$$H_{\boldsymbol{u}_\mathrm{p}\boldsymbol{u}_\mathrm{p}}=\frac{\partial^2 H}{\partial \boldsymbol{u}_\mathrm{p}^2}\geqslant 0 \tag{4.64}$$

$$H_{\boldsymbol{u}_\mathrm{e}\boldsymbol{u}_\mathrm{e}}=\frac{\partial^2 H}{\partial \boldsymbol{u}_\mathrm{e}^2}\leqslant 0 \tag{4.65}$$

式(4.64)和式(4.65)表示当哈密顿函数关于追方最优控制策略 $\boldsymbol{u}_\mathrm{p}$ 的海塞(Hesse)矩阵 $H_{\boldsymbol{u}_\mathrm{p}\boldsymbol{u}_\mathrm{p}}$ 和关于逃方最优控制策略 $\boldsymbol{u}_\mathrm{e}$ 的 Hessian 矩阵 $H_{\boldsymbol{u}_\mathrm{e}\boldsymbol{u}_\mathrm{e}}$ 分别为正定和负定时，$\left(\boldsymbol{u}_\mathrm{p},\boldsymbol{u}_\mathrm{e}\right)$是问题(4.52)的鞍点。

当初始时刻或终端时刻未指定时，补充相应的横截条件，分别为 $\partial\Phi/\partial t_0-$

$H_0 = 0$ 和 $\partial \Phi / \partial t_f - H_f = 0$ 。

2. 半直接配置法

前面所给出的一对一空中追逃微分对策问题(4.52)最优解的一阶必要条件是关于正则方程的两点边值问题，其求解存在诸多难题，包括协态变量的初值猜测中存在的高灵敏度问题，以及实际过程中因状态变量或控制变量受到的代数等式或不等式约束所导致的奇异弧切换问题等。因此，这里采用将动态优化问题直接离散化为非线性规划问题的直接法进行求解。

由于直接法适用于命题中含有 min(或 max)性能指标的最优控制问题，而非minmax(或 maxmin)的情况，因此在采用直接法求解以 minmax(或 maxmin)为优化目标的微分对策问题时，首先要将其转化为仅含有 min(或 max)性能指标的最优控制问题，然后离散化为非线性规划问题进行求解。

这里首先从追方 p 的角度将其微分对策问题转化为最优控制问题。基本思想是使用微分对策问题(4.52)的最优性条件将其自身中关于逃方的控制量 $\boldsymbol{u}_e$ 消掉，从而得到一个关于追方的单边最优控制问题。

根据逃方需满足的最优控制条件(4.61)或方程(4.63)可知，逃方的最优控制量 $\boldsymbol{u}_e$ 是其状态变量 $\boldsymbol{x}_e$ 、协态变量 $\boldsymbol{\lambda}_e$ 和时间 t 的函数，即 $\boldsymbol{u}_e(t) = \boldsymbol{u}_e(\boldsymbol{x}_e, \boldsymbol{\lambda}_e, t)$ 。其中 $\boldsymbol{x}_e$ 可以根据逃方的状态方程(4.50)积分得到，而 $\boldsymbol{\lambda}_e$ 根据逃方的协态方程(4.56)积分得到。因此，新问题中微分方程包括追逃双方的状态方程组(4.50)和逃方 e 的协态方程(4.56)：

$$
\begin{bmatrix} \dot{\boldsymbol{x}}_p(t) \\ \dot{\boldsymbol{x}}_e(t) \\ \dot{\boldsymbol{\lambda}}_e(t) \end{bmatrix} = \begin{bmatrix} \boldsymbol{f}_p^T(\boldsymbol{x}_p, \boldsymbol{u}_p, t) & \boldsymbol{f}_e^T(\boldsymbol{x}_e, \boldsymbol{u}_e(\boldsymbol{x}_e, \boldsymbol{\lambda}_e, t), t) & -\boldsymbol{\lambda}_e^T \dfrac{\partial \boldsymbol{f}_e}{\partial \boldsymbol{x}_e} \end{bmatrix}^T
$$

单边优化问题中的性能指标与问题(4.52)中的指标保持相同。其边界条件除了与状态变量 $\boldsymbol{x}_p$ 与 $\boldsymbol{x}_e$ 的初始条件与终端条件有关之外，还应包含协态变量 $\boldsymbol{\lambda}_e$ 的边界条件。后者通过条件(4.59)和条件(4.60)给出。根据式(4.54)可知，在条件(4.59)和条件(4.60)中的部分等式中可能存在 $\boldsymbol{\upsilon}$ 的分量。这里只关心条件(4.59)和条件(4.60)中与 $\boldsymbol{\upsilon}$ 的所有分量均无关的等式，将其合写为 $\boldsymbol{\psi}_{EXT} = 0$ ，作为 $\boldsymbol{\lambda}_e$ 的边界条件。由此可构造关于追方的最优控制问题：

$$
\begin{cases} \min\limits_{\tilde{\boldsymbol{u}}(t)} J = \phi(\boldsymbol{x}_{p0}, \boldsymbol{x}_{e0}, \boldsymbol{x}_{pf}, \boldsymbol{x}_{ef}, t_0, t_f) \\ \text{s.t.}\ \ \dot{\tilde{\boldsymbol{x}}}(t) = \tilde{\boldsymbol{f}} \\ \qquad \tilde{\boldsymbol{\psi}} = \begin{bmatrix} \boldsymbol{\psi}^T & \boldsymbol{\psi}_{EXT}^T \end{bmatrix}^T = \boldsymbol{0} \end{cases} \tag{4.66}
$$

$\tilde{\boldsymbol{u}}=\boldsymbol{u}_{\mathrm{p}}$；$\boldsymbol{u}_{\mathrm{e}}$ 根据式(4.61)确定；$\tilde{\boldsymbol{x}}:=\left[\boldsymbol{x}_{\mathrm{p}}^{\mathrm{T}}(t) \quad \boldsymbol{x}_{\mathrm{e}}^{\mathrm{T}} \quad \boldsymbol{\lambda}_{\mathrm{e}}^{\mathrm{T}}(t)\right]^{\mathrm{T}}$ 且有 $\tilde{\boldsymbol{f}}=\left[\boldsymbol{f}_{\mathrm{p}}^{\mathrm{T}}\left(\boldsymbol{x}_{\mathrm{p}},\boldsymbol{u}_{\mathrm{p}},t\right) \quad \boldsymbol{f}_{\mathrm{e}}^{\mathrm{T}}\left(\boldsymbol{x}_{\mathrm{e}},\boldsymbol{u}_{\mathrm{e}}\left(\boldsymbol{x}_{\mathrm{e}},\boldsymbol{\lambda}_{\mathrm{e}},t\right),t\right) \quad -\boldsymbol{\lambda}_{\mathrm{e}}^{\mathrm{T}}\dfrac{\partial \boldsymbol{f}_{\mathrm{e}}}{\partial \boldsymbol{x}_{\mathrm{e}}}\right]^{\mathrm{T}}$。当逃方的控制量无约束时，其最优控制策略简化为控制方程(4.63)。

问题(4.66)的哈密顿函数形式为

$$\tilde{H}=\tilde{\boldsymbol{\lambda}}^{\mathrm{T}}\tilde{\boldsymbol{f}}=\boldsymbol{\lambda}_{\mathrm{p}(e)}^{\mathrm{T}}\boldsymbol{f}_{\mathrm{p}}+\boldsymbol{\lambda}_{\mathrm{e}(e)}^{\mathrm{T}}\boldsymbol{f}_{\mathrm{e}}-\boldsymbol{\lambda}_{\lambda(e)}^{\mathrm{T}}\left[\frac{\partial \boldsymbol{f}_{\mathrm{e}}}{\partial \boldsymbol{x}_{\mathrm{e}}}\right]^{\mathrm{T}}\boldsymbol{\lambda}_{\mathrm{e}}$$

其中，$\tilde{\boldsymbol{\lambda}}=\left[\boldsymbol{\lambda}_{\mathrm{p}(e)}^{\mathrm{T}} \quad \boldsymbol{\lambda}_{\mathrm{e}(e)}^{\mathrm{T}} \quad \boldsymbol{\lambda}_{\lambda(e)}^{\mathrm{T}}\right]^{\mathrm{T}}$。追方的单边最优控制问题(4.66)的解与微分对策问题(4.52)的追方最优解相互等价。同理可以构造逃方的最优控制问题，这里省略，留给读者自行推导。相关最优控制问题的离散化可以采用 2.4 节中基于 LG 节点的数值积分方法，也可以采用 5 阶 Gauss-Lobatto 数值积分算法，其积分精度高于 4 阶及 4 阶以下的数值积分算法，但需要计算 6 个系数。

4.3.2　再入飞行器拦截的微分对策问题转化

假设再入飞行器 e 和拦截弹 p 始终在赤道面内运动，则微分对策问题被限制在二维平面中。此时再入飞行器的拦截如图 4.2 所示。其中 T_{p}、T_{e}、δ_{p}、δ_{e}、v_{p}、v_{e}、$v_{\theta\mathrm{p}}$、$v_{\theta\mathrm{e}}$、$v_{r\mathrm{p}}$、$v_{r\mathrm{e}}$、r_{p}、r_{e}、ξ_{p}、ξ_{e} 分别是追逃双方的推力、推力同赤道切向量之间的夹角、双方速度及其沿赤道切向和法向的分量、地心到追逃双方的矢径大小和经度，R_{e} 和 ω_{e} 分别是地球半径和转动角速度，ξ_{T0} 是赤道面上的目标点经度。

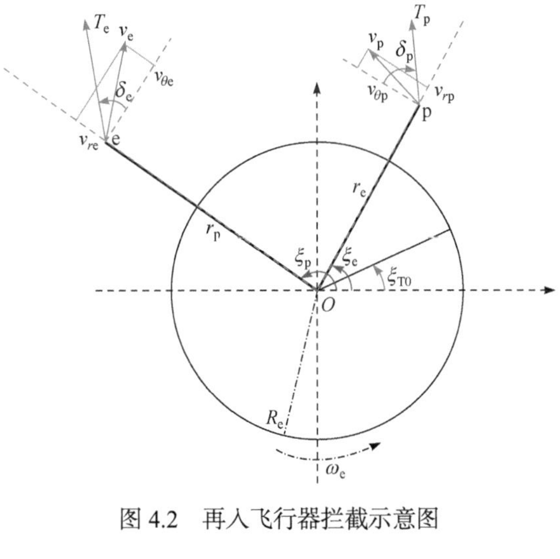

图 4.2　再入飞行器拦截示意图

1. 再入飞行器拦截的追逃微分对策问题

假设追逃双方的动力学模型和参数都被各方完全准确获知。此时，再入飞行器 e 的运动目标是在被拦截之前尽可能地接近目标地点。拦截弹 p 的目标恰恰相反，其运动目标是使再入飞行器尽可能远离目标地点。因此，微分对策问题的支付函数形式为

$$\min_{\boldsymbol{u}_{\mathrm{p}}}\max_{\boldsymbol{u}_{\mathrm{e}}} J=\phi=-d_{\mathrm{f}}^{2} \tag{4.67}$$

其中，d_{f} 是对策结束时刻再入飞行器与目标地点之间的距离，有

$$\begin{aligned} d_{\mathrm{f}} &=\left\|\boldsymbol{r}_{\mathrm{e}}(t_{\mathrm{f}})-\boldsymbol{r}_{\mathrm{T}0}(t_{\mathrm{f}})\right\|_{2} \\ &=\sqrt{r_{\mathrm{e}}^{2}(t_{\mathrm{f}})+R_{\mathrm{e}}^{2}-2r_{\mathrm{e}}(t_{\mathrm{f}})R_{\mathrm{e}}\cos\left[\xi_{\mathrm{e}}(t_{\mathrm{f}})-\xi_{\mathrm{T}0}-\omega_{\mathrm{e}}(t_{\mathrm{f}}-t_{0})\right]} \end{aligned}$$

其中，$\boldsymbol{r}_{\mathrm{T}0}(t_{\mathrm{f}})$ 是目标地点在对策终端时刻的矢径。

追逃问题的状态向量定义为 $\boldsymbol{x}=\begin{bmatrix} v_{r\mathrm{p}} & v_{\theta\mathrm{p}} & r_{\mathrm{p}} & \xi_{\mathrm{p}} & v_{r\mathrm{e}} & v_{\theta\mathrm{e}} & r_{\mathrm{e}} & \xi_{\mathrm{e}}\end{bmatrix}^{\mathrm{T}}$。假设在外层空间中可以忽略大气阻力，则追逃双方的状态方程如下：

$$\mathrm{p}:\begin{cases}\dot v_{r\mathrm{p}}=\dfrac{T_{\mathrm{p}}}{m_{\mathrm{p}}}\sin\delta_{\mathrm{p}}-\dfrac{\mu_{\mathrm{e}}-v_{r\mathrm{p}}^{2}r_{\mathrm{p}}}{r_{\mathrm{p}}^{2}}\\ \dot v_{\theta\mathrm{p}}=\dfrac{T_{\mathrm{p}}}{m_{\mathrm{p}}}\cos\delta_{\mathrm{p}}-\dfrac{v_{r\mathrm{p}}v_{\theta\mathrm{p}}}{r_{\mathrm{p}}}\\ \dot r_{\mathrm{p}}=v_{r\mathrm{p}}\\ \dot\xi_{\mathrm{p}}=v_{\theta\mathrm{p}}/r_{\mathrm{p}}\end{cases},\quad \mathrm{e}:\begin{cases}\dot v_{r\mathrm{e}}=\dfrac{T_{\mathrm{e}}}{m_{\mathrm{e}}}\sin\delta_{\mathrm{e}}-\dfrac{\mu_{\mathrm{e}}-v_{r\mathrm{e}}^{2}r_{\mathrm{e}}}{r_{\mathrm{e}}^{2}}\\ \dot v_{\theta\mathrm{e}}=\dfrac{T_{\mathrm{e}}}{m_{\mathrm{e}}}\cos\delta_{\mathrm{e}}-\dfrac{v_{r\mathrm{e}}v_{\theta\mathrm{e}}}{r_{\mathrm{e}}}\\ \dot r_{\mathrm{e}}=v_{r\mathrm{e}}\\ \dot\xi_{\mathrm{e}}=-v_{\theta\mathrm{e}}/r_{\mathrm{e}}\end{cases} \tag{4.68}$$

其中，追逃双方的控制量是各自的推力倾角，有 $\boldsymbol{u}=\begin{bmatrix}\boldsymbol{u}_{\mathrm{p}}^{\mathrm{T}} & \boldsymbol{u}_{\mathrm{e}}^{\mathrm{T}}\end{bmatrix}^{\mathrm{T}}=\begin{bmatrix}\delta_{\mathrm{p}} & \delta_{\mathrm{e}}\end{bmatrix}^{\mathrm{T}}$。微分对策的初始条件定义如下。

追方：

$$r_{\mathrm{p}}(t_0)=x_3(t_0)=x_{30},\quad \xi_{\mathrm{p}}(t_0)=x_4(t_0)=x_{40} \tag{4.69}$$

逃方：

$$\begin{aligned} &v_{r\mathrm{e}}(t_0)=x_5(t_0)=x_{50},\quad v_{\theta\mathrm{e}}(t_0)=x_6(t_0)=x_{60}\\ &r_{\mathrm{e}}(t_0)=x_7(t_0)=x_{70},\quad \xi_{\mathrm{e}}(t_0)=x_8(t_0)=x_{80}\end{aligned} \tag{4.70}$$

目标地点的初始位置由 t_0 时刻所在的经度 $\xi_{\mathrm{T}0}$ 给定。

初始时刻和终端时刻的复杂边界条件：t_0 时刻追方的初始速度分量大小与其给定的初始速度大小 $V_{\mathrm{p}0}$ 之间需满足矢量分解关系 $v_{r\mathrm{p}}^{0}(t_0)+v_{\theta\mathrm{p}}^{0}(t_0)=V_{\mathrm{p}0}^{2}\to x_{10}^{2}+x_{20}^{2}-V_{\mathrm{p}0}^{2}=0$。

当拦截弹同再入飞行器之间的距离等于(或小于等于)捕获距离 d_{capt} 时，认为微分对策此时终止。相应的终止条件为

$$
\begin{aligned}
&r_{\mathrm{e}}^2(t_{\mathrm{f}})+r_{\mathrm{p}}^2(t_{\mathrm{f}})-2r_{\mathrm{e}}(t_{\mathrm{f}})r_{\mathrm{p}}(t_{\mathrm{f}})\cos\left[\xi_{\mathrm{e}}(t_{\mathrm{f}})-\xi_{\mathrm{p}}(t_{\mathrm{f}})\right]=d_{\text{capt}}^2 \\
&\rightarrow x_{7\mathrm{f}}^2+x_{3\mathrm{f}}^2-2x_{7\mathrm{f}}x_{3\mathrm{f}}\cos(x_{8\mathrm{f}}-x_{4\mathrm{f}})-d_{\text{capt}}^2=0
\end{aligned}
$$

上述初始条件和终止条件合写为函数向量 $\boldsymbol{\psi}$：

$$
\boldsymbol{\psi}=\begin{bmatrix} x_{10}^2+x_{20}^2-V_{\mathrm{p}0}^2 \\ x_{7\mathrm{f}}^2+x_{3\mathrm{f}}^2-2x_{7\mathrm{f}}x_{3\mathrm{f}}\cos(x_{8\mathrm{f}}-x_{4\mathrm{f}})-d_{\text{capt}}^2 \end{bmatrix}=0 \tag{4.71}
$$

式(4.67)中的支付函数形式可写为

$$
J=\phi=-d_{\mathrm{f}}^2=-x_{7\mathrm{f}}^2-R_{\mathrm{e}}^2+2x_{7\mathrm{f}}R_{\mathrm{e}}\cos\left[x_{8\mathrm{f}}-\xi_{\mathrm{T}0}-\omega_{\mathrm{e}}(t_{\mathrm{f}}-t_0)\right] \tag{4.72}
$$

此时，式(4.68)～式(4.72)构成了再入飞行器拦截的微分对策问题。

2. 微分对策问题的最优性条件

根据哈密顿函数 H 的定义函数(4.53)和 Φ 的定义函数(4.54)可得该问题的协态方程为

$$
\begin{cases}
\dot{\lambda}_1=-\lambda_3+\dfrac{\lambda_2 v_{\theta\mathrm{p}}}{r_{\mathrm{p}}}, & \dot{\lambda}_5=-\lambda_7+\dfrac{\lambda_6 v_{\theta\mathrm{e}}}{r_{\mathrm{e}}} \\
\dot{\lambda}_2=\dfrac{-2v_{\theta\mathrm{p}}\lambda_1+v_{r\mathrm{p}}\lambda_2-\lambda_4}{r_{\mathrm{p}}}, & \dot{\lambda}_6=\dfrac{-2v_{\theta\mathrm{e}}\lambda_5+v_{r\mathrm{e}}\lambda_6+\lambda_8}{r_{\mathrm{e}}} \\
\dot{\lambda}_3=-\dfrac{2\mu_{\mathrm{e}}\lambda_1}{r_{\mathrm{p}}^3}+\dfrac{v_{\theta\mathrm{p}}^2\lambda_1-v_{r\mathrm{p}}v_{\theta\mathrm{p}}\lambda_2+v_{\theta\mathrm{p}}\lambda_4}{r_{\mathrm{p}}^2}, & \dot{\lambda}_7=-\dfrac{2\mu_{\mathrm{e}}\lambda_5}{r_{\mathrm{e}}^3}+\dfrac{v_{\theta\mathrm{e}}^2\lambda_5-v_{r\mathrm{e}}v_{\theta\mathrm{e}}\lambda_6-v_{\theta\mathrm{e}}\lambda_8}{r_{\mathrm{e}}^2} \\
\dot{\lambda}_4=0\Rightarrow\lambda_4(t)=\lambda_4=\text{const}, & \dot{\lambda}_8=0\Rightarrow\lambda_8(t)=\lambda_8=\text{const}
\end{cases} \tag{4.73}
$$

协态方程相应的边界条件为

$$
\begin{aligned}
\lambda_1(t_0)&=2\upsilon_1 v_{r\mathrm{p}}(t_0) \\
\lambda_2(t_0)&=2\upsilon_1 v_{\theta\mathrm{p}}(t_0)
\end{aligned} \tag{4.74a}
$$

$$
\lambda_1(t_{\mathrm{f}})=\lambda_2(t_{\mathrm{f}})=0 \tag{4.74b}
$$

$$
\lambda_3(t_{\mathrm{f}})=2\upsilon_2\left\{r_{\mathrm{p}}(t_{\mathrm{f}})-r_{\mathrm{e}}(t_{\mathrm{f}})\cos\left[\xi_{\mathrm{e}}(t_{\mathrm{f}})-\xi_{\mathrm{p}}(t_{\mathrm{f}})\right]\right\} \tag{4.74c}
$$

$$
\lambda_4(t_{\mathrm{f}})=-2\upsilon_2 r_{\mathrm{p}}(t_{\mathrm{f}})r_{\mathrm{e}}(t_{\mathrm{f}})\sin\left[\xi_{\mathrm{e}}(t_{\mathrm{f}})-\xi_{\mathrm{p}}(t_{\mathrm{f}})\right] \tag{4.74d}
$$

$$
\lambda_5(t_{\mathrm{f}})=\lambda_6(t_{\mathrm{f}})=0 \tag{4.74e}
$$

$$\begin{aligned}\lambda_7(t_f) &= -2r_e(t_f) + 2R_e\cos\left[\xi_e(t_f) - \xi_{T0} - \omega_e(t_f - t_0)\right] \\ &\quad + 2\upsilon_2\left\{r_e(t_f) - r_p(t_f)\cos\left[\xi_e(t_f) - \xi_p(t_f)\right]\right\}\end{aligned} \tag{4.74f}$$

$$\begin{aligned}\lambda_8(t_f) &= -2r_e(t_f)R_e\sin\left[\xi_e(t_f) - \xi_{T0} - \omega_e(t_f - t_0)\right] \\ &\quad + 2\upsilon_2 r_e(t_f)r_p(t_f)\sin\left[\xi_e(t_f) - \xi_p(t_f)\right]\end{aligned} \tag{4.74g}$$

其中，υ_1 和 υ_2 是式(4.54)所对应拉格朗日乘子 $\boldsymbol{\upsilon}$ 的分量。

对于条件(4.74f)和条件(4.74g)，整理后可消去 υ_2，得到如下关于 $\lambda_7(t_f)$ 和 $\lambda_8(t_f)$ 的终端条件：

$$\begin{aligned}&\left\{\lambda_7(t_f) + 2r_e(t_f) - 2R_e\cos\left[\xi_e(t_f) - \xi_{T0}\right.\right. \\ &\left.\left.-\omega_e(t_f - t_0)\right]\right\}r_e(t_f)r_p(t_f)\sin\left[\xi_e(t_f) - \xi_p(t_f)\right] \\ &-\left\{\lambda_8(t_f) + 2r_e(t_f)R_e\sin\left[\xi_e(t_f) - \xi_{T0} - \omega_e(t_f - t_0)\right]\right\}\left\{r_e(t_f)\right. \\ &\left.-r_p(t_f)\cos\left[\xi_e(t_f) - \xi_p(t_f)\right]\right\} = 0\end{aligned} \tag{4.75}$$

假设追逃双方的控制无约束，则根据哈密顿函数(4.53)、控制方程(4.62)和控制方程(4.63)可以得到追方控制量的两种解 $\delta_p^{(1)}$ 和 $\delta_p^{(2)}$：

$$\frac{\partial H}{\partial \boldsymbol{u}_p} = \frac{T_p}{m_p}\left(\lambda_1\cos\delta_p - \lambda_2\sin\delta_p\right) = 0 \Rightarrow \begin{cases}\delta_p^{(1)} = \arctan\dfrac{\lambda_1}{\lambda_2} \\ \delta_p^{(2)} = \arctan\dfrac{\lambda_1}{\lambda_2} + \pi\end{cases} \tag{4.76}$$

和逃方控制量的两种解 $\delta_e^{(1)}$ 和 $\delta_e^{(2)}$：

$$\frac{\partial H}{\partial \boldsymbol{u}_e} = \frac{T_e}{m_e}\left(\lambda_5\cos\delta_e - \lambda_6\sin\delta_e\right) = 0 \Rightarrow \begin{cases}\delta_e^{(1)} = \arctan\dfrac{\lambda_5}{\lambda_6} \\ \delta_e^{(2)} = \arctan\dfrac{\lambda_5}{\lambda_6} + \pi\end{cases} \tag{4.77}$$

根据二阶充分条件(4.64)和二阶充分条件(4.65)可从 $\delta_p^{(1)}$、$\delta_p^{(2)}$ 和 $\delta_e^{(1)}$、$\delta_e^{(2)}$ 中选取正确的解：

$$\begin{cases}\dfrac{\partial^2 H}{\partial \boldsymbol{u}_p^2} = \dfrac{T_p}{m_p}\left(-\lambda_1\sin\delta_p - \lambda_2\cos\delta_p\right) \geqslant 0 \\ \dfrac{\partial^2 H}{\partial \boldsymbol{u}_e^2} = \dfrac{T_e}{m_e}\left(-\lambda_5\sin\delta_e - \lambda_6\cos\delta_e\right) \leqslant 0\end{cases} \tag{4.78}$$

终端时刻 t_f 自由，因此对应着横截条件：

$$\frac{\partial \boldsymbol{\Phi}}{\partial t_{\mathrm{f}}}=2r_{\mathrm{p}}\left(t_{\mathrm{f}}\right)R_{\mathrm{e}}\omega_{\mathrm{e}}\sin\left[\xi_{\mathrm{e}}\left(t_{\mathrm{f}}\right)-\xi_{\mathrm{T0}}-\omega_{\mathrm{e}}\left(t_{\mathrm{f}}-t_{0}\right)\right] \tag{4.79}$$

状态方程(4.68)、协态方程(4.73)、控制方程(4.76)、控制方程(4.77)、边界条件(4.69)、边界条件(4.70)、边界条件(4.71)、边界条件(4.74)、终端条件(4.75)和横截条件(4.79)构成了拦截再入飞行器微分对策问题的最优必要性条件，这是一个两点边值问题。

3. 追方的单边优化问题转换

将逃方的协态变量纳入到状态变量中，得

$$\tilde{\boldsymbol{x}}=\begin{bmatrix}v_{r\mathrm{p}} & v_{\theta\mathrm{p}} & r_{\mathrm{p}} & \xi_{\mathrm{p}} & v_{r\mathrm{e}} & v_{\theta\mathrm{e}} & r_{\mathrm{e}} & \xi_{\mathrm{e}} & \lambda_5 & \lambda_6 & \lambda_7\end{bmatrix}^{\mathrm{T}} \tag{4.80}$$

因为逃方的协态变量 λ_8 是常数，见协态方程(4.73)，所以不作为状态变量放入式(4.80)中。此时控制量 $\tilde{\boldsymbol{u}}$ 仅为追方的控制 δ_{p}。系统的状态方程为

$$\begin{cases}\dot{v}_{r\mathrm{p}}=\dfrac{T_{\mathrm{p}}}{m_{\mathrm{p}}}\sin\delta_{\mathrm{p}}-\dfrac{\mu_{\mathrm{e}}-v_{r\mathrm{p}}^{2}r_{\mathrm{p}}}{r_{\mathrm{p}}^{2}}\\ \dot{v}_{\theta\mathrm{p}}=\dfrac{T_{\mathrm{p}}}{m_{\mathrm{p}}}\cos\delta_{\mathrm{p}}-\dfrac{v_{r\mathrm{p}}v_{\theta\mathrm{p}}}{r_{\mathrm{p}}}\\ \dot{r}_{\mathrm{p}}=v_{r\mathrm{p}}\\ \dot{\xi}_{\mathrm{p}}=v_{\theta\mathrm{p}}/r_{\mathrm{p}}\\ \dot{v}_{r\mathrm{e}}=\dfrac{T_{\mathrm{e}}}{m_{\mathrm{e}}}\sin\delta_{\mathrm{e}}-\dfrac{\mu_{\mathrm{p}}-v_{r\mathrm{e}}^{2}r_{\mathrm{e}}}{r_{\mathrm{e}}^{2}}\\ \dot{v}_{\theta\mathrm{e}}=\dfrac{T_{\mathrm{e}}}{m_{\mathrm{e}}}\cos\delta_{\mathrm{e}}-\dfrac{v_{r\mathrm{e}}v_{\theta\mathrm{e}}}{r_{\mathrm{e}}}\\ \dot{r}_{\mathrm{e}}=v_{r\mathrm{e}}\\ \dot{\xi}_{\mathrm{e}}=-v_{\theta\mathrm{e}}/r_{\mathrm{e}}\\ \dot{\lambda}_5=-\lambda_7+\dfrac{\lambda_6 v_{\theta\mathrm{e}}}{r_{\mathrm{e}}}\\ \dot{\lambda}_6=\dfrac{-2v_{\theta\mathrm{e}}\lambda_5+v_{r\mathrm{e}}\lambda_6+\lambda_8}{r_{\mathrm{e}}}\\ \dot{\lambda}_7=-\dfrac{2\mu_{\mathrm{e}}\lambda_5}{r_{\mathrm{e}}^{3}}+\dfrac{v_{\theta\mathrm{e}}^{2}\lambda_5-v_{r\mathrm{e}}v_{\theta\mathrm{e}}\lambda_6-v_{\theta\mathrm{e}}\lambda_8}{r_{\mathrm{e}}^{2}}\end{cases} \tag{4.81}$$

根据控制方程(4.77)，δ_{e} 的表达式为 $\arctan\dfrac{\lambda_5}{\lambda_6}$ 或 $\arctan\dfrac{\lambda_5}{\lambda_6}+\pi$，具体根据 Hessian 矩

阵负定的判据式(4.78)确定，其受状态变量 λ_5 和 λ_6 取值变化的影响。

追方的单边最优控制问题的支付函数形式与微分对策问题的支付函数形式相同，为

$$\min_{\boldsymbol{u}_{\mathrm{p}}} J=-d_{\mathrm{f}}^2=-\left\{r_{\mathrm{e}}^2\left(t_{\mathrm{f}}\right)+R_{\mathrm{e}}^2-2 r_{\mathrm{e}}\left(t_{\mathrm{f}}\right) R_{\mathrm{e}} \cos \left[\xi_{\mathrm{e}}\left(t_{\mathrm{f}}\right)-\xi_{\mathrm{T0}}-\omega_{\mathrm{e}}\left(t_{\mathrm{f}}-t_0\right)\right]\right\} \tag{4.82}$$

支付函数(4.82)和状态方程(4.81)构成了追方的单边最优控制命题。其边界条件由边界条件(4.69)、边界条件(4.70)、边界条件(4.74e)、终端条件(4.75)和式(4.71)给定。在 λ_6 和 λ_7 的状态方程中含有未知常数 λ_8。这里将 λ_8 和未定终端时刻 t_{f} 作为离散化所得 NLP 的参数变量进行处理。

对单边最优控制问题的离散化参见 2.4 节。将时间区间 $\left[t_0,t_{\mathrm{f}}\right]$ 划分为 N 段，每段的长度为 $\left(t_{\mathrm{f}}-t_0\right)/N$。基于 5 阶 Gauss-Lobatto 数值积分算法将 11 维连续状态变量 $\tilde{\boldsymbol{x}}$ 离散化为 $(22\times N+11)$ 个离散点，将 1 维连续控制变量 δ_{e} 离散化为 $(4\times N+1)$ 个离散点。加上参变量 λ_8 和终端时刻 t_{f}，这 $(26\times N+14)$ 个量是 NLP 问题所有的变量。该 NLP 问题的约束方程包括基于状态方程(4.81)的 $(22\times N)$ 个配置条件，以及由最优控制命题边界条件(4.69)、边界条件(4.70)、边界条件(4.74e)和终端条件(4.75)给定的 10 个约束方程。此时从适当初始点出发，采用 NPSOL、SNOPT 或 IPOPT 等优化求解器就可以解决 NLP 问题，从而得到追方的开环最优控制策略 δ_{e}。若追逃双方以支付函数 J 为优化的目标，则仿真结果表明当拦截弹的推重比大于再入飞行器，且前者的经度位置介于再入飞行器和目标经度位置之间时，拦截弹可以成功拦截再入飞行器。

4.4　本 章 小 结

本章首先针对固定逗留期微分对策给出了在无约束和有约束两种情况下的梯度迭代法。其次针对生存型微分对策问题定义了鞍点并讨论了其存在性和连续性。再次针对线性二次微分对策问题进行讨论，并在此基础上得到了导弹拦截目标问题的解析解，即比例导引律。最后针对再入飞行器拦截问题，采用半直接配置法将追逃问题转化为追方的最优控制问题，进而根据第 2 章的方法可以对该最优控制问题进行求解。这些方法是可推广的。对于固定逗留期微分对策问题来说，既可以考虑采用梯度迭代法进行求解，又可以将原微分对策问题线性化，形成线性二次问题并计算次优解；对于生存型微分对策问题来说，既可以对其线性化并使用间接法求解，也可以考虑采用半直接配置法进行求解。

第 5 章　双机平面格斗的定性微分对策

双机平面格斗问题是三维空间飞行器对抗的基础，与 Isaacs 所著 *Differential Games: A Mathematical Theory with Applications to Warfare and Pursuit, Control and Optimization*[1]一书中研究的“二车对策”类似。本章采用定性微分对策理论研究平面上双机对抗问题，并根据定性微分对策中截获区和危险区的指标来评价飞机的对抗能力。首先，针对双机平面格斗问题给出界栅的必要条件，并结合双机控制量的边界约束得到了协态方程及其边界条件。当控制变量仅有边界约束而不存在其他代数约束条件时，追逃双方在界栅上的最优控制总在控制约束集边界上取值。其次，本章建立了双机平面格斗问题的数学模型，在给定双机的性能参数和武器有效距离的条件下，针对直线形目标集和扇形目标集解算了界栅的表达式、追逃双方在界栅上的最优控制策略，以及追机对于逃机的截获区和危险区。其中危险区是指逃机能够反过来截获追机的区域。最后，讨论了截获区参数同飞机参数之间的灵敏度关系。

5.1　双机平面格斗的界栅问题

1. 界栅必要条件

假设双机的相对运动方程为

$$\dot{\boldsymbol{x}}(t)=\boldsymbol{f}(\boldsymbol{x},\boldsymbol{u},\boldsymbol{v}) \tag{5.1}$$

其中，$\boldsymbol{x}\in\boldsymbol{R}^n$，是双机相对运动的状态向量；$\boldsymbol{u}\in\boldsymbol{U}$；$\boldsymbol{v}\in\boldsymbol{V}$。$\boldsymbol{u}$ 是追机的控制量，$\boldsymbol{v}$ 是逃机的控制量。式(3.38)中目标集 $\boldsymbol{D}$ 的边界曲面方程为

$$\boldsymbol{g}\left[\boldsymbol{x}(t_{\mathrm{f}})\right]=\boldsymbol{0}$$

其中，$\boldsymbol{g}$ 是函数向量。若在某一时刻 t_{f} 实现了上述条件，则称追机截获了逃机，对策结束。

令 $\boldsymbol{\gamma}$ 为垂直于界栅的一个向量，其方向指向非截获区。如果追机能迫使逃机进入图 5.1 中光滑目标集和界栅的阴影区域，那么追机可以截获逃机，即追机可以迫使逃机进入目标集。如果逃机在阴影区域外，则不管追机如何施加控制，逃机总有对策逃脱被捕获的结局。

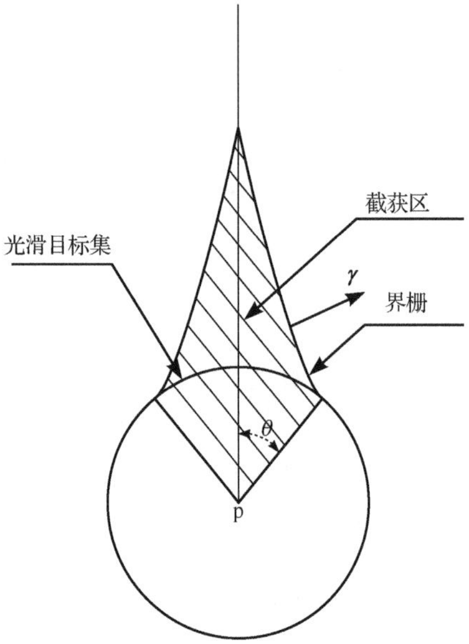

图 5.1　光滑目标集和界栅

因为方程(5.1)表示逃机相对于追机的状态变化率，所以$\boldsymbol{\gamma}^{\mathrm{T}}\boldsymbol{f}\left(\boldsymbol{x},\boldsymbol{u},\boldsymbol{v}\right)$等于、小于或大于零，分别表示逃机相对于追机的状态变化在界栅上、朝向截获区或朝向非截获区。因此在界栅的邻域中，对逃机的任意控制量$\boldsymbol{v}$，追机希望$\min\limits_{\boldsymbol{u}\in\boldsymbol{U}}\boldsymbol{\gamma}^{\mathrm{T}}\boldsymbol{f}\left(\boldsymbol{x},\boldsymbol{u},\boldsymbol{v}\right)<0$，这表示逃机朝向截获区的相对运动。反之，对追机的任意控制量$\boldsymbol{u}$，逃机希望$\max\limits_{\boldsymbol{v}\in\boldsymbol{V}}\boldsymbol{\gamma}^{\mathrm{T}}\boldsymbol{f}\left(\boldsymbol{x},\boldsymbol{u},\boldsymbol{v}\right)>0$，这表示逃机背离截获区的相对运动。在双方都采取最优策略时，在界栅上应有

$$\min_{\boldsymbol{u}\in\boldsymbol{U}}\max_{\boldsymbol{v}\in\boldsymbol{V}}\boldsymbol{\gamma}^{\mathrm{T}}\boldsymbol{f}\left(\boldsymbol{x},\boldsymbol{u},\boldsymbol{v}\right)=0 \tag{5.2}$$

如果讨论的是可分离的问题，则式(5.2)等效于：

$$\max_{\boldsymbol{v}\in\boldsymbol{V}}\min_{\boldsymbol{u}\in\boldsymbol{U}}\boldsymbol{\gamma}^{\mathrm{T}}\boldsymbol{f}\left(\boldsymbol{x},\boldsymbol{u},\boldsymbol{v}\right)=0 \tag{5.3}$$

式(5.2)和式(5.3)提供了确定最优控制量$\boldsymbol{u}^*$和$\boldsymbol{v}^*$的关系式，即在界栅上，双方选择的最优策略应满足式(5.2)和式(5.3)。从中得到的最优策略是状态向量$\boldsymbol{x}$和协态向量$\boldsymbol{\gamma}$的函数。将最优策略代入相对运动方程(5.1)中，便可得界栅的轨迹。因此，界栅实际上是双方采取最优策略时的最优轨迹。

2. 协态方程

协态向量$\boldsymbol{\gamma}$是针对界栅进行定义的。当双方在界栅上均取最佳策略时，有

$$H(\boldsymbol{x},\boldsymbol{u},\boldsymbol{v},\boldsymbol{\gamma})=\min_{\boldsymbol{u}\in\boldsymbol{U}}\max_{\boldsymbol{v}\in\boldsymbol{V}}\boldsymbol{\gamma}^{\mathrm{T}}\boldsymbol{f}(\boldsymbol{x},\boldsymbol{u},\boldsymbol{v})=\boldsymbol{\gamma}^{\mathrm{T}}\boldsymbol{f}\left(\boldsymbol{x}^*,\boldsymbol{u}^*,\boldsymbol{v}^*\right)=0$$

其中，$\boldsymbol{\gamma},\boldsymbol{x}\in\boldsymbol{R}^n$；$\boldsymbol{u}$ 和 $\boldsymbol{v}$ 是有约束的向量；$\boldsymbol{x}^*$ 位于界栅上；$\boldsymbol{u}^*$ 和 $\boldsymbol{v}^*$ 分别是 $\boldsymbol{x}^*$ 处追逃双方的最优策略，则 $\min_{\boldsymbol{u}\in\boldsymbol{U}}\max_{\boldsymbol{v}\in\boldsymbol{V}}\boldsymbol{\gamma}^{\mathrm{T}}\boldsymbol{f}(\boldsymbol{x},\boldsymbol{u},\boldsymbol{v})$ 可以写为纯量形式：

$$\min_{\boldsymbol{u}\in\boldsymbol{U}}\max_{\boldsymbol{v}\in\boldsymbol{V}}\boldsymbol{\gamma}^{\mathrm{T}}\boldsymbol{f}(\boldsymbol{x},\boldsymbol{u},\boldsymbol{v})=\sum_{i=1}^{n}\gamma_i f_i\left(\boldsymbol{x}^*,\boldsymbol{u}^*,\boldsymbol{v}^*\right)=0 \tag{5.4}$$

如果 $\boldsymbol{u}$ 的任一分量 $u_l(l=1,2,\cdots,r)$ 在约束控制集 $\boldsymbol{U}$ 内部，则

$$\frac{\partial}{\partial u_l}\sum_{i=1}^{n}\gamma_i f_i\left(\boldsymbol{x}^*,\boldsymbol{u}^*,\boldsymbol{v}^*\right)=\sum_{i=1}^{n}\gamma_i\frac{\partial f_i}{\partial u_l}=0\text{，}\quad l=1,2,\cdots,r \tag{5.5}$$

对 $\boldsymbol{v}$ 而言，也有类似的式子：

$$\frac{\partial}{\partial v_l}\sum_{i=1}^{n}\gamma_i f_i\left(\boldsymbol{x}^*,\boldsymbol{u}^*,\boldsymbol{v}^*\right)=\sum_{i=1}^{n}\gamma_i\frac{\partial f_i}{\partial v_l}=0\text{，}\quad l=1,2,\cdots,r \tag{5.6}$$

如果 $\boldsymbol{u}$ 的任一分量存在边界约束，且该分量在约束边界取值，则有 $\dot{u}_k=0$ 。对处于控制域边界上的 $\boldsymbol{v}$ 的任一分量 v_k，也有类似的关系式 $\dot{v}_k=0$ 。现在将式(5.4)对时间求导，得

$$\sum_{i=1}^{n}\dot{\gamma}_i f_i+\sum_{i=1}^{n}\gamma_i\sum_{j=1}^{n}\frac{\partial f_i}{\partial x_i}\dot{x}_j+\sum_{i=1}^{n}\gamma_i\sum_{k=1}^{r}\left(\frac{\partial f_i}{\partial u_k}\dot{u}_k+\frac{\partial f_i}{\partial v_k}\dot{v}_k\right)=0$$

在控制只有边界约束的情况下，双方控制总在控制约束集边界上取值，即 $\dot{u}_k=\dot{v}_k=0$，因此有 $\sum_{i=1}^{n}\left[\left(\dot{\gamma}_i+\sum_{j=1}^{n}\dot{\gamma}_i\partial f_j/\partial x_i\right)\right]f_i=0_i$ 。协态向量的各分量的微分方程式为

$$\dot{\gamma}_i=-\sum_{j=1}^{n}\gamma_j\frac{\partial f_j}{\partial x_i},\quad i=1,2,\cdots,n \tag{5.7}$$

3. 协态方程的边界条件

假设目标集边界是$(n-1)$维的，并可写为参数形式 $x_i=x_i(s_1,s_2,\cdots,s_{n-1})$ $(i=1,2,\cdots,n)$，其中参数 s_i 是目标集边界上的点。此时 $\partial x_i/\partial s_k=\partial\bar{\varphi}_i/\partial s_k$ $(i=1,2,\cdots,n;k=1,2,\cdots,n-1)$ 表示界栅和目标集边界相交点上与目标集曲面相切平面的各分量。其中 $\bar{\boldsymbol{\varphi}}:\boldsymbol{R}^{n-1}\to\boldsymbol{R}^n$ 是目标集边界参数曲面。若目标集光滑，则切平面由目标集上的每一点所确定。由于协态向量 $\boldsymbol{\gamma}$ 垂直于界栅，而界栅并不与目标集曲面相交，所以 $\boldsymbol{\gamma}$ 和目标集边界的切平面垂直，即 $\sum_{i=1}^{n}\gamma_i\partial\bar{\varphi}_i/\partial s_k=0(k=1,2,\cdots,n-1)$。综上

可知，界栅的构成包括状态方程 $\dot{\boldsymbol{x}}^*=\boldsymbol{f}\left(\boldsymbol{x}^*,\boldsymbol{u}^*,\boldsymbol{v}^*\right)$ 的解。在界栅上的必要条件为

$$\sum_{i=1}^{n}\gamma_i f_i\left(\boldsymbol{x}^*,\boldsymbol{u}^*,\boldsymbol{v}^*\right)=0 \tag{5.8}$$

在该点处 γ_i 满足：

$$\dot{\gamma}_i=-\sum_{j=1}^{n}\gamma_j\frac{\partial f_j}{\partial x_i},\quad i=1,2,\cdots,n \tag{5.9}$$

γ_i 在目标集边界上的条件为

$$\sum_{i=1}^{n}\gamma_i\frac{\partial\bar{\varphi}_i}{\partial s_k}=0,\quad k=1,2,\cdots,n-1 \tag{5.10}$$

解界栅的步骤，即解相对运动轨迹的步骤如下：

(1) 由式(5.4)或式(5.8)确定最优策略 $\boldsymbol{u}^*$ 和 $\boldsymbol{v}^*$，通常要先计算 $\boldsymbol{\gamma}$ 和 $\boldsymbol{x}$。

(2) 联立解 $\dot{\boldsymbol{x}}^*=\boldsymbol{f}\left(\boldsymbol{x}^*,\boldsymbol{u}^*,\boldsymbol{v}^*\right)$ 和式(5.9)的两点边值问题，其边界条件分别为条件(5.10)和 $\boldsymbol{x}_0$。

(3) 将解出的 $\boldsymbol{x}$ 与 $\boldsymbol{\gamma}$ 代入步骤(1)所求出的控制中，可得双方的最优策略和最优相对运动轨迹，即界栅。在此基础上可以确定截获区和非截获区，同时对截获区进行灵敏度分析。

4. 双机平面格斗的数学模型

假设双机在同一高度上运动，且速度保持常值。双机分别以 p(符号 p 表示追机)和 e(符号 e 表示逃机)表示。先考虑 e 对 p 的运动情况。假设 x-y 坐标系是固连在追机上，y 轴与追机的速度向量共线。坐标系可随时间平移和旋转，x' - y' 是固定坐标系。双机平面格斗几何关系如图 5.2 所示。

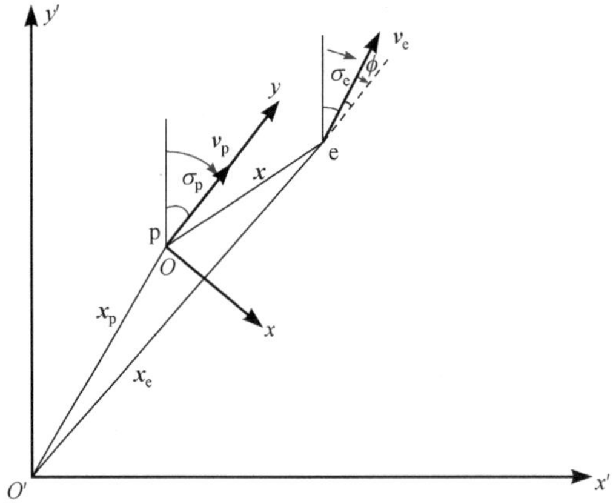

图 5.2　双机平面格斗几何关系

设 $\boldsymbol{x}_{\mathrm{p}}$ 、$\boldsymbol{x}_{\mathrm{e}}$ 分别表示固定坐标系原点到 p 与 e 的向量，$\boldsymbol{x}$ 表示 p 到 e 的向量。由图 5.2 得 $\boldsymbol{x}_{\mathrm{e}}=\boldsymbol{x}_{\mathrm{p}}+\boldsymbol{x}$ ，对时间求导后可得 $\dot{\boldsymbol{x}}_{\mathrm{e}}=\dot{\boldsymbol{x}}_{\mathrm{p}}+\dot{\boldsymbol{x}}+\boldsymbol{\omega}\times\dot{\boldsymbol{x}}_{\mathrm{e}}$ ，其中 $\dot{\boldsymbol{x}}$ 是由 p 观察 e 时的相对速度，$\boldsymbol{\omega}$ 是 x-y 坐标系的角速度。由于 $\boldsymbol{\omega}$ 垂直 x-y 平面和 x' - y' 平面，令 $\boldsymbol{\omega}=\omega\boldsymbol{e}_{\mathrm{e}}$ ，其中 $\boldsymbol{e}_{\mathrm{e}}$ 是垂直于 x-y 平面的单位向量，$\boldsymbol{\omega}$ 的大小为 $\omega=-\dot{\sigma}_{\mathrm{p}}=-\alpha_{\mathrm{p}}V_{\mathrm{p}}/R_{\mathrm{p}},-1\leqslant\alpha_{\mathrm{p}}\leqslant1$。其中，$R_{\mathrm{p}}$ 为追机的最小转弯半径；α_{p} 为追机的控制量，$\alpha_{\mathrm{p}}=1$ 和 $\alpha_{\mathrm{p}}=-1$ 分别对应追机向右和向左转弯。e 和 p 在追机固连坐标系中的速度分别为 $\dot{\boldsymbol{x}}_{\mathrm{e}}=v_{\mathrm{e}}(\boldsymbol{e}_x\sin\phi+\boldsymbol{e}_y\cos\phi)$ 和 $\dot{\boldsymbol{x}}_{\mathrm{p}}=v_{\mathrm{p}}\boldsymbol{e}_y$ ，其中 $\boldsymbol{e}_x$ 和 $\boldsymbol{e}_y$ 是沿 x 轴和 y 轴的单位向量；$\phi=\sigma_{\mathrm{e}}-\sigma_{\mathrm{p}}$ 。$\dot{\boldsymbol{x}}$ 根据 $\dot{\boldsymbol{x}}=\dot{\boldsymbol{x}}_{\mathrm{e}}-\dot{\boldsymbol{x}}_{\mathrm{p}}-\boldsymbol{\omega}\times\dot{\boldsymbol{x}}_{\mathrm{e}}$ 计算，有

$$\dot{\boldsymbol{x}}=\boldsymbol{e}_x\left(v_{\mathrm{e}}\sin\phi-\frac{v_{\mathrm{p}}}{R_{\mathrm{p}}}\alpha_{\mathrm{p}}y\right)+\boldsymbol{e}_y\left(v_{\mathrm{e}}\cos\phi-v_{\mathrm{p}}+\frac{v_{\mathrm{p}}}{R_{\mathrm{p}}}\alpha_{\mathrm{p}}x\right)$$

从而在相对坐标系 x-y 中，可得两个微分方程，分别是 $\dot{x}=v_{\mathrm{e}}\sin\phi-\alpha_{\mathrm{p}}yv_{\mathrm{p}}/R_{\mathrm{p}}$ 和 $\dot{y}=v_{\mathrm{e}}\cos\phi-v_{\mathrm{p}}+\alpha_{\mathrm{p}}xv_{\mathrm{p}}/R_{\mathrm{p}}$ ，$-1\leqslant\alpha_{\mathrm{p}}\leqslant1$ 。

根据定义 $\phi=\sigma_{\mathrm{e}}-\sigma_{\mathrm{p}}$ 可得 $\dot{\phi}=\dot{\sigma}_{\mathrm{e}}-\dot{\sigma}_{\mathrm{p}}$ 。因为 $\dot{\sigma}_{\mathrm{e}}=\alpha_{\mathrm{e}}V_{\mathrm{e}}/R_{\mathrm{e}}$ ，所以 $\dot{\sigma}_{\mathrm{p}}=\alpha_{\mathrm{p}}V_{\mathrm{p}}/R_{\mathrm{p}}$ 。其中 α_{e} 为逃机的控制变量，$-1\leqslant\alpha_{\mathrm{e}}\leqslant1$ ，α_{p} 是追机的控制变量，有 $\dot{\phi}=\alpha_{\mathrm{e}}V_{\mathrm{e}}/R_{\mathrm{e}}-\alpha_{\mathrm{p}}V_{\mathrm{p}}/R_{\mathrm{p}}$ 。综上分析，可得双机的相对运动方程为

$$\begin{cases}\dot{x}=v_{\mathrm{e}}\sin\phi-\dfrac{v_{\mathrm{p}}}{R_{\mathrm{p}}}\alpha_{\mathrm{p}}y\\[2ex]\dot{y}=v_{\mathrm{e}}\cos\phi-v_{\mathrm{p}}+\dfrac{v_{\mathrm{p}}}{R_{\mathrm{p}}}\alpha_{\mathrm{p}}x\\[2ex]\dot{\phi}=\dfrac{v_{\mathrm{e}}}{R_{\mathrm{e}}}\alpha_{\mathrm{e}}-\dfrac{v_{\mathrm{p}}}{R_{\mathrm{p}}}\alpha_{\mathrm{p}}\end{cases}\tag{5.11}$$

其中，v_{p} 是追机的速度；v_{e} 是逃机的速度；R_{p} 是追机的最小转弯半径；R_{e} 是逃机的最小转弯半径；α_{p} 是追机的控制变量，$-1\leqslant\alpha_{\mathrm{p}}\leqslant1$ ；α_{e} 是逃机的控制变量，$-1\leqslant\alpha_{\mathrm{e}}\leqslant1$ 。

5.2　直线形目标集界栅问题和解的形式

1. 直线形目标集问题

由于武器射距有限，因此在追机的速度方向，即双机相对坐标系的 y 上，取一段表示武器最大射击距离和最小射击距离的线段几何关系，见图 5.3。

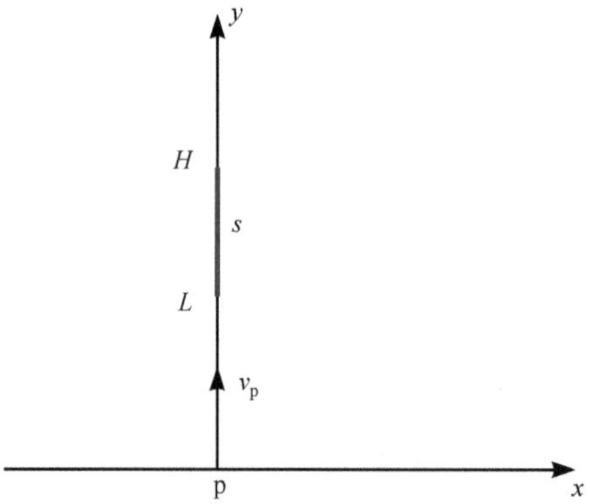

图 5.3 *HL* 线段目标集

在双机对策结束的时刻 t_f，有 $x(t_f)=0$。从对抗角度出发，希望在 t_f 时双机的速度向量之间的夹角 $\phi(t_f)$ 有一定的限制，即 $\phi(t_f)=\phi_f$。考虑逃机位于追机右半平面的情况，左半平面的结果与右半平面的结果完全对称。现希望逃机从右半平面进入目标集线段，所以相对运动坐标 x 在对策结束时刻 t_f 时的变化率应有 $\dot{x}(t_f)<0$。同时，从攻击的角度出发，希望追机进入目标集时，还有一段跟踪瞄准的时间，这时要求 ϕ 值逐渐减小。这样便可得到在对策结束时刻 t_f 的目标集为一直线段 HL：

$$x(t_f)=0, \phi(t_f)=\phi_f \tag{5.12}$$

且逃机到达目标集时满足：

$$\dot{x}(t_f)<0, \dot{\phi}(t_f)<0 \tag{5.13}$$

2. 界栅上的最优控制策略形式

首先讨论目标集为一直线段的双机平面格斗问题。双机平面格斗的数学模型为方程(5.11)，目标集为式(5.12)。现应用定量微分对策原理，导出双机相对运动的轨迹应满足的方程。由式(5.8)可得双机系统的 Hamilton 函数：

$$\begin{aligned} &H(x,y,\phi,\gamma_1,\gamma_2,\gamma_3,\alpha_p,\alpha_e) \\ &=\gamma_1\left(V_e\sin\phi-\frac{V_p}{R_p}y\alpha_p\right)+\gamma_2\left(V_e\cos\phi+\frac{V_p}{R_p}x\alpha_p-V_p\right)+\gamma_3\left(\frac{V_e}{R_e}\alpha_e-\frac{V_p}{R_p}\alpha_p\right) \end{aligned} \tag{5.14}$$

其中，$H=\sum_{i=1}^{n}\gamma_i f_i(x,u,v)$；$\boldsymbol{\gamma}=[\gamma_1,\gamma_2,\gamma_3]^{\mathrm{T}}$，是协态向量。由式(5.9)可知，$\boldsymbol{\gamma}$ 满足：

$$\begin{cases}\dot{\gamma}_1=-\dfrac{V_p}{R_p}\gamma_2\alpha_p, & \gamma_1(t_f)=\gamma_{1f}\\ \dot{\gamma}_2=\dfrac{V_p}{R_p}\gamma_1\alpha_p, & \gamma_2(t_f)=\gamma_{2f}\\ \dot{\gamma}_3=-V_e\gamma_1\cos\phi+V_e\gamma_2\sin\phi, & \gamma_3(t_f)=\gamma_{3f}\end{cases} \tag{5.15}$$

双机系统的状态方程为方程(5.11)。最优策略 α_p^* 与 α_e^* 应由式(5.16)确定：

$$\begin{aligned}\max_{|\alpha_p|\leqslant1,|\alpha_e|\leqslant1}\min H=\max_{|\alpha_p|\leqslant1,|\alpha_e|\leqslant1}\min&\left[\gamma_1\left(V_e\sin\phi-\frac{V_p}{R_p}\eta\alpha_p\right)+\gamma_2\left(V_e\cos\phi+\frac{V_p}{R_p}x\alpha_p-V_p\right)\right.\\&\left.+\gamma_3\left(\frac{V_e}{R_e}\alpha_e-\frac{V_p}{R_p}\alpha_p\right)\right]\end{aligned} \tag{5.16}$$

从中可得

$$\alpha_p^*=\operatorname{sign}(-\gamma_1 y+\gamma_2 x-\gamma_3),\quad \alpha_e^*=\operatorname{sign}(-\gamma_3) \tag{5.17}$$

其中，$\operatorname{sign}(\cdot)$为符号函数。

3. 界栅上的正则方程及其解的形式

利用倒转时间的概念，求最优相对轨线和协态向量。设第一段轨线的初始值为 x^0、y^0、ϕ^0、γ_1^0、γ_2^0、γ_3^0，则可得方程(5.11)和协态方程(5.15)及其初始条件($\tau=t_f-t$)：

$$\begin{cases}\dot{x}(\tau)=-V_e\sin\phi+y\alpha_pV_p/R_p, & x(0)=x^0\\ \dot{y}(\tau)=-V_e\cos\phi-x\alpha_pV_p/R_p+V_p, & y(0)=y^0\\ \dot{\phi}(\tau)=\alpha_pV_p/R_p-\alpha_eV_e/R_e, & \phi(0)=\phi^0\\ \dot{\gamma}_1(\tau)=-\gamma_2\alpha_pV_p/R_p, & \gamma_1(0)=\gamma_1^0\\ \dot{\gamma}_2(\tau)=\gamma_1\alpha_pV_p/R_p, & \gamma_2(0)=\gamma_2^0\\ \dot{\gamma}_3(\tau)=V_e\gamma_1\cos\phi-V_e\gamma_2\sin\phi, & \gamma_3(0)=\gamma_3^0\end{cases}$$

其中，变量 x、y、ϕ、γ_1、γ_2、γ_3 均是时间 τ 的函数。解上述正则方程，可得

$$\begin{cases}x(\tau)=x^0\cos\left(\alpha_p\tau V_p/R_p\right)+y^0\sin\left(\alpha_p\tau V_p/R_p\right)+R_p\alpha_p\left[1-\cos\left(\alpha_p\tau V_p/R_p\right)\right]\\ \qquad +R_p\alpha_pV_e\left[\cos\left(\phi^0+\alpha_p\tau V_p/R_p\right)-\cos\phi\right]\Big/V_p\\ y(\tau)=-x^0\sin\left(\alpha_p\tau V_p/R_p\right)+y^0\cos\left(\alpha_p\tau V_p/R_p\right)+R_p\alpha_p\sin\left(\alpha_p\tau V_p/R_p\right)\end{cases}$$

$$\left\{\begin{aligned}&-R_p\alpha_pV_e\left[\sin\left(\phi^0+\alpha_p\tau V_p/R_p\right)-\sin\phi\right]\Big/V_p\\&\gamma_1(\tau)=\gamma_1^0\cos\left(\alpha_p\tau V_p/R_p\right)+\gamma_2^0\sin\left(\alpha_p\tau V_p/R_p\right)\\&\gamma_2(\tau)=-\gamma_1^0\sin\left(\alpha_p\tau V_p/R_p\right)+\gamma_2^0\cos\left(\alpha_p\tau V_p/R_p\right)\\&\gamma_3(\tau)=\left(R_p\alpha_pV_e/V_p\right)\left\{\gamma_1^0\left[\sin\left(-\phi^0+\left(\alpha_p\tau V_e/R_e\right)\right)+\sin\phi^0\right]\right.\\&\qquad\left.-\gamma_2^0\left[\cos\left(-\phi^0+\left(\alpha_p\tau V_p/R_p\right)\right)-\cos\phi^0\right]\right\}+\gamma_3^0\end{aligned}\right. \tag{5.18a}$$

根据式(5.17)，第一段轨线上的控制应为

$$\left\{\begin{aligned}&\alpha_p=\mathrm{sign}\left[-\gamma_1^0y^0+\gamma_2^0x^0-\gamma_3^0-R_p\alpha_p\left(\gamma_2^0+\gamma_1^0\sin\frac{V_p}{R_p}\alpha_p\tau-\gamma_2^0\cos\frac{V_p}{R_p}\alpha_p\tau\right)\right]\\&\alpha_e=\mathrm{sign}(-\gamma_3)\end{aligned}\right. \tag{5.18b}$$

以上得到在初始条件下各变量的最优解。下面确定倒转时间求解第一段轨线的初始值。

见图 5.3，HL 为追机的武器有效射击距离。设 HL 线段上任一点的 y 坐标值为 s，从 HL 线段上任一点出发，求最优轨线，将得到一条封闭曲线，而自 L 点和 H 点出发的轨线将为这一区域的边界。因此，可以只计算自 L 点和 H 点出发的轨线。又考虑到在 $t=t_f$ 时刻各变量的边界值和 $\tau=0$ 时刻各变量的初始值是等价的，因此可以依据确定 $t=t_f$ 时刻的边界值来确定 $\tau=0$ 时刻的初始值。

显然，在 t_f 时刻时有 $x(t_f)=0$，$y(t_f)=s$，$\phi(t_f)=\theta_f$。另外，在目标集处有

$$\gamma_1(t_f)=-\mu_1,\gamma_2(t_f)=0,\gamma_3(t_f)=-\mu_2 \tag{5.19}$$

其中，μ_1 和 μ_2 为待定系数。由 $H(x,y,\phi,\gamma_1,\gamma_2,\gamma_3,\alpha_p,\alpha_e)=0$，可得到在 t_f 时刻有 $\gamma_1(t_f)\left[V_e\sin\theta_f-\alpha_p\sigma V_p/R_p\right]+\gamma_3(t_f)\left[\alpha_eV_e/R_e-\alpha_pV_p/R_p\right]=0$，即

$$\gamma_1(t_f)\dot{x}(t_f)+\gamma_3(t_f)\dot{\phi}(t_f)=0 \tag{5.20}$$

将式(5.19)代入式(5.20)，可得 $\mu_1=-\mu_2\dot{\phi}(t_f)/\dot{x}(t_f)$。令 $K=\dot{\phi}(t_f)/\dot{x}(t_f)$，则

$$\mu_1=-K\mu_2 \tag{5.21}$$

在式(5.17)中，令 $K_{\alpha_p}=-\gamma_1y+\gamma_2x-\gamma_3$，$K_{\alpha_e}=-\gamma_3$，则

$$\begin{bmatrix}K_{\alpha_p}\\K_{\alpha_e}\end{bmatrix}=\begin{bmatrix}-y & x & -1\\0 & 0 & -1\end{bmatrix}\begin{bmatrix}\gamma_1\\\gamma_2\\\gamma_3\end{bmatrix} \tag{5.22}$$

曲线 x 和 y 为 τ 、α_{p} 和 α_{e} 的函数。记 $\boldsymbol{A}(\tau,\alpha_{\mathrm{p}},\alpha_{\mathrm{e}})=\begin{bmatrix}-y & x & -1\\ 0 & 0 & -1\end{bmatrix}$，则

$$\begin{bmatrix}K_{\alpha_{\mathrm{p}}}\\ K_{\alpha_{\mathrm{e}}}\end{bmatrix}=\boldsymbol{A}(\tau,\alpha_{\mathrm{p}},\alpha_{\mathrm{e}})\begin{bmatrix}\gamma_1 & \gamma_2 & \gamma_3\end{bmatrix}^{\mathrm{T}}$$

对于每一段轨线，α_{p} 和 α_{e} 均为常值。这样 $\boldsymbol{A}(\tau,\alpha_{\mathrm{p}},\alpha_{\mathrm{e}})$ 仅是时间 τ 的函数。显然，这时 $K_{\alpha_{\mathrm{p}}}$ 和 $K_{\alpha_{\mathrm{e}}}$ 的符号将只与向量 $\begin{bmatrix}\gamma_1 & \gamma_2 & \gamma_3\end{bmatrix}^{\mathrm{T}}$ 的方向有关，而与其长度无关。同理有

$$\begin{bmatrix}\gamma_1 & \gamma_2 & \gamma_3\end{bmatrix}^{\mathrm{T}}=\boldsymbol{B}\left(\tau,\alpha_{\mathrm{p}},\alpha_{\mathrm{e}}\right)\begin{bmatrix}\gamma_1(t_{\mathrm{f}}) & \gamma_2(t_{\mathrm{f}}) & \gamma_3(t_{\mathrm{f}})\end{bmatrix}^{\mathrm{T}}$$

即 $\begin{bmatrix}\gamma_1 & \gamma_2 & \gamma_3\end{bmatrix}^{\mathrm{T}}$ 的方向仅与 $\begin{bmatrix}\gamma_1(t_{\mathrm{f}}) & \gamma_2(t_{\mathrm{f}}) & \gamma_3(t_{\mathrm{f}})\end{bmatrix}^{\mathrm{T}}$ 的方向有关，而与其长度无关。因此取 $\begin{bmatrix}\gamma_1(t_{\mathrm{f}}) & \gamma_2(t_{\mathrm{f}}) & \gamma_3(t_{\mathrm{f}})\end{bmatrix}^{\mathrm{T}}$ 为单位向量，即 $\sum_{i=1}^{3}\gamma_i^{\,2}(t_{\mathrm{f}})=1$ 。因此有 $\gamma_1^2(t_{\mathrm{f}})+\gamma_2^2(t_{\mathrm{f}})=1$ ，即 $\mu_1^{\,2}+\mu_2^{\,2}=1$ 。将其代入式(5.21)中，得 $\mu_2=\pm1\big/\sqrt{1+K^2}$ 。由于协态向量是指向目标集的，所以有 $\gamma_1(t_{\mathrm{f}})<0$ ，即 $\mu_1>0$ ，因此 $\mu_1=1\big/\sqrt{1+K^2}$ 。

由此可看出，只要 $\tau=0\,(t=t_{\mathrm{f}})$，最优策略 α_{p} 和 α_{e} 一旦确定，并且各参数给定，就可计算出 K 值大小，$\gamma_1(t_{\mathrm{f}})$ 和 $\gamma_2(t_{\mathrm{f}})$ 也就随之确定。α_{p} 和 α_{e} 的确定依赖于各参数值，对于具体的参数值，将有不同的控制。

5.3 直线形目标集的界栅和危险区计算

本小节给出直线形目标集的界栅及其最优控制计算,以及危险区计算的案例。

现设双机在高度 8000m 进行格斗,追机速度为 292.6m/s,逃机速度为 231m/s。假设飞机的过载 n=3，则双机最小转弯半径分别为 $R_{\mathrm{p}}=3085\mathrm{m}$ ，$R_{\mathrm{e}}=1923\mathrm{m}$ 。因此，可对界栅轨线及其最优控制进行计算，从而得到截获区范围。同时可以计算我方的危险区所在。

1. 界栅轨线计算

对于边界点 L 出发的最优轨线,设 $s=300\,\mathrm{m}$, $\theta_{\mathrm{f}}=5^{\circ}=0.08728\,\mathrm{rad}$,由 $\dot{x}(t_{\mathrm{f}})<0$ 可得 $V_{\mathrm{e}}\sin\theta_{\mathrm{f}}-\alpha_{\mathrm{p}}yV_{\mathrm{p}}/R_{\mathrm{p}}<0$ 。由 $\dot{\phi}(t_{\mathrm{f}})<0$ 得到 $\alpha_{\mathrm{e}}V_{\mathrm{e}}/R_{\mathrm{e}}-\alpha_{\mathrm{p}}V_{\mathrm{p}}/R_{\mathrm{p}}<0$ 。将有关数据代入上面两式，可得第一段轨线的最优控制为 $\alpha_{\mathrm{p}}=1$ 和 $\alpha_{\mathrm{e}}=-1$ 。

然而由于 $K=\dot{\phi}(t_{\mathrm{f}})/\dot{x}(t_{\mathrm{f}})>0$ ，可得 $\gamma_1(t_{\mathrm{f}})<0$ 且有 $\gamma_1(t_{\mathrm{f}})=-K\gamma_3(t_{\mathrm{f}})$ 。因此，

$\gamma_3(t_{\mathrm{f}})>0$，代入各数据，算得$\gamma_1(t_{\mathrm{f}})=-0.02583$，$\gamma_2(t_{\mathrm{f}})=0$和$\gamma_3(t_{\mathrm{f}})=0.99967$。于是可得计算第一段轨线的初始值为$\tau=0$时

$$\begin{cases}\alpha_{\mathrm{p}}=1\\ \alpha_{\mathrm{e}}=-1\end{cases},\quad \begin{cases}x^0=0\\ y^0=300\\ \phi^0=0.08707\end{cases},\quad \begin{cases}\gamma_1^0=-0.02583\\ \gamma_2^0=0\\ \gamma_3^0=0.99967\end{cases}$$

对于边界点H出发的最优轨线，设$s=1000\,\mathrm{m}$，$\phi_{\mathrm{f}}=0.34907\,\mathrm{rad}$。计算方法同上，得$\tau=0$时的各初始值：

$$\begin{cases}\alpha_{\mathrm{p}}=1\\ \alpha_{\mathrm{e}}=-1\end{cases},\quad \begin{cases}x^0=0\\ y^0=1000\\ \phi^0=0.34907\end{cases},\quad \begin{cases}\gamma_1^0=-0.01357\\ \gamma_2^0=0\\ \gamma_3^0=0.99991\end{cases}$$

考虑到左右轨线完全对称，给出左半平面轨线，形成一个封闭带形区域。可以得到一个类似于G区的闭区域。若逃机进入这个区域内，且满足一定的边界条件，则追机定能将逃机控制到目标集，实现追击。这个区域，称为截获区。反之，逃机将会逃脱。

图 5.4 给出了由L点和H点引出的双机最优相对运动轨线。从本节所给的一组速度和最小转弯半径所得到的双机最优相对运动轨线可看出，当远距引导将追机引导到阴影域中时，不管双方如何控制，只要双方均采取最优策略，追机总可以将逃机控制到追机的武器有效距离以内。如果双方飞机和武器性能有较大差别时，就可能不形成阴影区域。这个阴影区域称为截获区(或捕获区)，而其他区域称为非截获区(或逃逸区)。

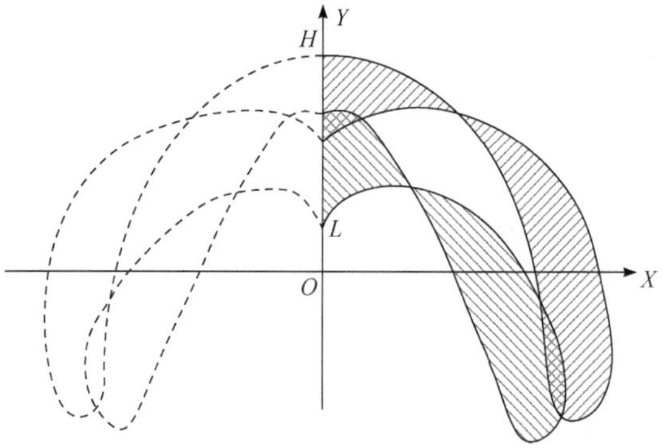

图 5.4　双机最优相对运动轨线

2. 最优控制切换条件计算

这里确定追逃双方控制符号切换的条件。在计算由L点和H点出发的双机最

优相对运动轨线时，采取分段计算轨线，即在每段中控制量 α_{p} 和 α_{e} 是不同的。为计算出整个双机最优相对运动轨线，就要确定控制量改变时的转换时间。由式(5.18b)，可知：

$$\alpha_{\mathrm{p}}=\operatorname{sign}\left[-\gamma_1^0 y^0+\gamma_2^0 x^0-\gamma_3^0-R_{\mathrm{p}}\alpha_{\mathrm{p}}\left(\gamma_2^0+\gamma_1^0\sin\left(\alpha_{\mathrm{p}}\tau V_{\mathrm{p}}/R_{\mathrm{p}}\right)-\gamma_2^0\cos\left(\alpha_{\mathrm{p}}\tau V_{\mathrm{p}}/R_{\mathrm{p}}\right)\right)\right]$$

令 $A=-\gamma_1^0 y^0+\gamma_2^0 x^0-\gamma_3^0-R_{\mathrm{p}}\alpha_{\mathrm{p}}\left(\gamma_2^0+\gamma_1^0\sin\left(\alpha_{\mathrm{p}}\tau V_{\mathrm{p}}/R_{\mathrm{p}}\right)-\gamma_2^0\cos\left(\alpha_{\mathrm{p}}\tau V_{\mathrm{p}}/R_{\mathrm{p}}\right)\right)$。设 $\tau=\tau_1$ 时，$A=0$。若在 τ_1 前后 A 不变号，则 α_{p} 将变号，否则不变号。此时 $\gamma_1^0\sin\left(\alpha_{\mathrm{p}}\tau_1 V_{\mathrm{p}}/R_{\mathrm{p}}\right)-\gamma_2^0\cos\left(\alpha_{\mathrm{p}}\tau_1 V_{\mathrm{p}}/R_{\mathrm{p}}\right)=\left(-\gamma_1^0 y^0+\gamma_2^0 x^0-\gamma_3^0\right)/\left(R_{\mathrm{p}}\alpha_{\mathrm{p}}\right)-\gamma_2^0$，或者为 $\sin\left(\tau V_{\mathrm{p}}/R_{\mathrm{p}}-\gamma\right)=\left(\left(-\gamma_1^0 y^0+\gamma_2^0 x^0-\gamma_3^0\right)/\left(R_{\mathrm{p}}\alpha_{\mathrm{p}}\right)-\gamma_2^0\right)/\sqrt{\gamma_1^2+\gamma_2^2}:=\Delta_1$，其中，

$$\gamma=\arctan\frac{\gamma_2^0}{\gamma_1^0\alpha_{\mathrm{p}}}\tag{5.23}$$

由式(5.23)可得

$$\tau_1=R_{\mathrm{p}}\left(\gamma+\pi-\arcsin\Delta_1\right)/V_{\mathrm{p}},\quad |\Delta_1|\leqslant 1\tag{5.24}$$

若 $|\Delta_1|>1$，则说明在本段轨线初始值下，α_{p} 不变号。

根据式(5.18b)，$\alpha_{\mathrm{e}}=\operatorname{sign}(-\gamma_3)$。设 $\tau=\tau_2$ 时，$\gamma_3=0$，则在 τ_2 前后 γ_3 不变号，α_{e} 应改变符号；否则 α_{e} 符号不变。令

$$\gamma_3=R_{\mathrm{e}}\alpha_{\mathrm{e}}\left\{\gamma_1^0\left[\sin\left(\frac{V_{\mathrm{e}}}{R_{\mathrm{e}}}\alpha_{\mathrm{e}}\tau_2-\phi^0\right)+\sin\phi^0\right]-\gamma_2^0\left[\cos\left(\frac{V_{\mathrm{e}}}{R_{\mathrm{e}}}\alpha_{\mathrm{e}}\tau_2-\phi^0\right)-\cos\phi^0\right]\right\}+\gamma_3^0$$

得

$$\sin\left(\frac{V_{\mathrm{e}}}{R_{\mathrm{e}}}\tau_2-\gamma\right)=\frac{1}{\sqrt{\left(\psi_1^0\right)^2+\left(\psi_2^0\right)^2}}\left(-\frac{\psi_3^0}{R_{\mathrm{e}}\alpha_{\mathrm{e}}}-\psi_1^0\sin\phi^0-\psi_2^0\cos\phi^0\right):=\Delta_2\tag{5.25}$$

其中，$\gamma=\phi^0+\arctan\dfrac{\gamma_2^0}{\gamma_1^0}$。由式(5.25)可得

$$\tau_2=\frac{\arcsin\Delta_2+\gamma}{\alpha_{\mathrm{e}}V_{\mathrm{e}}/R_{\mathrm{e}}}+\frac{\pi}{V_{\mathrm{e}}/R_{\mathrm{e}}},\quad |\Delta_2|\leqslant 1\tag{5.26}$$

若 $|\Delta_2|>1$，则说明在本段轨线初始值条件下，α_{e} 不改变符号。

根据式(5.24)和式(5.26)，便可确定出控制量 α_{p} 与 α_{e} 改变符号的时刻，从而可确定出在每一段轨线上的控制。

3. 危险区计算

危险区是指逃机对追机的截获区。这是双机对抗的二重角色问题。双机的相对运动如图 5.5 所示。逃机的速度方向为 y' 轴，v_p、v_e、R_p、R_e、α_p 和 α_e 的意义同前，ϕ 为追机速度向量相对于逃机速度向量的夹角。为了与前面所讨论的情况相对应，取目标集：

$$\begin{cases} x'(t_f) = s\sin\phi_f \\ y'(t_f) = -s\cos\phi_f \\ -\phi'(t_f) = \phi_f \end{cases}$$

其中，s 为 HL 线段上某点到坐标原点的距离，且在 $t = t_f$ 时，追机到达目标集时满足 $\dot{\phi}(t_f) < 0$。

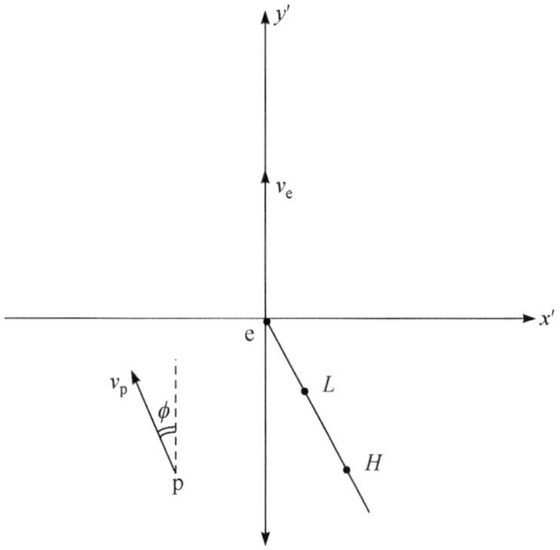

图 5.5　双机的相对运动

追机相对逃机的相对运动方程为

$$\begin{cases} \dot{x}' = -V_p\sin\phi - y'\alpha_e V_e/R_e \\ \dot{y}' = V_p\cos\phi - V_e + x'\alpha_e V_e/R_e \\ \phi' = \alpha_p V_p/R_p - \alpha_e V_e/R_e \end{cases}$$

由定性微分对策基本原理，可得系统和协态方程 $\tau = t_f - t$，则有

$$\begin{cases} \dot{x}' = V_p\sin\phi + y'\alpha_e V_e/R_e \\ \dot{y}' = -V_p\cos\phi + V_e - x'\alpha_e V_e/R_e \\ \phi' = \alpha_e V_e/R_e - \alpha_p V_p/R_p \end{cases}$$

$$
\begin{cases}
\dot{\gamma}_1 = -\gamma_2 \alpha_e V_e / R_e \\
\dot{\gamma}_2 = \gamma_1 \alpha_e V_e / R_e \\
\dot{\gamma}_3 = -V_p \gamma_1 \cos\phi - V_p \gamma_2 \sin\phi
\end{cases}
\tag{5.27}
$$

最优策略为 $\alpha_e = \mathrm{sign}(-\gamma_1 y' + \gamma_2 x' + \gamma_3)$ 和 $\alpha_p = \mathrm{sign}(-\gamma_3)$。代入初值 x^0、y^0、ϕ^0、ψ_1^0、ψ_2^0、ψ_3^0，式(5.27)的解为

$$
\begin{cases}
x' = x^0 \cos\dfrac{V_e}{R_e}\alpha_e\tau - y'^0 \dfrac{V_e}{R_e}\alpha_e\tau - R_e\alpha_e\left(1-\cos\dfrac{V_e}{R_e}\alpha_e\tau\right) + R_p\alpha_p\left[\cos\phi - \cos\left(\phi^0 + \dfrac{V_e}{R_e}\alpha_e\tau\right)\right] \\
y' = x'^0 \sin\dfrac{V_e}{R_e}\alpha_e\tau + y'\cos\dfrac{V_e}{R_e}\alpha_e\tau + R_e\alpha_e \sin\dfrac{V_e}{R_e}\alpha_e\tau + R_p\alpha_p\left[\sin\phi - \sin\left(\phi^0 + \dfrac{V_e}{R_e}\alpha_e\tau\right)\right] \\
\phi' = \phi'^0 + \left(\dfrac{V_e}{R_e}\alpha_e - \dfrac{V_p}{R_p}\alpha_p\right)\tau \\
\gamma_1 = \gamma_1^0 \cos\dfrac{V_e}{R_e}\alpha_e\tau - \gamma_2^0 \sin\dfrac{V_e}{R_e}\alpha_e\tau \\
\gamma_2 = \gamma_1^0 \sin\dfrac{V_e}{R_e}\alpha_e\tau + \gamma_2^0 \cos\dfrac{V_e}{R_e}\alpha_e\tau \\
\gamma_3 = -R_p\alpha_p\left\{-\gamma_1^0\left[\sin\left(\dfrac{V_p}{R_p}\alpha_p\tau - \phi^0\right) + \sin\phi^0\right] - \gamma_2^0\left[\cos\left(\dfrac{V_p}{R_p}\alpha_p\tau - \phi^0\right) - \cos\phi^0\right]\right\} + \gamma_3^0
\end{cases}
\tag{5.28}
$$

并有

$$
\begin{cases}
\alpha_e = \mathrm{sign}\left[-\gamma_1^0 y'^0 + \gamma_2^0 x'^0 + \gamma_3^0 + R_e\alpha_e\left(\gamma_2^0 - \gamma_1^0 \sin\dfrac{V_e}{R_e}\alpha_e\tau - \gamma_2^0\cos\dfrac{V_e}{R_e}\alpha_e\tau\right)\right] \\
\alpha_p = \mathrm{sign}(-\gamma_3)
\end{cases}
\tag{5.29}
$$

对于第一段轨线初始值的确定，可采取与前面相同的方法。待初始值确定后，就可计算最优轨线。由于各初始值的具体计算方法与前面相同，这里不再赘述。

设双机高度为 8000m, $V_p = 292.6\text{m/s}$, $V_e = 231\text{m/s}$, $R_p = 3085\text{m}$, $R_e = 1923\text{m}$ 。两条轨线的边界条件分别为 $s = 3000\text{m}$ 、 $\phi_f = 0.08727\text{rad}$ 和 $s = 10000\text{m}$ 、 $\phi_f = 0.34907\text{rad}$ 。图 5.6 给出了追机右半边危险区计算结果的可视化曲线。从图 5.6 上可看出，对于目标集有限制的情况，仍可得到一个类似于截获区的封闭域。若追机进入该域，并满足一定的边界条件(ϕ 值)，则逃机将能捕捉住追机，这个区域是追机的危险区。

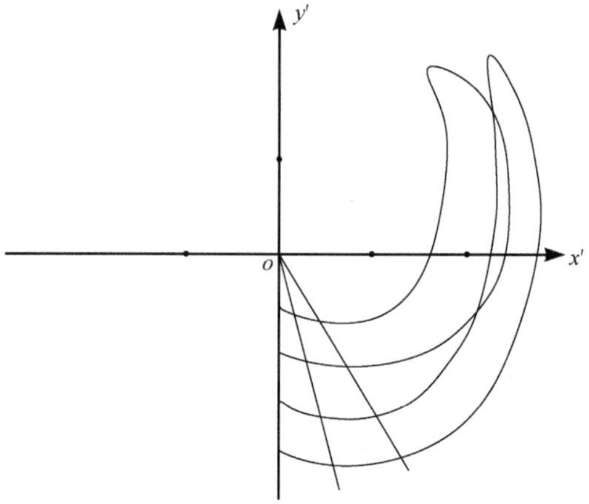

图 5.6　追机的危险区计算结果的可视化曲线(右半边)
坐标轴上的点为间隔 4000m 的点

5.4　扇形目标集界栅问题和解的形式

1. 扇形目标集

目标集表示双机对策结束时应达到的要求，即追机施加最优策略控制逃机到达追机有效射击距离内时，对策结束的条件。

现将直线形目标集扩展为扇形目标集。假设所取的目标集为扇形武器包线，如图 5.7 所示，其中追机的有效射击距离为 L，离轴角为 θ。由于在方程(5.11)中的状态变量 ϕ 为 v_{e} 与 v_{p} 的夹角，因此在目标集的形状上，还应包括 ϕ 轴，成为扇形柱体，如图 5.8 所示，$\phi \in [0, 2\pi]$。

为便于问题的处理，现将目标集表达为数学形式。图 5.7 中，在 L 和扇形圆弧之间作一半径为 r 的小圆弧，这样就使得具有拐角的扇形武器包线，变为光滑的武器包线。当 $r \to 0$ 时，就得到扇形武器包线。根据图 5.7 中的几何关系，可得在右柱体($x > 0$)上任意点的坐标为

$$
\begin{cases}
x = L\sin\theta + r(\sin s_1 - \sin\theta - \cos\theta) \\
y = L\cos\theta + r(\cos s_1 + \sin\theta - \cos\theta) \\
\phi = s_2
\end{cases}
\tag{5.30}
$$

其中，$s_2 \in [0, 2\pi]$；s_1 为小圆弧与扇形域大圆弧相切点和过小圆弧圆心平行于 y 轴之间的夹角。在左柱体($x < 0$)上任意点的坐标为

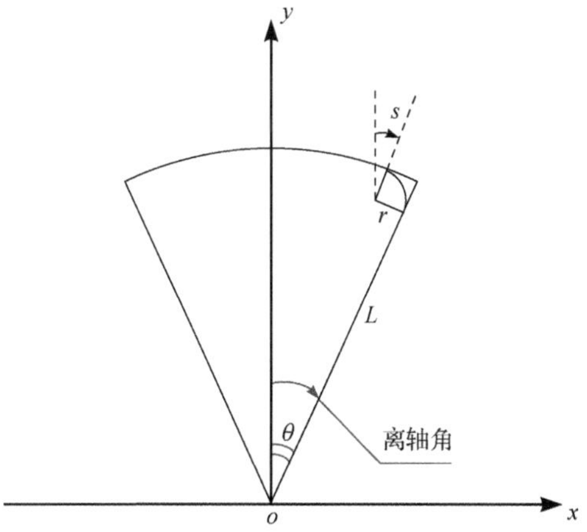

图 5.7　扇形武器包线

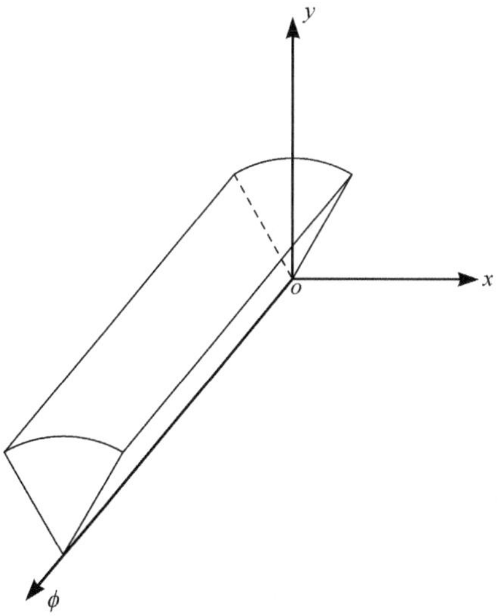

图 5.8　扇形柱体

$$\begin{cases} x = -L\sin\theta + r(-\sin s_1 + \sin\theta + \cos\theta) \\ y = L\cos\theta + r(\cos s_1 + \sin\theta - \cos\theta) \\ \phi = s_2 \end{cases} \tag{5.31}$$

在推导界栅的条件时，只要令 $r \to 0$，就可得到扇形目标集时的情况。

本书着重研究扇形目标集的双机格斗问题。接下来考虑该目标集中 ϕ 有约束时的解。

2. 模型的无量纲化

假设追机和逃机的速度分别表示为 V_{p} 和 V_{e}，均为常量。追逃双方所能控制的是速度向量的方向，追机和逃机的机动均受其本身最小转弯半径的限制。由方程(5.11)、式(5.30)和式(5.31)可知，双机格斗的数学模型为

$$\begin{cases} \dot{x} = V_{\mathrm{e}}\sin\phi - y\alpha_{\mathrm{p}}V_{\mathrm{p}}/R_{\mathrm{p}} \\ \dot{y} = V_{\mathrm{e}}\cos\phi + x\alpha_{\mathrm{p}}V_{\mathrm{p}}/R_{\mathrm{p}} - V_{\mathrm{p}} \\ \dot{\phi} = \alpha_{\mathrm{e}}V_{\mathrm{e}}/R_{\mathrm{e}} - \alpha_{\mathrm{p}}V_{\mathrm{p}}/R_{\mathrm{p}} \end{cases} \tag{5.32}$$

其中，$|\alpha_{\mathrm{e}}| \leqslant 1; |\alpha_{\mathrm{p}}| \leqslant 1$。在右柱体($x > 0$)上任意点的坐标为

$$\begin{cases} x = L\sin\theta + r(\sin s_1 - \sin\theta - \cos\theta) \\ y = L\cos\theta + r(\cos s_1 + \sin\theta - \cos\theta) \\ \phi = s_2 \end{cases} \tag{5.33}$$

其中，$s_2\in[0,2\pi]$；L是扇形目标集的半径。在左柱体($x<0$)上任意点的坐标为

$$\begin{cases}x=-L\sin\theta+r(-\sin s_1+\sin\theta+\cos\theta)\\y=L\cos\theta+r(\cos s_1+\sin\theta-\cos\theta)\\\phi=s_2\end{cases}\tag{5.34}$$

为了方便讨论，引入无量纲变量$x\leftarrow x/R_{\mathrm{p}}$、$y\leftarrow y/R_{\mathrm{p}}$、$\varepsilon=V_{\mathrm{e}}/V_{\mathrm{p}}$、$\tau=V_{\mathrm{p}}t/R_{\mathrm{p}}$、$R=R_{\mathrm{p}}/R_{\mathrm{e}}$和$\overline{L}=L/R_{\mathrm{p}}$，则式(5.32)、式(5.33)和式(5.34)均变为无量纲方程：

$$\begin{cases}\dot{x}=\varepsilon\sin\phi-\alpha_{\mathrm{p}}y\\\dot{y}=\varepsilon\cos\phi-1+\alpha_{\mathrm{p}}x\\\dot{\phi}=\varepsilon R\alpha_{\mathrm{e}}-\alpha_{\mathrm{p}}\end{cases}\tag{5.35}$$

其中，$|\alpha_{\mathrm{e}}|\leqslant 1;|\alpha_{\mathrm{p}}|\leqslant 1$。在右柱体上：

$$\begin{cases}x=\overline{L}\sin\theta+r(\sin s_1-\sin\theta-\cos\theta)\\y=\overline{L}\cos\theta+r(\cos s_1+\sin\theta-\cos\theta)\\\phi=s_2\end{cases}\tag{5.36a}$$

在左柱体上：

$$\begin{cases}x=-\overline{L}\sin\theta+r(-\sin s_1+\sin\theta+\cos\theta)\\y=\overline{L}\cos\theta+r(\cos s_1+\sin\theta-\cos\theta)\\\phi=s_2\end{cases}\tag{5.36b}$$

3. 双机最优控制策略

双机系统 Hamilton 函数为

$$H=\gamma_1(\varepsilon\sin\phi-\alpha_{\mathrm{p}}Y)+\gamma_2(\varepsilon\cos\phi-1+\alpha_{\mathrm{p}}X)+\gamma_3(-\alpha_{\mathrm{p}}\varepsilon R\alpha_{\mathrm{e}})$$

最优策略由式(5.37)确定：

$$\max_{\alpha_{\mathrm{e}}}\min_{\alpha_{\mathrm{p}}}[\gamma_1(\varepsilon\sin\phi-\alpha_{\mathrm{p}}Y)+\gamma_2(\varepsilon\cos\phi-1+\alpha_{\mathrm{p}}X)+\gamma_3(-\alpha_{\mathrm{p}}\varepsilon R\alpha_{\mathrm{e}})]\tag{5.37}$$

从式(5.37)中可得追机和逃机的最优策略为

$$\alpha_{\mathrm{p}}^*=\mathrm{sign}(B)=\begin{cases}+1, & B>0\\-1, & B<0\end{cases}\tag{5.38a}$$

$$\alpha_{\mathrm{e}}^*=\mathrm{sign}(\gamma_3)=\begin{cases}+1, & \gamma_3>0\\-1, & \gamma_3<0\end{cases}\tag{5.38b}$$

然后确定边界条件。式(5.38a)和式(5.38b)是确定 α_{p}^* 与 α_{e}^* 的一般式子。由于双机相对轨线的计算是从扇形目标集边界上开始的，所以为确定在扇形目标集边界上的最优策略，首先应确定目标集左、右边界上的边界条件。

协态变量 $\psi_i(i=1,2,3)$ 在扇形目标集上的边界值可由条件(5.10)确定。设右柱体边界的任意点：

$$\begin{cases} h_1 := x = \overline{L}\sin\theta + r(\sin s_1 - \sin\theta - \cos\theta) \\ h_2 := y = \overline{L}\cos\theta + r(\cos s_1 + \sin\theta - \cos\theta) \\ h_3 := \phi = s_2 \end{cases}$$

则由条件(5.10)得在右柱体边界上协态变量的值为

$$\gamma_1 = -\sin s_1, \gamma_2 = -\cos s_1, \gamma_3 = 0 \tag{5.39a}$$

同理在左柱体边界上协态变量的值为

$$\gamma_1 = \sin s_1, \gamma_2 = -\cos s_1, \gamma_3 = 0 \tag{5.39b}$$

根据状态变量 X 和 Y 在边界点上的边界条件，当 $r \to 0$ 时可得，在右边界上：

$$X = \overline{L}\sin\theta, Y = \overline{L}\cos\theta, \phi = s_2 \tag{5.40a}$$

在左边界上：

$$X = -\overline{L}\sin\theta, Y = \overline{L}\cos\theta, \phi = s_2 \tag{5.40b}$$

在边界点上，协态向量 $(\gamma_1,\gamma_2,\gamma_3)^{\mathrm{T}}$ 和双机最优轨线 (X^*,Y^*,ϕ^*) 还应满足条件(5.8)。现将边界条件(5.39a)和边界条件(5.40a)代入条件(5.8)中，可得右柱体上 s_1、s_2、θ 的关系式：

$$-\sin s_1(\varepsilon\sin s_2 - \alpha_{\mathrm{p}}^*\overline{L}\cos\theta) + \cos s_1(\varepsilon\cos s_2 - 1 + \alpha_{\mathrm{p}}^*\overline{L}\sin\theta) = 0 \tag{5.41a}$$

同理将边界条件(5.39b)和边界条件(5.40b)代入条件(5.8)中，可得左柱体上 s_1、s_2、θ 之间的关系式：

$$\sin s_1(\varepsilon\sin s_2 - \alpha_{\mathrm{p}}^*\overline{L}\cos\theta) + \cos s_1(\varepsilon\cos s_2 - 1 + \alpha_{\mathrm{p}}^*\overline{L}\sin\theta) = 0 \tag{5.41b}$$

此时可以给出扇形目标集边界上双方的最优策略。现将目标集上的边界条件(5.39a)和边界条件(5.40a)代入式(5.38a)中，得

$$B = -(\gamma_1 Y - \gamma_2 X + \gamma_3) = \sin s_1\overline{L}\cos\theta - \cos s_1\overline{L}\sin\theta = \overline{L}\sin(s_1 - \theta)$$

当 $s_1 = \theta$ 时(对应的界栅称为自然界栅)，$B = 0$。这说明在右边界点上，控制 α_{p}^* 正好改变符号。因此确定 α_{p}^* 只要看其变化趋势。现将 B 对时间求导，得 $\dot{B} = -(\dot{\gamma}_1 Y + \gamma_2\dot{Y} - \dot{\gamma}_2 X - \gamma_2\dot{X} + \dot{\gamma}_3)$，其中 $\dot{\gamma}_1$、$\dot{\gamma}_2$、$\dot{\gamma}_3$ 可根据式(5.9)得到：

$$\dot{\gamma}_1 = -\alpha_{\mathrm{p}}^*\gamma_2, \dot{\gamma}_2 = \alpha_{\mathrm{p}}^*\gamma_1, \dot{\gamma}_3 = -\varepsilon(\gamma_1\cos\phi - \gamma_2\sin\phi) \tag{5.42}$$

将系统方程(5.11)和协态方程(5.42)代入 $\dot{B} = -(\dot{\gamma}_1 Y + \gamma_2\dot{Y} - \dot{\gamma}_2 X - \gamma_2\dot{X} + \dot{\gamma}_3)$ 中，可得 $\dot{B} = \dot{\gamma}_1$。因此，可得在右目标集边界上，$\dot{B} = -\sin s_1 < 0$。同理，在左目标集边界上，$\dot{B} = \sin s_1 > 0$。因此，追机的最优策略为

$$\alpha_{\mathrm{p}}^* = \begin{cases} 1, & \text{在右界栅上} \\ -1, & \text{在左界栅上} \end{cases} \tag{5.43}$$

逃机的最优策略 $\alpha_{\mathrm{e}}^* = \mathrm{sign}\gamma_3$。在目标集上，$\gamma_3 = 0$。因此，也可由 $\dot{\gamma}_3$ 的变化趋势来确定 α_{e}^*。由协态方程(5.42)可知，$\dot{\gamma}_3 = -\varepsilon(\gamma_1\cos\phi - \gamma_2\sin\phi)$。根据在右目标集边界上，$\gamma_1 = \sin s_1$，$\gamma_2 = \cos s_1$，$\phi = s_2$ 及在左目标集边界上，$\gamma_1 = -\sin s_1$，$\gamma_2 = \cos s_1$，$\phi = s_2$，可得

$$\begin{cases} \dot{\gamma}\dot{\psi}_3 = \varepsilon(\sin s_1\cos s_2 - \cos s_1\sin s_2), & \text{在右界栅上} \\ \dot{\gamma}_3 = \varepsilon(-\sin s_1\cos s_2 - \cos s_1\sin s_2), & \text{在左界栅上} \end{cases} \tag{5.44}$$

当研究自然界栅时，即 $\theta = s_1$，式(5.41a)变为 $\cos s_1(1 - \varepsilon\cos s_2) = \varepsilon\sin s_1\sin s_2$。因此，在 $\theta = s_1$ 时，s_1 和 s_2 存在以下关系：

$$\cos s_1 = \frac{\varepsilon\sin s_1\sin s_2}{1 - \varepsilon\cos s_2} \tag{5.45}$$

将式(5.45)代入式(5.44)的第一个方程中，可得右界栅上应有 $\dot{\gamma}_3 = \frac{\varepsilon\sin s_1}{1 - \varepsilon\cos s_2} \cdot (\cos s_2 - \varepsilon)$，同理在左界栅上有 $\dot{\gamma}_3 = \frac{-\varepsilon\sin s_1}{1 - \varepsilon\cos s_2}(\cos s_2 - \varepsilon)$。因此当 $0 \leqslant s_2 < \cos^{-1}\varepsilon$ 和 $0 \geqslant s_2 > -\cos^{-1}\varepsilon$ 时，在右目标集边界上，$\alpha_{\mathrm{e}}^* = 1$；在左目标集边界上，$\alpha_{\mathrm{e}}^* = -1$，即

$$\alpha_{\mathrm{e}}^* = \begin{cases} 1, & \text{在右目标集边界上} \\ -1, & \text{在左目标集边界上} \end{cases} \tag{5.46}$$

4. 扇形目标集问题的正则方程和界栅解

由以上讨论，可得系统方程(5.11)、协态方程(5.42)、边界条件(5.36a)、边界条件(5.36b)、边界条件(5.39a)、边界条件(5.39b)以及对方的控制方程(5.43)和方程(5.46)。下面引入一个无量纲时间变量 β，在目标集边界上 β=0。这时系统方程(5.11)、协态方程(5.42)中的所有变量相对于 β 而言，应有以下正则方程：

$$\begin{cases} \mathrm{d}X/\mathrm{d}\beta = -\varepsilon\sin\phi + \alpha_{\mathrm{p}}^{*}Y, X(0) = \begin{cases} \overline{L}\sin s_1, & \text{在右界栅上} \\ -\overline{L}\sin s_1, & \text{在左界栅上} \end{cases} \\ \mathrm{d}Y/\mathrm{d}\beta = -\varepsilon\cos\phi + 1 - \alpha_{\mathrm{p}}^{*}X, Y(0) = \overline{L}\cos s_1 \\ \mathrm{d}\phi/\mathrm{d}\beta = \alpha_{\mathrm{p}}^{*} - \varepsilon R\alpha_{\mathrm{e}}^{*}, \phi(0) = s_2 \\ \mathrm{d}\gamma_1/\mathrm{d}\beta = \alpha_{\mathrm{p}}^{*}\gamma_2, \gamma_1(0) = \begin{cases} -\sin s_1, & \text{在右界栅上} \\ \sin s_1, & \text{在左界栅上} \end{cases} \\ \mathrm{d}\gamma_2/\mathrm{d}\beta = -c\alpha_{\mathrm{p}}^{*}\gamma_1, \gamma_2(0) = -\cos s_1 \\ \mathrm{d}\gamma_3/\mathrm{d}\beta = \varepsilon(\gamma_1\cos\phi - \gamma_2\sin\phi), \gamma_3(0) = 0 \end{cases}$$

双方最优控制：

$$\alpha_{\mathrm{p}}^{*} = \begin{cases} 1, & \text{在右界栅上} \\ -1, & \text{在左界栅上} \end{cases}; \quad \alpha_{\mathrm{e}}^{*} = \begin{cases} 1, & \text{在右界栅上} \\ -1, & \text{在左界栅上} \end{cases}$$

且 $-\cos^{-1}\varepsilon < s_2 < \cos^{-1}\varepsilon$ 。

根据上面所得的最优控制、状态方程、协态方程及其边界条件，运用拉氏变换方法，可解得双机相对运动(界栅)的解：

$$\begin{cases} X = \overline{L}\sin\alpha_{\mathrm{p}}^{*}(s_1+\beta) + \alpha_{\mathrm{p}}^{*}(1-\cos\beta) - \dfrac{\alpha_{\mathrm{e}}^{*}}{R}[\cos\phi - \cos(s_2 + \alpha_{\mathrm{p}}^{*}\beta)] \\ Y = \overline{L}\cos\alpha_{\mathrm{p}}^{*}(s_1+\beta) + \sin\beta + \dfrac{\alpha_{\mathrm{e}}^{*}}{R}[\sin\phi - \sin(s_2 + \alpha_{\mathrm{p}}^{*}\beta)] \\ \phi = s_2 + (\alpha_{\mathrm{p}}^{*} - \varepsilon R\alpha_{\mathrm{e}}^{*})\beta \\ \gamma_1 = \sin(\beta + s_1)\alpha_{\mathrm{p}}^{*} \\ \gamma_2 = \cos\alpha_{\mathrm{p}}^{*}(s_1+\beta) \\ \gamma_3 = \dfrac{\alpha_{\mathrm{e}}^{*}}{R}[\cos\alpha_{\mathrm{p}}^{*}(s_1 - s_2) - \cos\alpha_{\mathrm{p}}^{*}(s_1 - s_2 + \varepsilon R\alpha_{\mathrm{p}}^{*}\beta)] \end{cases} \tag{5.47}$$

在给定双方的速度、最小转弯半径、离轴角 θ 和武器有效距离 L 后，即可根据式(5.47)确定追机捕捉住逃机的截获区及追机的危险区。关于目标集为扇形域的截获区和危险区将在三维对抗中详细讨论。

5.5　截获区参数灵敏度分析

以上内容研究了双机平面格斗的截获区和危险区的确定。对于给定两架飞机的性能和武器有效射击距离及目标集的形式，可以从截获区和危险区的域的大小来评价两架飞机的作战能力，同时制定相应的最优策略。本节研究飞机性能对武器有效半径的影响，从而为提高飞机作战能力，如何来改进飞机和武器系统的性能提供依据。

1. 扇形目标集的截获区参数和飞机性能参数的关系

在讨论的问题中，目标集取扇形域。这时相对运动轨线对称于 Y 轴，所以只需研究右界栅的情况。扇形目标集的界栅在 X-Y 平面的形状如图 5.9 所示。

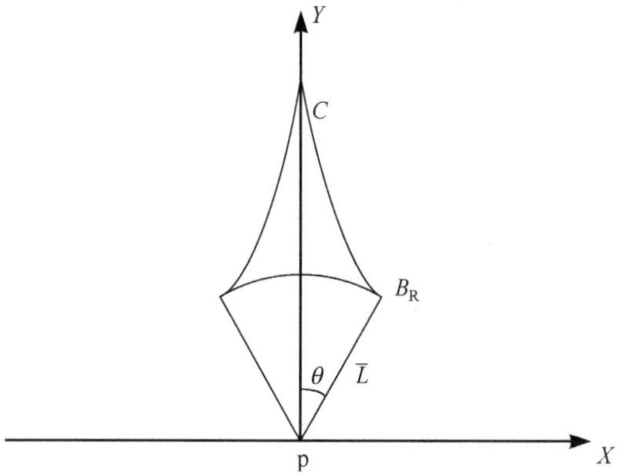

图 5.9　扇形目标集的界栅

图中，界栅与目标集边界点 B_R 和 Y 轴均相切。$\overline{\beta}$ 表示右边界点 B_R 到 Y 点的无量纲时间量。因为协态向量总垂直于界栅，所以在 C 点处，$\boldsymbol{\gamma}$ 方向与 Y 轴垂直，从而可得 $\gamma_2=0$。又取 C 点处的追机方向和逃机方向相同，因此 $\phi=0$，所以在 C 点处，存在 $\gamma_2(\overline{\beta})=0，\phi(\overline{\beta})=0$和$x(\overline{\beta})=0$。注意到在右界栅上的控制 $\alpha_{\mathrm{p}}^*=1，\alpha_{\mathrm{e}}^*=1$，则由式(5.47)可得

$$
\begin{cases}
\gamma_2(\overline{\beta})=\cos\alpha_{\mathrm{p}}^*(s_1+\overline{\beta})=0\\
\phi(\overline{\beta})=s_2+(\alpha_{\mathrm{p}}^*-\varepsilon R\alpha_{\mathrm{e}}^*)\beta=0\\
x(\overline{\beta})=\overline{L}\sin(s_1+\beta)+1-\cos\overline{\beta}-[1-\cos(s_2+\overline{\beta})]/R=0
\end{cases}
$$

联立求解可得

$$
\begin{cases}
s_1+\overline{\beta}=\pi/2\\
s_2=(\varepsilon R-1)(-s_1+\pi/2)\\
\overline{L}=\sin s_1-1+[1-\cos\varepsilon R(-s_1+\pi/2)]/R
\end{cases}
\tag{5.48}
$$

由式(5.41a)可得 $\tan s_1=(1-\varepsilon\cos s_2)/\varepsilon\sin s_2$，将其代入式(5.48)第二个方程中，整理后可得 $\varepsilon\sin R(-s_1+\pi/2)=\cos s_1$。

综上所述，可得 $\overline{L}$ 的表达式：

$$
\begin{cases}
f_1 = \varepsilon \sin \varepsilon R(-s_1 + \pi/2) - \cos s_1 = 0 \\
s_2 = (\varepsilon R - 1)(-s_1 + \pi/2) \\
\overline{L} = -1 + \sin s_1 + [1 - \cos \varepsilon R(-s_1 + \pi/2)] / R
\end{cases}
\tag{5.49}
$$

接下来研究飞机性能参数对截获区参数$\overline{L}$的影响，以及如何改善$\overline{L}$的问题，从而给出提高飞机追击性能的途径。

由式(5.49)可知，$\overline{L}$是双机速度比ε和最小转弯半径比R的函数，即$\overline{L}=\overline{L}(\varepsilon,R)$，或截获区参数$L=\overline{L}(\varepsilon,R)R_{\mathrm{p}}$。对$L$取微分，可得$\mathrm{d}L = R_{\mathrm{p}}\dfrac{\partial \overline{L}}{\partial \varepsilon}\mathrm{d}V_{\mathrm{p}} + \left(R_{\mathrm{p}}\dfrac{\partial \overline{L}}{\partial R_{\mathrm{p}}} + \overline{L}\right)\mathrm{d}R_{\mathrm{p}}$或$\mathrm{d}L = -\dfrac{\varepsilon}{V_{\mathrm{p}}}R_{\mathrm{p}}\dfrac{\partial \overline{L}}{\partial \varepsilon}\mathrm{d}V_{\mathrm{p}} + \left(\dfrac{R_{\mathrm{p}}}{R_{\mathrm{e}}}\dfrac{\partial \overline{L}}{\partial R} + \overline{L}\right)\mathrm{d}R_{\mathrm{p}}$。其无量纲表达式为

$$
\frac{\mathrm{d}L}{R_{\mathrm{p}}} = -\varepsilon \frac{\partial \overline{L}}{\partial \varepsilon}\frac{\mathrm{d}V_{\mathrm{p}}}{V_{\mathrm{p}}} + \left(R\frac{\partial \overline{L}}{\partial R} + \overline{L}\right)\frac{\mathrm{d}R_{\mathrm{p}}}{R_{\mathrm{p}}}
\tag{5.50}
$$

在计算ε和R时，R_{e}与V_{e}均不变。现使追机的参数发生变化，并使参数有所改善，即应使L减小。使L减小的意义是指：在双机对策结束时，如果L小于追机武器有效射击距离，说明追机性能改变，导致逃机进入有效射击距离内。当然，追机杀伤逃机的可能性增大，这对追机作战是很有利的。下面根据双机性能均势的假设，取$0.5<\varepsilon<1$和$1<R<5$进行计算。

2. ε和R对$\overline{L}$的影响

取一组ε和R值，用式(5.49)中的第一个方程进行迭代，求出s_1，然后将其代入式(5.49)的第二、三个方程中，同时注意到$s_2<\cos^{-1}\varepsilon$的限制，得到相应的$\overline{L}$值。可画出当R一定时，双机速度比ε和截获区参数$\overline{L}$之间的关系曲线，见图 5.10。

由图 5.10 可看出，当R一定时，$\overline{L}$随ε的减小是减小的；当ε一定时，$\overline{L}$随R减小而降低。从物理概念上说，如果双机的速度不变，追机只有增强机动性，才能使$\overline{L}$减小；如果双机最小转弯半径比不变，那么要使$\overline{L}$减小，必须增大追机的速度，充分发挥速度优势。因此，在对抗过程中，对追机的有利策略是增大速度V_{p}，减小最小转弯半径R_{p}。这与实际的对抗情况是相符的。

图 5.10 中还可看出，当$\varepsilon<0.5$和$R>3.5$时，$\overline{L}=0$。这时在对抗中，追机和逃机在各自最优控制作用下，将互相碰撞。这在飞行器对抗中应加以避免。

假设追机速度比较慢，那就要求追机的机动性能好，这时在某些有利战位上可以追捕到逃机，否则不能捕获逃机。这种情况在图 5.10 中也得到体现，图中给出了当ε一定时，R有上限值。当追机速度给定，那么追机的最小转弯半径就只能在这个范围内，否则机动不够，造成逃机逃脱。由图 5.10 中给出这个范围的近

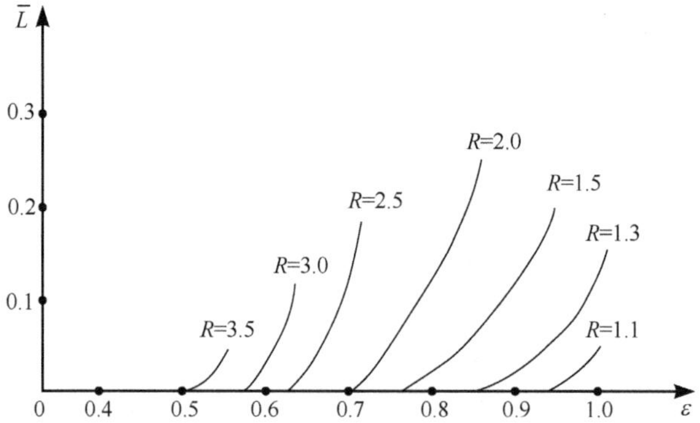

图 5.10　截获区参数 $\overline{L}$ 与双机速度比 ε 和最小转弯半径比 R 的关系曲线

似值，这里当 ε 减小，R 的上限值有所提高，即当追机速度提高，$R_{p\max}$ 也有所提高，说明速度优势可以弥补机动性的不足。

此外，从图 5.10 中还可以看出，如双方速度给定，则对应于一个 R_p，从图中可求得一个 $\overline{L}$。给定追机有效射击距离，则求出满足 L 武器射程的 R_p 范围，也即可以计算追机杀伤逃机的机动范围。在飞行器对抗中，追机可在 R_p 范围内，这将大为增强飞机的机动灵活性。

这里所讨论的问题可作为空域指挥之用。如发现逃机的型号，则其飞机性能(最大速度、最小转弯半径等)已知，追方飞机驾驶员可选择相对应的飞机进行对抗。

3. 飞机性能参数对 $\overline{L}$ 的影响

本节已经讨论了速度比 ε 和最小转弯半径比 R 对 $\overline{L}$ 的影响。当然飞机速度、最小转弯半径都与飞机性能参数(如单位载荷 $w_{/s}$、最大升力系数 $C_{L\max}$、最大法向加速度 $\varDelta_{\max}$ 和最大法向过载 $n_{\max}$)有关，这些性能参数与飞机性能设计有关。接下来讨论飞机的单位载荷 $w_{/s}$、最大升力系数 $C_{L\max}$、最大法向加速度 $\varDelta_{\max}$ 和最大法向过载 $n_{\max}$ 对 L 的影响。

定义 V_c 为追机的拐角速度。假设 $V_c = V_p$，由飞行力学知，飞机最小转弯半径为 $R_p = V_p^2 / \varDelta_{\max}$，其中 $\varDelta_{\max}$ 为最大法向加速度，与最大法向过载有关，$\varDelta_{\max} = n_{\max} g$，也与 V_p 有关。因此，最大法向过载与 V_p 之间的关系如图 5.11 所示。

当 $V_p < V_c$ 时，$\varDelta_{\max}$ 随 V_p 上升而增加；当 $V_p \geqslant V_c$ 时，$\varDelta_{\max}$ 被驾驶员的生理条件和飞机结构限制。当 $V_p < V_c$ 时，$\varDelta_{\max} = Y_{f\max}/m = gY_{\max}\sin\upsilon/w$，其中 m 和 w 分别为飞机的质量和重量；$Y_{\max}$ 为飞机最大升力；υ 为飞机横滚角，取常数。此时飞机姿态如图 5.12 所示。

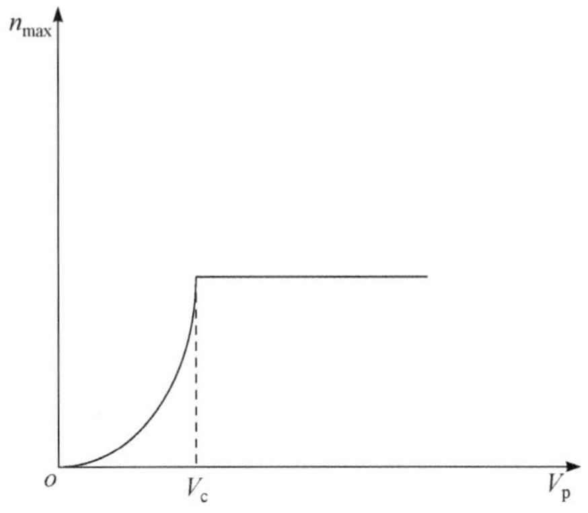

图 5.11　最大法向过载与 V_p 的关系曲线

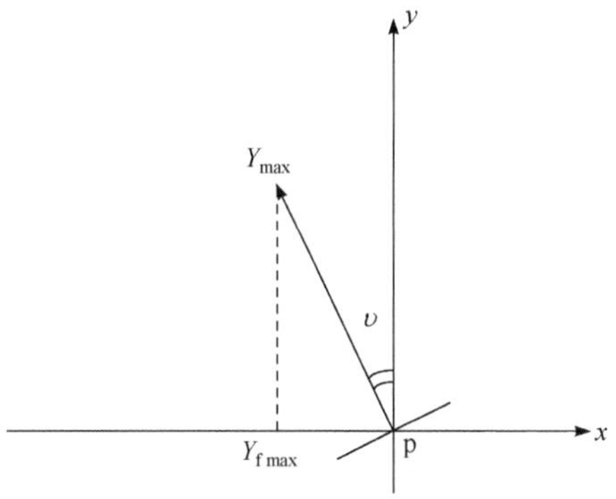

图 5.12　飞机姿态示意图

最大升力 $Y_{max} = C_{L\max} s\rho V_p^{\ 2}/2$，其中 s 为翼面面积，ρ 为空气密度。当 $V_p > V_c$ 时，$\varDelta_{max}$ 为常值，由最大法向过载 n_{max} 确定，所以：

$$R_p = \begin{cases} 2w/\left(gC_{L\max} s\rho \sin\upsilon\right), & V_p < V_c \\ V_p^{\ 2}/\varDelta_{max}, & V_p \geqslant V_c \end{cases}$$

对 R_p 取微分，可得

$$\mathrm{d}R_p = \begin{cases} \left(2C_{L\max}\mathrm{d}w_{/s} - 2w_{/s}\mathrm{d}C_{L\max}\right)/\left(gC_{L\max}^{\ \ 2}\sin\upsilon\right), & V_p < V_c \\ \left(2\varDelta_{max}V_p\mathrm{d}V_p - V_p^2\mathrm{d}\varDelta_{max}\right)/\varDelta_{max}^2, & V_p \geqslant V_c \end{cases}$$

两端同时除以 R_p，得

$$\frac{\mathrm{d}R_p}{R_p} = \begin{cases} \mathrm{d}w_{/s}/w_{/s} - \mathrm{d}C_{L\max}/C_{L\max}, & V_p < V_c \\ 2\mathrm{d}V_p/V_p - \mathrm{d}\varDelta_{max}/\varDelta_{max}, & V_p \geqslant V_c \end{cases}$$

将其代入式(5.50)中，可得

$$\frac{\mathrm{d}L}{R_p} = \begin{cases} -\varepsilon\dfrac{\partial\bar{L}}{\partial\varepsilon}\dfrac{\mathrm{d}V_p}{V_p} + \left(R\dfrac{\partial\bar{L}}{\partial R}\right)\left(\dfrac{\mathrm{d}w_{/s}}{w_{/s}} - \dfrac{\mathrm{d}C_{L\max}}{C_{L\max}}\right), & V_p < V_c \\ \left[-\varepsilon\dfrac{\partial\bar{L}}{\partial\varepsilon} + 2\left(\bar{L} + \dfrac{\partial\bar{L}}{\partial R}R\right)\right]\dfrac{\mathrm{d}V_p}{V_p} - \left(\bar{L} + R\dfrac{\partial\bar{L}}{\partial R}\right)\dfrac{\mathrm{d}\varDelta_{max}}{\varDelta_{max}}, & V_p \geqslant V_c \end{cases}$$

记

$$\begin{cases} s_w = -s_{\varDelta_{max}} = -s_{C_{L_{max}}} = R\partial\bar{L}/\partial R + \bar{L} \\ s_{V_{p1}} = -\varepsilon\partial\bar{L}/\partial\varepsilon \\ s_{V_{p2}} = s_{V_{p1}} + 2s_w = 2(R\partial\bar{L}/\partial R + \bar{L}) - \varepsilon\partial\bar{L}/\partial\varepsilon \end{cases} \tag{5.51}$$

将$\overline{L}$的表达式(5.49)代入式(5.51)，可得

$$\begin{cases} s_w = \overline{L} + \varepsilon(-s_1 + \pi/2)\sin\varepsilon R(-s_1 + \pi/2) + \left[\cos\varepsilon R(-s_1 + \pi/2) - 1\right]/R \\ s_{V_{p1}} = -\varepsilon(-s_1 + \pi/2)\sin\varepsilon R(-s_1 + \pi/2) \\ s_{V_{p2}} = s_{V_{p1}} + 2s_w \\ s_{\Delta_{\max}} = s_{C_{L\max}} = -s_w \end{cases} \tag{5.52}$$

其中，s_w、$s_{V_{p1}}$、$s_{V_{p2}}$、$s_{\Delta_{\max}}$和$s_{C_{L\max}}$分别表示对应的参数有相对变化时的系数。对于给定的ε和R，利用式(5.52)，就可求得各系数的值。

同时可得到在ε固定或R固定情况下各系数与R和ε之间的曲线，见图 5.13 和图 5.14。

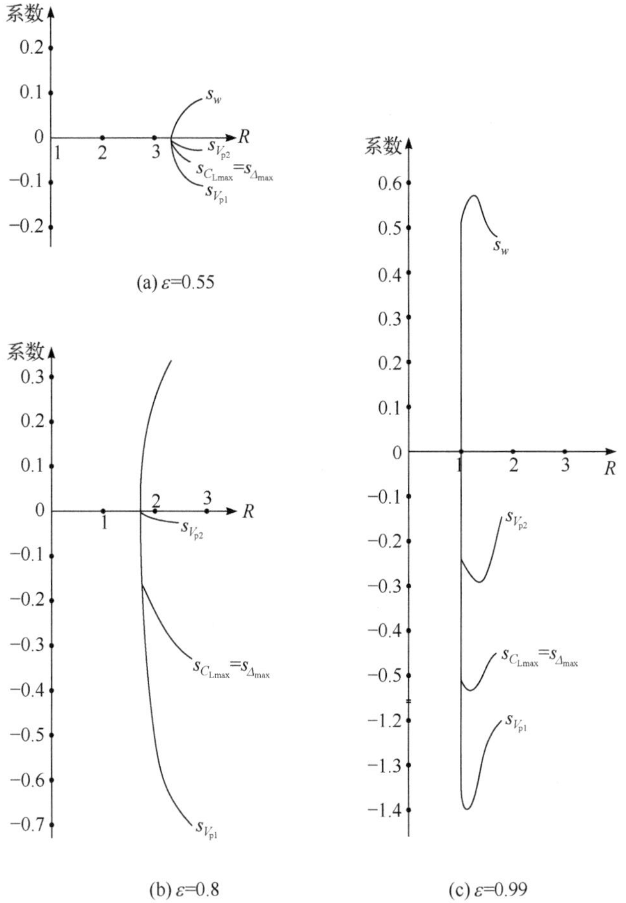

图 5.13　当ε固定时各系数随R变化的曲线

其中各图的纵坐标均表示s_w、$s_{V_{p1}}$、$s_{V_{p2}}$、$s_{C_{L\max}}$，纵坐标单位为 m^{-1}

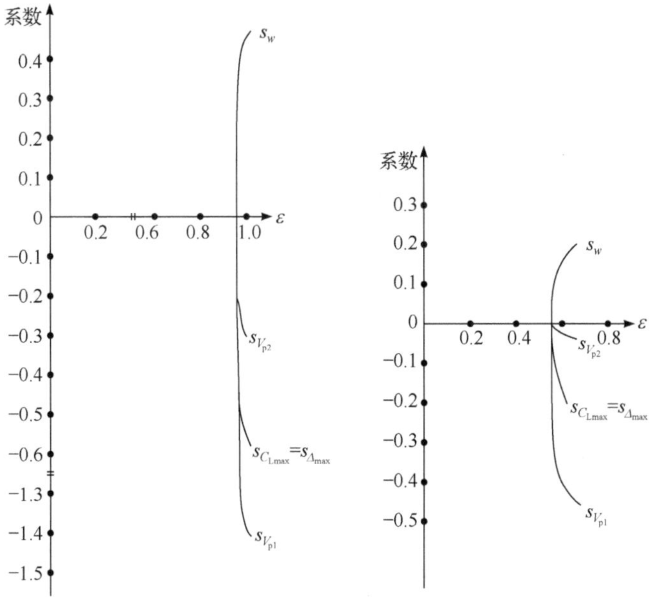

(a) R=1.1　　(b) R=3.0

图 5.14　当 R 固定时各系数随 ε 变化的曲线

其中各图的纵坐标均表示 s_w 、 $s_{V_{p1}}$ 、 $s_{V_{p2}}$ 、 $s_{C_{L\max}}$ 纵坐标单位为 m^{-1}

从图 5.13 可看出，ε 越大，各系数随 R 的变化越剧烈。这说明随着追机和逃机在速度上越接近，飞机转弯半径对 L 造成的影响越大。这个影响随追机速度增加而降低，在高速飞行时，对 L 不灵敏。图 5.14 同样表明大转弯时，各系数对 L 不灵敏。

从图 5.13 和图 5.14 中还可看出 $|s_{V_{p1}}|>|s_w|>|s_{V_{p2}}|$ 、 $|s_{V_{p1}}|=\alpha|s_w|$ 且 $|s_w|>\alpha|s_{V_{p2}}|$ 。这说明，当 $V_p \leqslant V_e$ 时，$s_{V_{p1}}$ 对 L 的影响最大，所以 $s_{V_p}\mathrm{d}V_p/V_p$ 对 L 影响最大，速度的影响起主要作用，因此在这种情况下，要使作战飞机性能提高，速度优势是主要的；当 $V_p > V_e$ 时，以 $s_{\Delta_{\max}}\mathrm{d}\Delta_{\max}/\Delta_{\max}$ 的影响为最主要，这时飞机性能以改善法向加速度为主。

不论是 ε 还是 R 发生变化，总存在 $s_w>0$ 和 $s_{V_{p1}},s_{V_{p2}},s_{C_{L\max}},s_{\Delta\max}<0$ 。这里只分析 s_w 所反映的情况，其他各系数有类似的分析。因为 $s_w>0$ ，当单位载荷下降时，$\mathrm{d}w_{/s}<0$ ，所以 $s_w\mathrm{d}w_{/s}/w_{/s}<0$ ，它使 $\mathrm{d}L/R_p$ 的负值因素上升，则 L 下降。因此，改善 L 可以通过减小单位载荷 $w_{/s}$ 、增加飞机最大法向加速度、增加最大升力系数和提高飞行速度来实现，这些分析结果都与实际中提高飞机性能参数的情况相符。

5.6 本 章 小 结

本章给出了双机平面格斗问题的界栅必要条件，并结合双机控制量的边界约束得到了协态方程及其边界条件。若对控制量只有边界约束而没有其他代数约束，则在界栅上时双机控制总位于各自约束的边界。在此基础上，本章给出了协态方程的解析解，从而得到了界栅表达式及其上的最优控制形式。

针对直线形目标集，本章研究了双机速度为常值情况下的平面对抗问题，考虑到控制系统的要求，以最大进入角有一定的要求为出发点，提出对ϕ角有一定限制的直线形目标集。在双机性能相差不大的条件下，得到追机的截获区和危险区，这可为追机的决策提供最优策略。如能实时测量出双机的运动参数，通过机载计算机的实时计算，将截获区和危险区在显示设备上实时显示出来，就可确定追机应进行攻击还是逃避。这能为对抗中双方驾驶员有效攻击提供信息。

应强调的是双机在一定的性能条件下，才能控制截获区和危险区。这是因为如果两架飞机性能相差过于悬殊，一方肯定能追上另一方，这时就不需要再来研究截获区和危险区了。

针对扇形目标集问题，本章分析了截获区参数同飞机性能之间的灵敏度，得到了如下有意义的结论。

(1) 从ε和R对$\bar{L}$的影响可以看出：当R一定时，$\bar{L}$随ε减小而降低；当ε一定时，$\bar{L}$随R减小而降低，即如保持双机相对速度不变，追方只有加强机动性，才能使$\bar{L}$得到改善。如果转弯半径不变，那么增大追机的速度，可使$\bar{L}$减小。同时在ε一定时，R有上限值，在$\varepsilon < 0.5$，$R > 3.5$范围内，ε和R不能取值。

(2) 当$V_{\mathrm{p}} < V_{\mathrm{e}}$时，影响$\bar{L}$的主要因素是$V_{\mathrm{p}}$；当$V_{\mathrm{p}} \geqslant V_{\mathrm{e}}$时，$\varDelta_{\max}$起主要作用。

(3) 为改善飞机的作战能力，应减小单位载荷，增大V_{p}、$C_{\mathrm{L}\max}$和$\varDelta_{\max}$，这为改善飞机作战能力提出了解决问题的途径，不但有定性方面的分析，而且有定量分析。这些分析能够为飞机设计提供性能参考依据。

第 6 章　双机三维空间格斗的定性微分对策

本章针对三维空间中的双机对抗问题，首先基于双机相对运动方程采用解析方法讨论定性微分对策中截获区和危险区的计算；其次分析截获区同飞机性能参数之间的关系；最后考虑飞行器的动力学方程，给出定性微分对策的目标集边界和相应界栅最优轨线计算模型。

6.1　双机三维空间格斗问题

相对于二维平面上的对抗，两架飞机在三维空间中进行格斗所采取的策略更多一些。双机不但能进行机动，而且都具有一定的加速和减速能力，这更加接近于实际对抗。本节首先推导出双机三维空间格斗的理想数学模型；其次得到问题的简化形式，求出简化模型的解析解；最后在给定双机有关数据库的前提下，计算截获区和危险区。

6.1.1　相对运动方程

假设两架飞机均看作是只受空气动力和重力作用的质点。追机和逃机的速度分别以 $V_{\mathrm{p}}(t)$ 和 $V_{\mathrm{e}}(t)$ 表示，都是时间 t 的函数，即两架飞机具有加速和减速的能力。双方驾驶员控制的是飞机法向加速度 $\boldsymbol{a}_N$ 和切向加速度 $\boldsymbol{a}_V$ 。追机或逃机的运动方程都可按惯性参考系写出。但为了使追机驾驶员能有一个逼真的视野，在追机的参数坐标系中需要一些相对位置和相对角度，这就可为追机显示出双方交战的态势。因此，先建立双机的相对运动方程。

图 6.1 给出了双机相对运动示意图。图中：$oxyz$ 为绝对坐标系；$\mathrm{p}x_{\mathrm{p}}y_{\mathrm{p}}z_{\mathrm{p}}$ 为固连于追机上的坐标系；追机的速度向量 $\boldsymbol{V}_{\mathrm{p}}$ 与 y_{p} 轴重合，$z_{\mathrm{p}}y_{\mathrm{p}}$ 在追机的纵向平面内；$\boldsymbol{a}_{V_{\mathrm{p}}}$ 为追机的切向加速度，它与飞机发动机的推力有关；$\boldsymbol{a}_{N_{\mathrm{p}}}$ 为追机的法向加速度，在 x_{p} 和 y_{p} 轴所组成的飞机轴向平面内，其大小为 $\left|\boldsymbol{a}_{N_{\mathrm{p}}}\right| = \alpha V_{\mathrm{p}}^2 / R_{\mathrm{p}}$ ，其中 α 表示控制速度向量 $\boldsymbol{V}_{\mathrm{p}}$ 方向的控制量；σ 和 γ 表示追机与逃机之间的俯仰角和航向角；$\boldsymbol{x}$ 表示追逃双方的相对距离向量；$\boldsymbol{x}_{\mathrm{e}}$ 表示逃机与绝对坐标系原点间的距离向量；$\boldsymbol{x}_{\mathrm{p}}$ 表示追机与绝对坐标系原点间的距离向量；$\boldsymbol{\omega}_{\mathrm{p}}$ 表示追机由 $\dot{\sigma}$ 和 $\dot{\gamma}$ 引起的

合成角速度，即 $\mathrm{p}x_\mathrm{p}y_\mathrm{p}z_\mathrm{p}$ 的旋转角速度，它处于 $x_\mathrm{p}z_\mathrm{p}$ 平面内，$\boldsymbol{\omega}_\mathrm{p}=\dot{\sigma}+\dot{\gamma}$；$\varDelta$ 为 $\boldsymbol{r}$ 与 x_p 轴之间的夹角，$\boldsymbol{r}$ 为追逃双方相对距离向量 $\boldsymbol{x}$ 在 x_p 和 z_p 上投影的合成向量，即 $|\boldsymbol{r}|=\sqrt{x^2+z^2}$，对于逃机也有同样的定义符号。

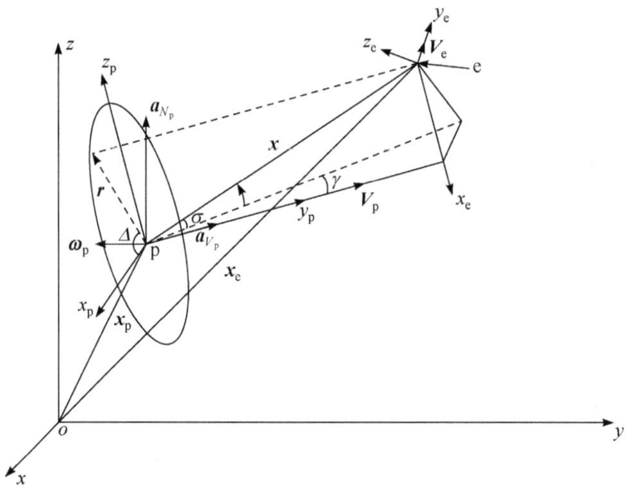

图 6.1　双机相对运动示意图

追逃双方的机体坐标系，可经过旋转 σ 角和 ϑ 角来进行交换。经旋转 σ 角后，逃机的坐标为

$$\begin{bmatrix} x_{\mathrm{e}\sigma} \\ y_{\mathrm{e}\sigma} \\ z_{\mathrm{e}\sigma} \end{bmatrix}=\begin{bmatrix} \cos\sigma & 0 & \sin\sigma \\ 0 & 1 & 0 \\ -\sin\sigma & 0 & \cos\sigma \end{bmatrix}\begin{bmatrix} x_\mathrm{p} \\ y_\mathrm{p} \\ z_\mathrm{p} \end{bmatrix}$$

经旋转 ϑ 角后，

$$\begin{bmatrix} x_{\mathrm{e}\vartheta} \\ y_{\mathrm{e}\vartheta} \\ z_{\mathrm{e}\vartheta} \end{bmatrix}=\begin{bmatrix} \cos\vartheta & -\sin\vartheta & 0 \\ \sin\vartheta & \cos\vartheta & 0 \\ 0 & 0 & 1 \end{bmatrix}\begin{bmatrix} x_{\mathrm{e}\sigma} \\ y_{\mathrm{e}\sigma} \\ z_{\mathrm{e}\sigma} \end{bmatrix}$$

所以，经旋转 σ 角和 ϑ 角后，逃机和追机坐标之间的关系式为

$$\begin{bmatrix} x_{\mathrm{e}\vartheta} \\ y_{\mathrm{e}\vartheta} \\ z_{\mathrm{e}\vartheta} \end{bmatrix}=\begin{bmatrix} \cos\vartheta\cos\sigma & -\sin\vartheta & \cos\vartheta\sin\sigma \\ \sin\vartheta\cos\sigma & \cos\vartheta & \sin\vartheta\sin\sigma \\ -\sin\sigma & 0 & \cos\sigma \end{bmatrix}\begin{bmatrix} x_\mathrm{p} \\ y_\mathrm{p} \\ z_\mathrm{p} \end{bmatrix}$$

因逃机的速度向量 $\boldsymbol{V}_\mathrm{e}$ 与 y_e 轴重合，所以 $\boldsymbol{V}_\mathrm{e}=V_\mathrm{e}(\sin\vartheta\cos\sigma\boldsymbol{e}_{x\mathrm{p}}+\cos\vartheta\boldsymbol{e}_{y\mathrm{p}}+$

$\sin\vartheta\sin\sigma\boldsymbol{e}_{zp})$，其中$\boldsymbol{e}_{xp}$、$\boldsymbol{e}_{yp}$、$\boldsymbol{e}_{zp}$分别为轴$x_p$、$y_p$、$z_p$的单位向量。由图 6.2 可知，逃机角速度向量$\boldsymbol{\omega}_e=\alpha_e V_e\left(\boldsymbol{e}_{xe}\cos\phi_e+\boldsymbol{e}_{ye}\sin\phi_e\right)/R_e$，其中$R_e$为逃机的转弯半径，$\alpha_e$为逃机的速度方向的控制量，$|\alpha_e|\leqslant 1$。

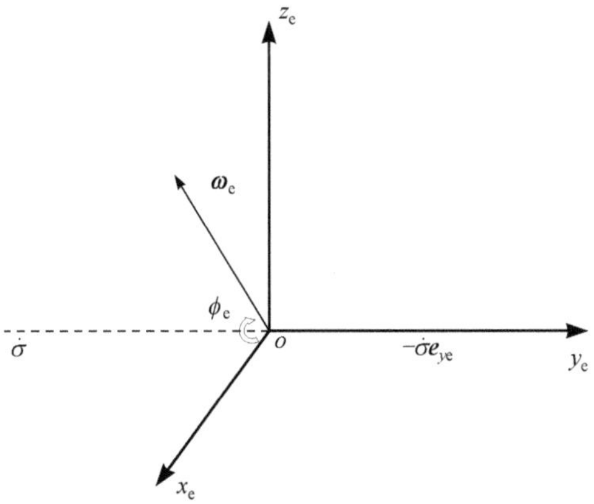

图 6.2　$\boldsymbol{\omega}_e \sim x_e y_e z_e$ 关系图

现将$\boldsymbol{\omega}_e$表示为在$x_p y_p z_p$坐标系上的投影：

$$\boldsymbol{\omega}_e=\dot{\boldsymbol{\sigma}}+\dot{\boldsymbol{J}}+\boldsymbol{\omega}_p=-\dot{\sigma}\boldsymbol{e}_y-\dot{\vartheta}(-\boldsymbol{e}_x\sin\sigma+\boldsymbol{e}_z\cos\sigma)+\frac{V_p}{R_p}\alpha_p(\boldsymbol{e}_x\cos\phi_p+\boldsymbol{e}_z\sin\phi_p)$$

其中，ϕ_p为$\boldsymbol{\omega}_p$与x_p轴之间的夹角，所以

$$\begin{aligned}&\frac{V_e}{R_e}\alpha_e[(\boldsymbol{e}_x\cos\vartheta\cos\sigma-\boldsymbol{e}_y\sin\vartheta+\boldsymbol{e}_z\sin\vartheta\sin\sigma)\cos\phi_e\\&+(-\boldsymbol{e}_x\sin\sigma+\boldsymbol{e}_z\cos\sigma)\sin\phi_e]\\=&-\dot{\sigma}\boldsymbol{e}_y-\dot{\vartheta}(-\boldsymbol{e}_x\sin\sigma+\boldsymbol{e}_z\cos\sigma)+\frac{V_p}{R_p}\alpha_p(\boldsymbol{e}_x\cos\phi_p+\boldsymbol{e}_z\sin\phi_p)\end{aligned}$$

根据在$\boldsymbol{e}_x$、$\boldsymbol{e}_y$、$\boldsymbol{e}_z$上的投影相等原则，可得

$$\alpha_e V_e(\cos\vartheta\cos\sigma\cos\phi_e-\sin\sigma\sin\phi_e)/R_e=\dot{\vartheta}\sin\sigma+\alpha_p V_p\cos\phi_p/R_p \tag{6.1}$$

$$\alpha_e V_e\sin\vartheta\cos\phi_e/R_e=-\dot{\sigma} \tag{6.2}$$

$$\alpha_e V_e(\cos\vartheta\sin\sigma\cos\phi_e+\cos\sigma\sin\phi_e)/R_e=-\dot{\vartheta}\cos\sigma+\alpha_p V_p\sin\phi_p/R_p \tag{6.3}$$

将式(6.1)乘以$\sin\sigma$再加上式(6.2)乘以$-\cos\sigma$，可得

$$\dot{\vartheta}+\frac{V_p}{R_p}\alpha_p\cos\phi_e\sin\sigma-\frac{V_p}{R_p}\alpha_p\sin\phi_p\cos\sigma$$

$$
\begin{aligned}
&= \frac{V_{\mathrm{e}}}{R_{\mathrm{e}}}\alpha_{\mathrm{e}}(\cos\vartheta\cos\sigma\cos\phi_{\mathrm{e}} - \sin\sigma\sin\phi_{\mathrm{e}})\sin\sigma \\
&\quad - \frac{V_{\mathrm{e}}}{R_{\mathrm{e}}}\alpha_{\mathrm{e}}(\cos\vartheta\sin\sigma\cos\phi_{\mathrm{e}} + \cos\sigma\sin\phi_{\mathrm{e}})\cos\sigma
\end{aligned}
$$

整理得 $\dot{\vartheta} = -\alpha_{\mathrm{e}}V_{\mathrm{e}}\sin\phi_{\mathrm{e}}/R_{\mathrm{e}} + \alpha_{\mathrm{p}}V_{\mathrm{p}}\sin(\phi_{\mathrm{p}} - \sigma)/R_{\mathrm{p}}$。由图 6.1 可知，双机相对运动方程为

$$
\dot{\boldsymbol{x}} = \boldsymbol{V}_{\mathrm{e}} - \boldsymbol{V}_{\mathrm{p}} - \boldsymbol{\omega}_{\mathrm{p}} \times \boldsymbol{x} = \boldsymbol{V}_{\mathrm{e}} - \boldsymbol{V}_{\mathrm{p}} - \frac{V_{\mathrm{p}}}{R_{\mathrm{p}}}\alpha_{\mathrm{p}}\begin{bmatrix} \boldsymbol{e}_x & \boldsymbol{e}_y & \boldsymbol{e}_z \\ \cos\phi_{\mathrm{p}} & 0 & \sin\phi_{\mathrm{p}} \\ x & y & z \end{bmatrix}
$$

整理得

$$
\begin{aligned}
\dot{x}\boldsymbol{e}_x + \dot{y}\boldsymbol{e}_y + \dot{z}\boldsymbol{e}_z &= (V_{\mathrm{e}}\sin\vartheta\cos\sigma + \alpha_{\mathrm{p}}yV_{\mathrm{p}}\sin\phi_{\mathrm{p}}/R_{\mathrm{p}})\boldsymbol{e}_x \\
&\quad + [V_{\mathrm{e}}\cos\vartheta - V_{\mathrm{p}} + \alpha_{\mathrm{p}}V_{\mathrm{p}}(z\cos\phi_{\mathrm{p}} - x\sin\phi_{\mathrm{p}})/R_{\mathrm{p}}]\boldsymbol{e}_y \\
&\quad + (V_{\mathrm{e}}\sin\vartheta\sin\sigma - \alpha_{\mathrm{p}}yV_{\mathrm{p}}\cos\phi_{\mathrm{p}}/R_{\mathrm{p}})\boldsymbol{e}_z
\end{aligned} \tag{6.4}
$$

由式(6.4)可得双机相对距离的微分方程：

$$
\dot{x} = V_{\mathrm{e}}\sin\vartheta\cos\sigma + \alpha_{\mathrm{p}}yV_{\mathrm{p}}\sin\phi_{\mathrm{p}}/R_{\mathrm{p}} \tag{6.5}
$$

$$
\dot{y} = V_{\mathrm{e}}\cos\vartheta - V_{\mathrm{p}} - \alpha_{\mathrm{p}}V_{\mathrm{p}}(x\sin\phi_{\mathrm{p}} - z\cos\phi_{\mathrm{p}})/R_{\mathrm{p}} \tag{6.6}
$$

$$
\dot{z} = V_{\mathrm{e}}\sin\vartheta\sin\sigma - \alpha_{\mathrm{p}}yV_{\mathrm{p}}\cos\phi_{\mathrm{p}}/R_{\mathrm{p}} \tag{6.7}
$$

现将式(6.5)～式(6.7)中的 (x, y, z) 化为 $(\varDelta, y, R)$ 的微分方程。设追逃双方之间的距离为 R，它与 x 轴的夹角为 $\varDelta$，如图 6.3 所示。这里主要考虑 $\boldsymbol{a}$ 在 xy 平面内

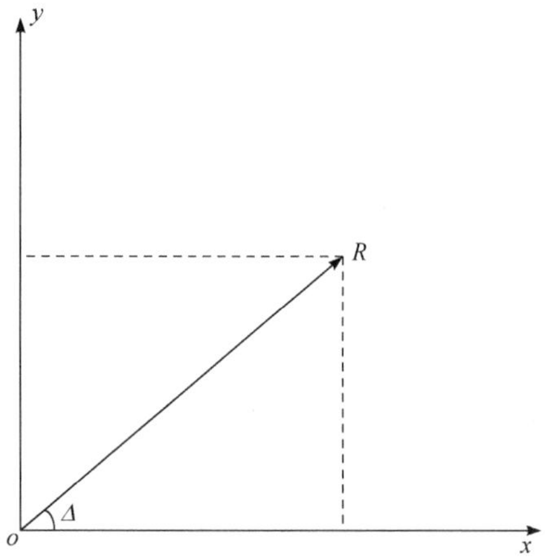

图 6.3　R～xy 关系图

的情况。由图 6.3 可知，$x = R\cos\varDelta$ 且 $y = R\sin\varDelta$，其中 $|R| = \sqrt{x^2 + y^2}$；$\varDelta$ 是 x 轴与 oR 射线的夹角。

因此有 $\dot{x} = \dot{R}\cos\varDelta - R\dot{\varDelta}\sin\varDelta$ 和 $\dot{y} = \dot{R}\sin\varDelta + R\dot{\varDelta}\cos\varDelta$，从中解出

$$\dot{R} = \dot{x}\cos\varDelta + \dot{z}\sin\varDelta \tag{6.8}$$

$$R\dot{\varDelta} = -\dot{x}\sin\varDelta + \dot{z}\cos\varDelta \tag{6.9}$$

将式(6.5)和式(6.7)代入式(6.8)和式(6.9)，可得 $\dot{R} = V_{\mathrm{e}}\sin\vartheta\cos(\sigma - \varDelta) + \alpha_{\mathrm{p}} y V_{\mathrm{e}} \cdot \sin(\phi_{\mathrm{p}} - \varDelta)/R_{\mathrm{p}}$ 与 $R\dot{\varDelta} = V_{\mathrm{e}}\sin\vartheta\sin(\sigma - \varDelta) - \alpha_{\mathrm{p}} y V_{\mathrm{e}}\cos(\phi_{\mathrm{p}} - \varDelta)/R_{\mathrm{p}}$，而式(6.6)变为 $\dot{y} = V_{\mathrm{e}}\cos\gamma - V_{\mathrm{p}} - \alpha_{\mathrm{p}} R V_{\mathrm{p}}\sin(\phi_{\mathrm{p}} - \varDelta)/R_{\mathrm{p}}$。令 $\delta_1 = \sigma - \varDelta$，则 $\dot{\delta}_1 = \dot{\sigma} - \dot{\varDelta}$。现将 $\dot{\sigma} = \dot{y} = \alpha_{\mathrm{e}} V_{\mathrm{e}}\sin\vartheta\cos\phi_{\mathrm{p}}/R_{\mathrm{e}}$ 和式(6.9)代入 $\dot{\delta}_1 = \dot{\sigma} - \dot{\varDelta}$ 中，得

$$\dot{\delta}_1 = \alpha_{\mathrm{e}} V_{\mathrm{e}}\sin\vartheta\cos\phi_{\mathrm{p}}/R_{\mathrm{e}} - [V_{\mathrm{e}}\sin\vartheta\sin\delta_1 - \alpha_{\mathrm{p}} y V_{\mathrm{p}}\cos(\phi_{\mathrm{p}} - \varDelta)/R_{\mathrm{p}}]/R$$

再令 $\delta_2 = \phi_{\mathrm{p}} - \varDelta$，则可得 R、y、δ_1 和 ϑ 的微分方程：

$$\begin{cases} \dot{R} = V_{\mathrm{e}}\sin\vartheta\cos\delta_1 + \alpha_{\mathrm{p}} y V_{\mathrm{p}}\sin\delta_2/R_{\mathrm{p}} \\ \dot{y} = V_{\mathrm{e}}\cos\vartheta - V_{\mathrm{p}} - \alpha_{\mathrm{p}} R V_{\mathrm{p}}\sin(\phi_{\mathrm{p}} - \varDelta)/R_{\mathrm{p}} \\ \dot{\delta}_1 = \alpha_{\mathrm{e}} V_{\mathrm{e}}\sin\vartheta\cos\phi_{\mathrm{e}}/R_{\mathrm{e}} - (V_{\mathrm{e}}\sin\vartheta\sin\delta_1 - \alpha_{\mathrm{p}} y V_{\mathrm{p}}\cos\delta_2/R_{\mathrm{p}})/R \\ \dot{\vartheta} = -\alpha_{\mathrm{e}} V_{\mathrm{e}}\sin\phi_{\mathrm{e}}/R_{\mathrm{e}} + \alpha_{\mathrm{p}} V_{\mathrm{p}}\sin(\delta_2 - \delta_1)/R_{\mathrm{p}} \end{cases} \tag{6.10}$$

其中，α_{p} 和 δ_2 为追方控制；α_{e} 和 ϕ_{e} 为逃方控制。

根据飞行力学原理，可得 $\dot{V}_{\mathrm{e}} = g\left(T_{\mathrm{e}}/W_{\mathrm{e}} - D_{\mathrm{e}}/W_{\mathrm{e}}\right)$ 和 $\dot{V}_{\mathrm{p}} = g\left(T_{\mathrm{p}}/W_{\mathrm{p}} - D_{\mathrm{p}}/W_{\mathrm{p}}\right)$，其中 g 为重力加速度，T 为推力，D 为空气阻力，W 为飞机重量。空气阻力 $D = \rho S v^2 \times (C_{D_0} + K C_L^2)/2$，其中 ρ 为大气密度，C_L 为气动升力系数，K 为系数，C_{D_0} 为零升阻力系数，S 为 C_{D_0} 时的飞机参考面积。于是空气阻力又可写为 $D = D_0 + K(QSC_L)^2/(QS)$，其中 $D_0 = QSC_{D_0}$ 为零升阻力；$Q = \dfrac{1}{2}\rho v^2$ 为动压。空气动力升力 $QSC_L = a_N W/g$，所以 $D = D_0 + KW^2 a_N^2/\left(QSg^2\right)$。于是有 $\dot{v} = gC_T - KWa_N^2/(gQS)$，其中 $C_T = \dfrac{T - D_0}{W}$。

因为 $a_N = \alpha V^2/R$，所以 $\alpha = a_N R/V^2$。于是可得双机的速度变化率为

$$\begin{cases} \dot{V}_{\mathrm{e}} = gC_{T_{\mathrm{e}}} - a_{N_{\mathrm{e}}}^2 K_{\mathrm{e}} W_{\mathrm{e}}/\left(gQ_{\mathrm{e}} S_{\mathrm{e}}\right) \\ \dot{V}_{\mathrm{p}} = gC_{T_{\mathrm{p}}} - a_{N_{\mathrm{p}}}^2 K_{\mathrm{p}} W_{\mathrm{p}}/\left(gQ_{\mathrm{p}} S_{\mathrm{p}}\right) \end{cases} \tag{6.11a}$$

双机相对运动的状态方程组(6.10)变为

$$\begin{cases} \dot{R} = V_{\mathrm{e}} \sin\vartheta \cos\delta_1 + y a_{N_{\mathrm{e}}} \sin\delta_2 / V_{\mathrm{p}} \\ \dot{y} = V_{\mathrm{e}} \cos\vartheta - V_{\mathrm{p}} - a_{N_{\mathrm{p}}} R \sin\delta_2 / V_{\mathrm{p}} \\ \dot{\vartheta} = -a_{N_{\mathrm{e}}} \sin\phi_{\mathrm{e}} / V_{\mathrm{e}} + a_{N_{\mathrm{p}}} / V_{\mathrm{p}} \\ \dot{\delta}_1 = a_{N_{\mathrm{e}}} \sin\vartheta \cos\phi_{\mathrm{e}} / V_{\mathrm{e}} - \left(V_{\mathrm{e}} \sin\vartheta \sin\delta_1 - y a_{N_{\mathrm{p}}} \cos\delta_2 / V_{\mathrm{p}} \right) / R \end{cases} \tag{6.11b}$$

其中，$a_{N_{\mathrm{p}}}$、δ_2、$C_{T_{\mathrm{p}}}$ 为追机的控制量；$a_{N_{\mathrm{e}}}$、ϕ_{e}、$C_{T_{\mathrm{e}}}$ 为逃机的控制量；$a_{N_{\mathrm{p}}} = n_{\mathrm{p}} g$；$a_{N_{\mathrm{e}}} = n_{\mathrm{e}} g$，$n$ 为法向过载。控制的约束集为

$$\begin{cases} 0 \leqslant \phi_{\mathrm{e}} \leqslant 2\pi, \quad C_{T_{\mathrm{p}}\min} \leqslant C_{T_{\mathrm{p}}} \leqslant C_{T_{\mathrm{p}}\max}, \quad 0 \leqslant n_{\mathrm{p}} \leqslant n_{\mathrm{p}\max} \\ 0 \leqslant \delta_2 \leqslant 2\pi, \quad C_{T_{\mathrm{e}}\min} \leqslant C_{T_{\mathrm{e}}} \leqslant C_{T_{\mathrm{e}}\max}, \quad 0 \leqslant n_{\mathrm{e}} \leqslant n_{\mathrm{e}\max} \end{cases} \tag{6.12}$$

若法向加速度或法向过载 n 用转弯半径表示，则式(6.11a)和式(6.11b)及式(6.12)可表示为

$$\begin{cases} \dot{R} = V_{\mathrm{e}} \sin\vartheta \cos\delta_1 + y V_{\mathrm{p}} \sin\delta_2 / V_{\mathrm{e}} \\ \dot{y} = V_{\mathrm{e}} \cos\vartheta - V_{\mathrm{p}} - R V_{\mathrm{p}} \sin\delta_2 / R_{\mathrm{p}} \\ \dot{\vartheta} = -V_{\mathrm{e}} \sin\phi_{\mathrm{e}} / R_{\mathrm{e}} + V_{\mathrm{p}} \sin(\delta_2 - \delta_1) / R_{\mathrm{p}} \\ \dot{\delta}_1 = V_{\mathrm{e}} \sin\vartheta \cos\phi_{\mathrm{e}} / R_{\mathrm{e}} - \left(V_{\mathrm{e}} \sin\vartheta \sin\delta_1 - V_{\mathrm{p}} y \cos\delta_2 / R_{\mathrm{p}} \right) / R \\ \dot{V}_{\mathrm{e}} = g C_{T_{\mathrm{e}}} - a_{N_{\mathrm{e}}}^2 K_{\mathrm{e}} W_{\mathrm{e}} / \left(g Q_{\mathrm{e}} S_{\mathrm{e}} \right) \\ \dot{V}_{\mathrm{p}} = g C_{T_{\mathrm{p}}} - a_{N_{\mathrm{p}}}^2 K_{\mathrm{p}} W_{\mathrm{p}} / \left(g Q_{\mathrm{p}} S_{\mathrm{p}} \right) \end{cases} \tag{6.13}$$

及

$$\begin{cases} 0 \leqslant \phi_{\mathrm{e}} \leqslant 2\pi, \quad C_{T_{\mathrm{p}}\min} \leqslant C_{T_{\mathrm{p}}} \leqslant C_{T_{\mathrm{p}}\max}, \quad 0 \leqslant R_{\mathrm{p}} \leqslant R_{\mathrm{p}\max} \\ 0 \leqslant \delta_2 \leqslant 2\pi, \quad C_{T_{\mathrm{e}}\min} \leqslant C_{T_{\mathrm{e}}} \leqslant C_{T_{\mathrm{e}}\max}, \quad 0 \leqslant R_{\mathrm{e}} \leqslant R_{\mathrm{e}\max} \end{cases} \tag{6.14}$$

方程(6.13)和式(6.14)即为所得的双机三维空间格斗的相对运动方程(或状态方程)和控制约束集，是分析截获区的基本方程。

6.1.2　目标集表达式

假设飞机的杀伤距离为 L，最大离轴角为 θ。取追机前方的目标集为扇形区，如图 6.4 所示。如同平面格斗时目标集，在右圆弧上任一点可表示为

$$\begin{cases} R = L\sin\theta + r(\sin s - \sin\theta - \cos\theta) \\ y = L\cos\theta + r(\cos s + \sin\theta - \cos\theta) \end{cases} \tag{6.15a}$$

左圆弧上任一点表示为

$$\begin{cases} R = L\sin\theta + r(-\sin s + \sin\theta + \cos\theta) \\ y = L\cos\theta + r(\cos s + \sin\theta - \cos\theta) \end{cases} \tag{6.15b}$$

或者目标集的数学表达式为

$$\begin{cases} R^2 + y^2 - L^2 \leqslant 0 \\ R - fg\theta y \leqslant 0 \\ -(R + yfg\theta) \leqslant 0 \\ -y + d \leqslant 0 \end{cases} \tag{6.16}$$

式(6.16)将作为研究截获区的目标集；式(6.15a)和式(6.15b)将作为研究截获区参数灵敏度分析的目标集。

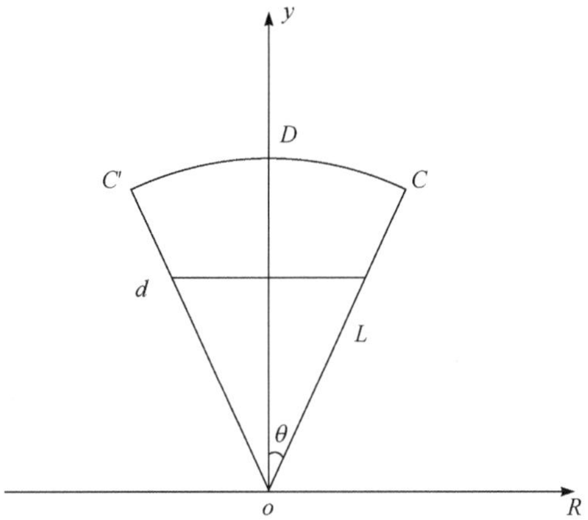

图 6.4 扇形目标集

假设双方的加速度为常值，即在实际对抗过程中，飞机所能达到的平均最大加速度。这时 $\dot{V}_{\mathrm{p}}$ 和 $\dot{V}_{\mathrm{e}}$ 是常数，可以取代方程(6.13)中的后两式。建立双机格斗系统的 Hamilton 函数：

$$\begin{aligned} H = {} & \gamma_1(V_{\mathrm{e}}\sin\vartheta\cos\delta_1 + V_{\mathrm{p}}y\sin\delta_2/R_{\mathrm{p}}) + \gamma_2(V_{\mathrm{e}}\cos\vartheta - V_{\mathrm{p}} - V_{\mathrm{p}}R\sin\delta_2/R_{\mathrm{p}}) \\ & + \gamma_3[-V_{\mathrm{e}}\sin\phi_{\mathrm{e}}/R_{\mathrm{e}} + V_{\mathrm{p}}\sin(\delta_2 - \delta_1)/R_{\mathrm{p}}] + \gamma_5(gC_{T_{\mathrm{p}}}) + \gamma_6(gC_{T_{\mathrm{p}}}) \\ & + \gamma_4[V_{\mathrm{e}}\sin\vartheta\cos\phi_{\mathrm{e}}/R_{\mathrm{e}} - \left(V_{\mathrm{e}}\sin\vartheta\sin\delta_1 - yV_{\mathrm{p}}\cos\delta_2/R_{\mathrm{p}}\right)/R] \end{aligned}$$

下面考虑在逃机被控制到目标集弧形边界时，最优控制 δ_2^* 和 ϕ_{e}^* 的取值。设到达目标集边界的时刻为 t_{f}，则 $R(t_{\mathrm{f}}) = L\sin s_3$、$y(t_{\mathrm{f}}) = L\cos s_3$ 且 $\delta_1(t_{\mathrm{f}}) = 0$，其中 s_3 为对应圆弧上点与原点的连线和 y 轴的夹角。协态变量在 t_{f} 时的值为 $\gamma_1(t_{\mathrm{f}}) = -L\sin s_3$、$\gamma_2(t_{\mathrm{f}}) = -L\cos s_3$ 和 $\gamma_3(t_{\mathrm{f}}) = \gamma_4(t_{\mathrm{f}}) = \gamma_5(t_{\mathrm{f}}) = \gamma_6(t_{\mathrm{f}}) = 0$。注意，$R$-$y$

坐标系即为 x_σ-y_σ 坐标系。

协态方程 $\dot{\boldsymbol{\gamma}}(t)=-\partial H/\partial\bar{\boldsymbol{x}}$，其中 $\bar{\boldsymbol{x}}=\left[R,y,\gamma,\delta_1,V_{\mathrm{p}},V_{\mathrm{e}}\right]^{\mathrm{T}}$。

(1) δ_2^* 的确定。根据微分对策极值定理，δ_2^* 应由式(6.17)确定：

$$\max_{\delta_2} H \Rightarrow \max_{\delta_2} V_{\mathrm{p}}(B\sin\delta_2+C\cos\delta_2)/R_{\mathrm{p}} \tag{6.17}$$

其中，$B=\gamma_1 y-\gamma_2 R+\gamma_3\cos\delta_1$；$C=\gamma_4\dfrac{y}{R}-\gamma_3\sin\delta_1$。因为 $\dot{B}(t_{\mathrm{f}})=-LV_{\mathrm{p}}(t_1)\sin s_3<0$，$\dot{C}(t_{\mathrm{f}})=0$，所以 $\delta_2^*=-\pi/2$。

(2) ϕ_{e}^* 的确定。同理 ϕ_{e}^* 由优化问题(6.18)确定：

$$\min_{\phi_{\mathrm{e}}^*}(-\gamma_3 V_{\mathrm{e}}\sin\phi_{\mathrm{e}}/R_{\mathrm{e}}+\gamma_4 V_{\mathrm{e}}\sin\vartheta\cos\phi_{\mathrm{e}}/R_{\mathrm{e}}) \tag{6.18}$$

相应有 $\dot{\gamma}_3(t_{\mathrm{f}})=-LV_{\mathrm{e}}(t_{\mathrm{f}})\sin[s_3-\vartheta(t_{\mathrm{f}})]$ 和 $\dot{\gamma}_4(t_{\mathrm{f}})=0$。考虑 $s_3>\vartheta(t_{\mathrm{f}})$ 和 $s_3<\vartheta(t_{\mathrm{f}})$ 两种情况，得 $\phi_{\mathrm{e}}=\pm\pi/2$。这样，在最优控制作用下有 $\dot{\delta}_1(t_{\mathrm{f}})=0$ 和 $\delta_1(t_{\mathrm{f}})=0$。若以 t_{f} 时刻为起始时刻倒向时间求最优轨线，恒有 $\delta_1=0$。

假设双机开始时，V_{p} 与 V_{e} 共面，格斗过程中双方约束用最优控制，则在整个格斗过程中，双机处于同一平面。在 $\delta_1=0$ 的条件下，可得加速度恒定时双机格斗的简化数学模型：

$$\begin{cases}\dot{R}=V_{\mathrm{e}}\sin\vartheta+yV_{\mathrm{p}}\sin\delta_2/V_{\mathrm{e}}\\ \dot{y}=V_{\mathrm{e}}\cos\vartheta-V_{\mathrm{p}}-RV_{\mathrm{p}}\sin\delta_2/R_{\mathrm{p}}\\ \dot{\vartheta}=-V_{\mathrm{e}}\sin\phi_{\mathrm{e}}/R_{\mathrm{e}}+V_{\mathrm{p}}\sin\delta_2/R_{\mathrm{p}}\\ \dot{V}_{\mathrm{e}}=gC_{T_{\mathrm{e}}}=c_1\\ \dot{V}_{\mathrm{p}}=gC_{T_{\mathrm{p}}}=c_2\end{cases} \tag{6.19}$$

及控制约束集：

$$\begin{cases}0\leqslant\phi_{\mathrm{e}}\leqslant 2\pi, & C_{T_{\mathrm{p}}\min}\leqslant C_{T_{\mathrm{p}}}\leqslant C_{T_{\mathrm{p}}\max}, & 0\leqslant R_{\mathrm{p}}\leqslant R_{\mathrm{p}\max}\\ 0\leqslant\delta_2\leqslant 2\pi, & C_{T_{\mathrm{e}}\min}\leqslant C_{T_{\mathrm{e}}}\leqslant C_{T_{\mathrm{e}}\max}, & 0\leqslant R_{\mathrm{e}}\leqslant R_{\mathrm{e}\max}\end{cases} \tag{6.20}$$

6.1.3　相对轨线的解析解

这里以加速度恒定时双机格斗的简化数学模型(6.19)和控制约束集(6.20)为出发点，来确定最优相对轨线，从而确定到达目标集 C、C' 的最优轨线。由于目标集对称于 y 轴，所以只研究 R-y 右半平面的界栅，左半平面的界栅可对称画出。

1. 界栅上初始最优控制量的确定

1) 最优控制量的一般形式

对模型(6.19)列写出 Hamilton 函数：

$$H=\gamma_1(V_{\mathrm{e}}\sin\vartheta+V_{\mathrm{p}}y\sin\delta_2/R_{\mathrm{p}})+\gamma_2(V_{\mathrm{e}}\cos\vartheta-V_{\mathrm{p}}-V_{\mathrm{p}}R\sin\delta_2/R_{\mathrm{p}})$$
$$+\gamma_3(-V_{\mathrm{e}}\sin\phi_{\mathrm{e}}/R_{\mathrm{e}}+V_{\mathrm{p}}\sin\delta_2/R_{\mathrm{p}})+\gamma_4(gC_{T_{\mathrm{p}}})+\gamma_5(gC_{T_{\mathrm{p}}})$$

由此可得协态方程：

$$\begin{cases}\dot\gamma_1=\gamma_2V_{\mathrm{p}}\sin\delta_2/R_{\mathrm{p}}\\ \dot\gamma_2=\gamma_1V_{\mathrm{p}}\sin\delta_2/R_{\mathrm{p}}\\ \dot\gamma_3=-\gamma_1V_{\mathrm{e}}\cos\vartheta+\gamma_2V_{\mathrm{e}}\sin\vartheta\\ \dot\gamma_4=-\gamma_1y\sin\delta_2/R_{\mathrm{p}}+\gamma_2+\gamma_2R\sin\delta_2/R_{\mathrm{p}}-\gamma_3\sin\delta_2/R_{\mathrm{p}}\\ \dot\gamma_5=-\gamma_1\sin\vartheta-\gamma_2\cos\vartheta+\gamma_3\sin\phi_{\mathrm{e}}/R_{\mathrm{e}}\end{cases}$$

最优控制量 R_{p}^*、δ_2^*、$C_{T_{\mathrm{p}}}^*$、R_{e}^*、ϕ_{e}^*、$C_{T_{\mathrm{e}}}^*$ 可由 $\max\limits_{R_{\mathrm{p}}^*,\delta_2^*,C_{T_{\mathrm{p}}}^*}\min\limits_{R_{\mathrm{e}}^*,\phi_{\mathrm{e}}^*,C_{T_{\mathrm{e}}}^*}H$ 确定，由此可得

$$\phi_{\mathrm{e}}^*=\begin{cases}-\pi/2, & \gamma_3\leqslant 0\\ \pi/2, & \gamma_3>0\end{cases},\quad \delta_2^*=\begin{cases}-\pi/2, & \gamma_1y-\gamma_2R+\gamma_3=K\leqslant 0\\ \pi/2, & \gamma_1y-\gamma_2R+\gamma_3=K>0\end{cases}$$

$$R_{\mathrm{p}}^*=\min R_{\mathrm{p}},\quad R_{\mathrm{e}}^*=\min R_{\mathrm{e}}$$

$$C_{T_{\mathrm{p}}}^*=\begin{cases}\max C_{T_{\mathrm{p}}}, & \gamma_4>0\\ \min C_{T_{\mathrm{p}}}, & \gamma_4\leqslant 0\end{cases},\quad C_{T_{\mathrm{e}}}^*=\begin{cases}\max C_{T_{\mathrm{e}}}, & \gamma_5\leqslant 0\\ \min C_{T_{\mathrm{e}}}, & \gamma_5>0\end{cases}$$

2) 界栅上的初始最优控制量

假设将逃机控制到目标集边界的时刻为 t_{f}，则由假设可知，此时逃机相对追机的飞行方向指向追机的正前方，故 $\dot R(t_{\mathrm{f}})=0$。从而 $\vartheta(t_{\mathrm{f}})=-\arcsin\left(V_{\mathrm{p}}y\sin\delta_2/\left(R_{\mathrm{p}}V_{\mathrm{e}}\right)\right)\Big|_{t_{\mathrm{f}}}$，又

$$R(t_{\mathrm{f}})=L\sin\theta,\quad y(t_{\mathrm{f}})=L\cos\theta,\quad V_{\mathrm{p}}(t_{\mathrm{f}})=\max V_{\mathrm{p}},\quad V_{\mathrm{e}}(t_{\mathrm{f}})=\max V_{\mathrm{e}} \tag{6.21}$$

伴随(协态)方程的边界条件的一般形式为 $\gamma_i(t_{\mathrm{f}})=-\sum_{R=1,2}\upsilon_R\partial\phi_i/\partial\underline{x}_i\Big|_{t_{\mathrm{f}}}$，其中 $\underline{\boldsymbol{x}}=\begin{bmatrix}R & y & \gamma & V_{\mathrm{p}} & V_{\mathrm{e}}\end{bmatrix}^{\mathrm{T}}$，$\underline{x}_i$ 是 $\underline{\boldsymbol{x}}$ 的分量，$i=1,2,\cdots,5$，υ_R 是正常数。因此有

$$\begin{cases}\gamma_1(t_{\mathrm{f}})=-(2R\upsilon_1+\upsilon_2)|_{t_{\mathrm{f}}}\\ \gamma_2(t_{\mathrm{f}})=-(2y\upsilon_1-\mathrm{tg}\,\theta\cdot\upsilon_2)|_{t_{\mathrm{f}}}\\ \gamma_3(t_{\mathrm{f}})=\gamma_4(t_{\mathrm{f}})=\gamma_5(t_{\mathrm{f}})=0\end{cases}$$

由微分对策理论，在角点 C 处有 $H(t_{\mathrm{f}})=0$，所以协态向量 $\boldsymbol{\gamma}(t_{\mathrm{f}})$ 与 $\underline{\dot{\boldsymbol{x}}}(t_{\mathrm{f}})$ 正交。此外，$\dot{R}(t_{\mathrm{f}})=0$。由 $H(t_{\mathrm{f}})=0$ 可得 $\gamma_2(t_{\mathrm{f}})=0$，由此可选 $\gamma_1(t_{\mathrm{f}})=-1$。于是在角点处有

$$\gamma_1(t_{\mathrm{f}})=-1,\quad \gamma_2(t_{\mathrm{f}})=\gamma_3(t_{\mathrm{f}})=\gamma_4(t_{\mathrm{f}})=\gamma_5(t_{\mathrm{f}})=0 \tag{6.22}$$

根据 6.1.2 小节中关于控制规律的一般形式，可确定出在 t_{f} 时刻各最优控制量：

$$\begin{cases}\phi_{\mathrm{e}}^*=-\pi/2, & C_{T_{\mathrm{e}}}^*=\max C_{T_{\mathrm{e}}}, & R_{\mathrm{e}}^*=\min R_{\mathrm{e}}\\ \delta_2^*=-\pi/2, & C_{T_{\mathrm{p}}}^*=\max C_{T_{\mathrm{p}}}, & R_{\mathrm{p}}^*=\min R_{\mathrm{p}}\end{cases} \tag{6.23}$$

2. 相对运动的最优轨线解析表达式

现在引入倒转时间概念，即设 $t=t_{\mathrm{f}}-\tau$。这时可将模型(6.19)中的时间变量换为 τ：

$$\begin{cases}\dot{R}(\tau)=-V_{\mathrm{e}}\sin\vartheta-yV_{\mathrm{p}}\sin\delta_2/V_{\mathrm{p}}\\ \dot{y}(\tau)=-V_{\mathrm{e}}\cos\vartheta+V_{\mathrm{p}}+RV_{\mathrm{p}}\sin\delta_2/R_{\mathrm{p}}\\ \dot{\vartheta}(\tau)=V_{\mathrm{e}}\sin\phi_{\mathrm{e}}/R_{\mathrm{e}}-V_{\mathrm{p}}\sin\delta_2/R_{\mathrm{p}}\\ \dot{V}_{\mathrm{e}}(\tau)=-gC_{T_{\mathrm{e}}}\\ \dot{V}_{\mathrm{p}}(\tau)=-gC_{T_{\mathrm{p}}}\end{cases} \tag{6.24}$$

将式(6.23)代入式(6.24)，可得

$$\begin{cases}\dot{R}(t)=-V_{\mathrm{e}}\sin\vartheta+K_1V_{\mathrm{p}}y\\ \dot{y}(t)=-V_{\mathrm{e}}\cos\vartheta+V_{\mathrm{p}}-K_1V_{\mathrm{p}}R\\ \dot{\vartheta}(t)=-K_2V_{\mathrm{e}}+K_1V_{\mathrm{p}}\\ \dot{V}_{\mathrm{e}}(t)=-gC_{T_{\mathrm{e}}}^*\\ \dot{V}_{\mathrm{p}}(t)=-gC_{T_{\mathrm{p}}}^*\end{cases} \tag{6.25}$$

其初始条件为

$$\begin{cases}R(0)=L\sin s_3, \quad y(0)=L\cos s_3, \quad V_{\mathrm{p}}(0)=UP, \quad V_{\mathrm{e}}(0)=UE\\ \vartheta(0)=\arcsin\left(K_1UPy(t_{\mathrm{f}})/UE\right)\end{cases} \tag{6.26}$$

求解方程组(6.25)，即可得到由角点 C 出发的最优轨线。

下面解方程组(6.25)。由其中第 5 个方程可得

$$V_{\mathrm{p}}=UP-C_{T_{\mathrm{p}}}^*\tau \tag{6.27a}$$

由方程组(6.25)中第 4 个方程得$V_{\mathrm{e}}=UE-C_{T_{\mathrm{e}}}^{*}(UP-V_{\mathrm{p}})\Big/C_{T_{\mathrm{p}}}^{*}$。令$A_2=C_{T_{\mathrm{e}}}^{*}\Big/C_{T_{\mathrm{p}}}^{*}$，$A_1=UE-C_{T_{\mathrm{e}}}^{*}UP\Big/C_{T_{\mathrm{p}}}^{*}$，则有

$$V_{\mathrm{e}}=A_1+A_2V_{\mathrm{p}} \tag{6.27b}$$

以V_{p}为自变量，变换方程组(6.25)中第 3 个方程$\mathrm{d}\vartheta/\mathrm{d}\tau=-K_2(A_1+A_2V_{\mathrm{p}})+K_1V_{\mathrm{p}}$，可得$\mathrm{d}\vartheta/\mathrm{d}V_{\mathrm{p}}=K_2(A_1+A_2V_{\mathrm{p}})\Big/C_{T_{\mathrm{p}}}^{*}-K_1V_{\mathrm{p}}\Big/C_{T_{\mathrm{p}}}^{*}=A_3+A_4V_{\mathrm{p}}$，其中$A_4=K_2A_2-K_1\Big/C_{T_{\mathrm{p}}}^{*}$，$A_3=K_2A_1\Big/C_{T_{\mathrm{p}}}^{*}$，积分得

$$\vartheta=\vartheta(0)+A_3(V_{\mathrm{p}}-UP)+\frac{1}{2}A_4(V_{\mathrm{p}}^2-UP^2) \tag{6.27c}$$

又

$$\begin{cases}\mathrm{d}R/\mathrm{d}\tau=-C_{T_{\mathrm{p}}}^{*}\mathrm{d}R\Big/\mathrm{d}V_{\mathrm{p}}=-(A_1+A_2V_{\mathrm{p}})\sin\vartheta+K_1V_{\mathrm{p}}y\\ \mathrm{d}y/\mathrm{d}\tau=-C_{T_{\mathrm{p}}}^{*}\mathrm{d}y\Big/\mathrm{d}V_{\mathrm{p}}=-(A_1+A_2V_{\mathrm{p}})\cos\vartheta+V_{\mathrm{p}}-K_1RV_{\mathrm{p}}\end{cases}$$

整理得

$$\begin{cases}\mathrm{d}R/\mathrm{d}V_{\mathrm{p}}=(B_1+B_0V_{\mathrm{p}})\sin\vartheta-B_3V_{\mathrm{p}}y\\ \mathrm{d}y/\mathrm{d}V_{\mathrm{p}}=(B_1+B_0V_{\mathrm{p}})\cos\vartheta-B_2V_{\mathrm{p}}+B_3V_{\mathrm{p}}R\end{cases}$$

其中，$B_0=A_0/C_{T_{\mathrm{p}}}^{*}$；$B_1=A_1/C_{T_{\mathrm{p}}}^{*}$；$B_2=1/C_{T_{\mathrm{p}}}^{*}$；$B_3=K_1/C_{T_{\mathrm{p}}}^{*}$。解方程组(6.25)中第 1、2 两个方程：设方程通解为R_{H}和y_{H}，特解为R_{p}和y_{p}，则

$$\begin{cases}\mathrm{d}R_{\mathrm{H}}/\mathrm{d}V_{\mathrm{p}}=-B_3V_{\mathrm{p}}y_{\mathrm{H}}\\ \mathrm{d}y/\mathrm{d}V_{\mathrm{p}}=B_3V_{\mathrm{p}}R_{\mathrm{H}}\end{cases}$$

解之得

$$\begin{cases}R_{\mathrm{H}}=\overline{A}_1\sin(B_3V_{\mathrm{p}}^2/2)+\overline{B}_1\cos(B_3V_{\mathrm{p}}^2/2)\\ y_{\mathrm{H}}=-\overline{A}_1\cos(B_3V_{\mathrm{p}}^2/2)+\overline{B}_1\sin(B_3V_{\mathrm{p}}^2/2)\end{cases} \tag{6.27d}$$

用常数变分法，设

$$\begin{cases}R_{\mathrm{p}}=V_1(V_{\mathrm{p}})\sin(B_3V_{\mathrm{p}}^2/2)+V_2(V_{\mathrm{p}})\cos(B_3V_{\mathrm{p}}^2/2)\\ y_{\mathrm{p}}=-V_1(V_{\mathrm{p}})\cos(B_3V_{\mathrm{p}}^2/2)+V_2(V_{\mathrm{p}})\sin(B_3V_{\mathrm{p}}^2/2)\end{cases}$$

代入方程组(6.25)中第 1、2 两个方程，整理后得

$$\begin{cases}\mathrm{d}V_1/\mathrm{d}V_{\mathrm{p}}=-(B_1+B_0V_{\mathrm{p}})\cos(\gamma+B_3V_{\mathrm{p}}^2/2)+B_3V_{\mathrm{p}}\cos(B_3V_{\mathrm{p}}^2/2)\\ \mathrm{d}V_2/\mathrm{d}V_{\mathrm{p}}=(B_1+B_0V_{\mathrm{p}})\sin(\gamma+B_3V_{\mathrm{p}}^2/2)-B_2V_{\mathrm{p}}\sin(B_3V_{\mathrm{p}}^2/2)\end{cases}$$

设$\gamma + B_3V_p^2/2 = B_4 + B_5V_p + B_6V_p^2$，即$\gamma(0) + A_3(V_p - UP) + A_4(V_p^2 - UP^2)/2 + B_3V_p^2/2 = B_4 + B_5V_p + B_6V_p^2$，所以$B_4 = \gamma(0) - A_3UP - A_4UP^2/2$，$B_5 = A_3$，$B_6 = (A_4 + B_3)/2$。又$B_0(B_5 + 2B_6V_p)/2B_6 = B_1 + B_0V_p$，所以$B_1 + B_0V_p = \dfrac{B_0}{2B_6}\cdot\dfrac{\mathrm{d}}{\mathrm{d}V_p}(B_4 + B_5V_p + B_6V_p^2)$，故

$$\begin{cases} \dfrac{\mathrm{d}V_1}{\mathrm{d}V_p} = -\dfrac{B_0}{2B_6}\dfrac{\mathrm{d}}{\mathrm{d}V_p}(B_4 + B_5V_p + B_6V_p^2) + \dfrac{B_2}{B_3}\left[B_3V_p\cos\left(\dfrac{1}{2}B_3V_p^2\right)\right] \\ \dfrac{\mathrm{d}V_2}{\mathrm{d}V_p} = \dfrac{B_0}{2B_6}\dfrac{\mathrm{d}}{\mathrm{d}V_p}(B_4 + B_5V_p + B_6V_p^2)\sin(B_4 + B_5V_p + B_6V_p^2) - \dfrac{B_2}{B_3}\left[B_3V_p\sin\left(\dfrac{1}{2}B_3V_p^2\right)\right] \end{cases}$$

积分得

$$\begin{cases} V_1 = -B_0\sin(B_4 + B_5V_p + B_6V_p^2)/(2B_6) + B_2\sin(B_3V_p^2/2)/B_3 \\ V_2 = -B_0\cos(B_4 + B_5V_p + B_6V_p^2)/(2B_6) + B_2\cos(B_3V_p^2/2)/B_3 \end{cases}$$

从而

$$\begin{cases} R_p = -B_0\cos\vartheta/(2B_6) + B_2/B_3 \\ y_p = B_0\sin\vartheta/(2B_6) \end{cases}$$

因此

$$\begin{cases} R = \bar{A}_1\sin(B_3V_p^2/2) + \bar{B}_1\cos(B_3V_p^2/2) - B_0\cos\vartheta/(2B_6) + B_2/B_3 \\ y = -\bar{A}_1\cos(B_3V_p^2/2) + \bar{B}_1\sin(B_3V_p^2/2) + B_0\sin\vartheta/(2B_6) \end{cases}$$

代入边界条件$R(0) = L\sin s_3$和$y(0) = L\cos s_3$，可得

$$\bar{A}_1 = -L\cos(s_3 + B_3UP^2/2) + B_0\sin\left[\vartheta(0) + B_3UP^2/2\right]/(2B_6) - B_2\sin(B_3UP^2/2)/B_3$$

$$\bar{B}_1 = L\sin(s_3 + B_3UP^2/2) + B_0\cos\left[\vartheta(0) + B_3UP^2/2\right]/(2B_6) - B_2\cos(B_3UP^2/2)/B_3$$

从而解得

$$\begin{aligned} R = {} & L\sin\left(s_3 + \frac{1}{2}B_3UP^2\right) - \frac{1}{2}B_3V_p^2 + \frac{B_0}{2B_6}\left\{\cos\left[\vartheta(0) + \frac{1}{2}B_3UP^2 - \frac{1}{2}B_3V_p^2\right]\right\} \\ & + \frac{B_2}{B_3}\left[1 - \cos\left(\frac{1}{2}B_3UP^2 - \frac{1}{2}B_3V_p^2\right)\right] \end{aligned}$$

同理可以得到：

$$\begin{aligned} y = {} & L\cos\left(s_3 + \frac{1}{2}B_3UP^2 - \frac{1}{2}B_3V_p^2\right) + \frac{B_0}{2B_6}\left\{-\sin\left[\vartheta(0) + \frac{1}{2}B_3UP^2 - \frac{1}{2}B_3V_p^2\right]\right. \\ & \left. + \sin\vartheta\right\} + \frac{B_2}{B_3}\sin\left(\frac{1}{2}B_3UP^2 - \frac{1}{2}B_3V_p^2\right) \end{aligned} \tag{6.27e}$$

式(6.27a)～式(6.27e)即为最优相对运动轨线。

3. 协态方程的解析解

双机格斗系统的协态方程可由 $\dot{\psi}_i = -\partial H / \partial \underline{x}_i$ 导出，倒转时间后的协态方程为

$$\begin{cases} \dot{\gamma}_1(t) = -\gamma_2 V_{\mathrm{p}} \sin\delta_2 / R_{\mathrm{p}} \\ \dot{\gamma}_2(t) = -\gamma_1 V_{\mathrm{p}} \sin\delta_2 / R_{\mathrm{p}} \\ \dot{\gamma}_3(t) = \gamma_1 V_{\mathrm{e}} \cos\vartheta - \gamma_2 V_{\mathrm{e}} \sin\gamma \\ \dot{\gamma}_4(t) = \gamma_1 y \sin\delta_2 / R_{\mathrm{p}} - \gamma_2 - \gamma_2 R \sin\delta_2 / R_{\mathrm{p}} + \gamma_3 \sin\delta_2 / R_{\mathrm{p}} \\ \dot{\gamma}_5(t) = \gamma_1 \sin\vartheta + \gamma_2 \cos\vartheta - \gamma_3 \sin\phi_{\mathrm{e}} / R_{\mathrm{e}} \end{cases} \tag{6.28}$$

将最优控制量 $\delta_2^* = \pi/2$、$\phi_{\mathrm{e}}^* = -\pi/2$、$R_{\mathrm{p}}^* = \min R_{\mathrm{p}}$ 和 $R_{\mathrm{e}}^* = \min R_{\mathrm{e}}$ 代入协态方程(6.28)，令 $K_1 = 1/\min R_{\mathrm{p}}$ 且 $K_2 = 1/\min R_{\mathrm{e}}$，可得协态方程：

$$\begin{cases} \dot{\gamma}_1(t) = K_1 V_{\mathrm{p}} \gamma_2 \\ \dot{\gamma}_2(t) = -K_1 V_{\mathrm{p}} \gamma_1 \\ \dot{\gamma}_3(t) = \gamma_1 V_{\mathrm{e}} \cos\vartheta - \gamma_2 V_{\mathrm{e}} \sin\vartheta \\ \dot{\gamma}_4(t) = -K_1 \gamma_1 y - \gamma_2 + K_1 \gamma_2 R - \gamma_3 K_1 \\ \dot{\gamma}_5(t) = \gamma_1 \sin\vartheta + \gamma_2 \cos\vartheta + K_1 \gamma_3 \end{cases} \tag{6.29}$$

其初始条件为 $\gamma_1(0) = -1$ 和 $\gamma_2(0) = \gamma_3(0) = \gamma_4(0) = \gamma_5(0) = 0$。接下来解协态方程。因为

$$\begin{cases} \mathrm{d}\gamma_1 / \mathrm{d}V_{\mathrm{p}} = -B_3 V_{\mathrm{p}} \gamma_2 \\ \mathrm{d}\gamma_2 / \mathrm{d}V_{\mathrm{p}} = B_3 V_{\mathrm{p}} \gamma_1 \end{cases}$$

所以有

$$\begin{cases} \gamma_1 = a \sin\left(B_3 V_{\mathrm{p}}^2 / 2\right) + b \cos\left(B_3 V_{\mathrm{p}}^2 / 2\right) \\ \gamma_2 = -a \cos\left(B_3 V_{\mathrm{p}}^2 / 2\right) + b \sin\left(B_3 V_{\mathrm{p}}^2 / 2\right) \end{cases}$$

代入初始条件，可解得 $a = -\sin\left(B_3 UP^2 / 2\right)$ 和 $b = -\cos\left(B_3 UP^2 / 2\right)$，所以有

$$\begin{cases} \gamma_1 = -\cos(B_3 UP^2 / 2 - B_3 V_{\mathrm{p}}^2 / 2) \\ \gamma_2 = \sin(B_3 UP^2 / 2 - B_3 V_{\mathrm{p}}^2 / 2) \end{cases} \tag{6.30a}$$

又

$$\frac{\mathrm{d}\gamma_3}{\mathrm{d}V_\mathrm{p}} = -\frac{V_\mathrm{e}}{C_{T_\mathrm{p}}^*}\left[-\cos\left(\frac{1}{2}B_3UP^2 - \frac{1}{2}B_3V_\mathrm{p}^2\right)\cos\vartheta - \sin\left(\frac{1}{2}B_3UP^2 - \frac{1}{2}B_3V_\mathrm{p}^2\right)\sin\vartheta\right]$$

$$= \frac{B_0}{2B_6}(B_5 + 2B_6V_\mathrm{p})\cos\left(\frac{1}{2}B_3UP^2 - B_4 - B_5V_\mathrm{p} - B_6V_\mathrm{p}^2\right)$$

积分可得

$$\gamma_3 = -B_0\sin[-\vartheta(0) + B_5(UP - V_\mathrm{p}) + B_6(UP^2 - V_\mathrm{p}^2)]\big/(2B_6) + c \tag{6.30b}$$

代入初始条件 $\gamma_3(0) = 0$，可得

$$\gamma_3 = -B_0\{\sin[-\vartheta(0) + B_5(UP - V_\mathrm{p}) + B_6(UP^2 - V_\mathrm{p}^2)] + \sin\vartheta(0)\}\big/(2B_6)$$

又因为 $K = K_1y - \gamma_2R + \gamma_3$，所以有 $\dot{K} = \dot{\gamma}_1y + \gamma_1\dot{y} - \dot{\gamma}_2R - \gamma_2\dot{R} + \dot{\gamma}_3 = \gamma_1V_\mathrm{p}$，故

$$\frac{\mathrm{d}K}{\mathrm{d}V_\mathrm{p}} = \frac{B_2}{B_3}\left[B_3V_\mathrm{p}\cos\left(\frac{1}{2}B_3UP^2 - \frac{1}{2}B_3V_\mathrm{p}^2\right)\right]$$

积分后得

$$K = -\frac{B_2}{B_3}\sin\left(\frac{1}{2}B_3UP^2 - \frac{1}{2}B_3V_\mathrm{p}^2\right) - y(t_\mathrm{f}) \tag{6.30c}$$

又有 $\mathrm{d}\gamma_4/\mathrm{d}V_\mathrm{p} = -(-K_1K - \gamma_2)\big/C_{T_\mathrm{p}}^* = -B_2y(t_\mathrm{f})$，可得

$$\gamma_4 = -B_2y(t_\mathrm{f})(V_\mathrm{p} - UP) \tag{6.30d}$$

同时有

$$\frac{\mathrm{d}\gamma_5}{\mathrm{d}V_\mathrm{p}} = -\frac{1}{C_{T_\mathrm{p}}^*}\sin\left(\frac{1}{2}B_3UP^2 - \frac{1}{2}B_3V_\mathrm{p}^2 - \vartheta\right)$$

$$+\frac{K_2}{C_{T_\mathrm{p}}^*}\frac{B_0}{2B_6}\{\sin[-\vartheta(0) + B_5(UP - V_\mathrm{p}) + B_6(UP^2 - V_\mathrm{p}^2)] + \sin\vartheta(0)\}$$

因为

$$\frac{1}{2}B_3UP^2 - \frac{1}{2}B_3V_\mathrm{p}^2 - \vartheta = -\vartheta(0) + B_5(UP - V_\mathrm{p}) + B_6(UP^2 - V_\mathrm{p}^2)$$

且有 $K_2B_0/(2B_6) = 1$，所以可得 $\mathrm{d}\gamma_5/\mathrm{d}V_\mathrm{p} = \sin\vartheta(0)\big/C_{T_\mathrm{p}}^*$。因此有

$$\gamma_5 = -(V_\mathrm{p} - UP)\sin\vartheta(0)\big/C_{T_\mathrm{p}}^* \tag{6.30e}$$

式(6.30a)～式(6.30e)即为协态方程的解析解。

解出相对运动方程和协态方程的解析解，就可确定在整个格斗过程中的最优控制量，以及最优控制量改变的时间，即换轨时间。

6.1.4　截获区和危险区的确定

1. 双机性能参数

这里取第一架飞机为 A，第二架飞机为 B。A 在速度上占有优势，B 在机动性能上占优势。

取作战高度为 11000m，根据双机的性能参数曲线，选第一组为 A 在速度上占绝对优势，B 在机动性能上占绝对优势。取 A 机最大速度为 680m/s，最小转弯半径为 14300m；B 机最大速度为 540m/s，最小转弯半径为 10000m。

为便于分析截获区的形状大小与双机性能参数的关系，选第二组为 A 的速度优势不大，B 的机动性能优势也不大。取 A 机最大速度为 610m/s，最小转弯半径为 12500m；B 机最大速度为 580m/s，最小转弯半径为 11100m。

这里所取的最大速度及相应的最小转弯半径，是在某一格斗过程中所能够达到的，而不是飞机的极限参数。目标集 $L=13000\text{m}$，$\theta=30^\circ$。

2. 换轨时间的确定

在 6.1.3 小节中，ϕ_e^*、δ_2^*、$C_{T_\text{p}}^*$、$C_{T_\text{e}}^*$、R_p^*、R_e^* 均与双机格斗系统的状态变量和协态变量有关。下面来确定这些最优控制量的换轨时间。

由于 $\gamma_4=-B_2y(t_\text{f})\left(V_\text{p}-UP\right)>0$ 且 $\gamma_5=-\left(V_\text{p}-UP\right)\sin\vartheta(0)\big/C_{T_\text{p}}^*<0$ 恒成立，所以有 $C_{T_\text{p}}^*=\max C_{T_\text{p}}$ 和 $C_{T_\text{e}}^*=\max C_{T_\text{e}}$。因此 $R_\text{p}^*=\min R_\text{p}$ 和 $R_\text{e}^*=\min R_\text{e}$ 永远不发生换轨。从物理概念上，这是可以理解的。下面只讨论 ϕ_e^* 和 δ_2^* 的换轨时间。

1) ϕ_e^* 换轨时间的确定

当 $\gamma_3(t)=0$ 再次成立时，对应于 $B_5(UP-V_\text{p})+B_6(UP^2-V_\text{p}^2)=\pi$。对于第一组参数，若 A 作为追方：

$$\begin{cases}K_1=1/14300=0.00007,K_2=1/10000=0.00001\\UP=\max V_\text{p}=680(\text{m/s}),U_\text{e}=\max V_\text{e}=540(\text{m/s})\\C_{T_\text{p}}^*=C_{T_\text{e}}^*=c=2\end{cases}$$

此时，

$$\begin{cases}B_5=K_2A_1/c=-0.007\\B_6=(A_4+B_3)/2=0.000025\end{cases}$$

代入 $B_5(UP-V_\text{p})+B_6(UP^2-V_\text{p}^2)=\pi$ 中，得 $0.000025V_\text{p}^2-0.007V_\text{p}-3.6564=0$，得到 $V_{\text{p}_1}=547$，故 $\phi_\text{e}^*=-0.5$ 的持续时间为 $\tau_{11}=\left(UP-V_{\text{p}_1}\right)\big/c=66.5(\text{s})$。对于第一组参数，

当 B 为追方，计算得 $\tau'_{11}=79\text{s}$ 。

对于第二组参数，若 A 为追方，此时

$$\begin{cases} K_1=1/12500=0.00008, K_2=1/11100=0.00009 \\ UP=610\text{m/s}, U_\text{e}=580\text{m/s}, C^*_{T_\text{p}}=C^*_{T_\text{e}}=2 \end{cases}$$

同理于 A 中的计算，得 $\tau_{12}=68\text{s}$ 。当 B 作为追方时，同理计算得 $\tau'_{12}=77\text{s}$ 。

2) δ_2^* 换轨时间的确定

由 $K(\tau)=0$ ，得出在换轨时刻有 $B_2\sin\left[(B_3UP^2-B_3V_\text{p}^2)/2\right]/B_3+y(t_\text{f})=0$ ，即

$$B_3UP^2-B_3V_\text{p}^2=2\pi+2\arcsin[y(t_\text{f})B_2/B_3]$$

对于第一组参数，当 A 为追方，此时将 $B_2/B_3=1/K_1=14300$ 、 $y(t_\text{f})=2598$ 和 $B_3=K_1/c=0.000035$ 代入 $\frac{1}{2}B_3UP^2-\frac{1}{2}B_3V_\text{p}^2=\pi+\arcsin\left[y(t_\text{f})\frac{B_2}{B_3}\right]$ 中，可得 $V_{\text{p}_2}=522$ 。因此 $\delta_2^*=-\pi/2$ 的持续时间为 $\tau_{21}=\left(UP-V_{\text{p}_2}\right)/c=79$ (s)。

此时若 B 作为追方。同理可计算得 $\tau'_{21}=66.5\text{s}$ 。

对于第二组参数，若 A 作为追方，有 $\tau_{22}=77\text{s}$ ；若 B 是追方，则有 $\tau'_{22}=68\text{s}$ 。

根据对抗的实际情况，考虑实际双机格斗的时间，参照画出截获区与危险区的距离分布。综合考虑，选取格斗时间为 60s 以内的截获区和危险区加以研究。由于以上各换轨时间均大于 60s，故这里研究的最优轨线均不发生换轨。

3. 有限时间内最优轨线的求解

和界栅一样，这里只考虑 R-y 右半平面的情况，左半平面可对称画出。

1) 不同区域内最优控制量的确定

由于角点 C 上的最优轨线已经确定，所以这里只考虑目标集位于弧 CD 段之内的最优控制，写成参数限制形式，即 $0<s_3<30^\circ$ 。

终止于上面目标集边界上的最优轨线，其终端条件为

$$\begin{cases} R(t_\text{f})=L\sin s_3, & \vartheta(t_\text{f})=-\arcsin\left.\left(\dfrac{V_\text{p}y}{R_\text{p}V_\text{e}}\sin\delta_2\right)\right|_{t_\text{f}} \\ y(t_\text{f})=L\cos s_3, & \lambda_1(t_\text{f})=-2L\sin s_3 \\ V_\text{p}(t_\text{f})=UP, & \lambda_2(t_\text{f})=-2L\cos s_3 \\ V_\text{e}(t_\text{f})=UE, & \lambda_3(t_\text{f})=\lambda_4(t_\text{f})=\lambda_5(t_\text{f})=0 \end{cases}$$

其中，$L=13000\text{m}$ 。

首先确定最优 ϕ_e^*。因为 $\gamma_3(t_f)=0$ 及 $\dot{\gamma}_3(t_f)=2L\cdot UE\sin[s_3-\vartheta(t_f)]$，所以当 $s_3>\vartheta(t_f)$ 时，$\dot{\gamma}_3(t_f)>0$，$\gamma_3(t_f-\Delta t)<0$，有 $\phi_e^*=-\pi/2$；当 $s_3<\vartheta(t_f)$ 时，$\dot{\gamma}_3(t_f)<0$，$\gamma_3(t_f-\Delta t)>0$，有 $\phi_e^*=\pi/2$；当 $s_3=\vartheta(t_f)$ 时，$\dot{\gamma}_3(t_f)=0$ 出现奇异情况。

其次确定 δ_2^*。因为 $K(t_f)=(\gamma_1 y-\gamma_2 R+\gamma_3)|_{t=t_f}=0$，且 $\dot{K}(t_f)=-UP\gamma_1(t_f)>0$，从而 $K(t_f-\Delta t)<0$，故在 CD 段上恒有 $\delta_2^*=-\pi/2$。

再次确定 $C_{T_p}^*$。因为 $\gamma_4(t_f)=0$，且有 $\dot{\gamma}_4(t_f)=-2L\cos s_3<0$ 和 $\gamma_4(t_f-\Delta t)>0$，所以在 CD 段上有 $C_{T_p}^*=\max C_{T_p}$。

对于 $C_{T_e}^*$，因为 $\gamma_5(t_f)=0$，$\dot{\gamma}_5(t_f)=(-\gamma_1\sin\vartheta-\gamma_2\cos\vartheta)|_{t_f}>0$ 和 $\gamma_5(t_f-\Delta t)<0$，所以在 CD 段上有 $C_{T_e}^*=\max C_{T_e}$。

最后得出 $R_p^*=\min R_p$ 和 $R_e^*=\min R_e$。

2) 非奇异情况下最优轨线的求解

对于 $s_3>\vartheta(t_f)$ 的情况。此时各最优控制量与界栅上的相同，故只需令 s_3 取 $\vartheta(t_f)<s_3<30^\circ$ 中的不同值，用与求界栅完全相同的方法，得出相同形式的结果。这里不再重复。

对于 $s_3<\vartheta(t_f)$ 的情况，只有 ϕ_e^* 发生变化，由 $\phi_e^*=-\pi/2$ 变为 $\pi/2$。观察状态方程的形式，只需将 $-K_2$ 代替 K_2 即可，结果形式不变。

3) 奇异情况下最优轨线的求解

当 $s_3=\vartheta(t_f)$ 时，$\dot{\gamma}_3(t_f)=0$，ϕ_e^* 取值不变，出现奇异情况，这是因为

$$\begin{aligned}\dot{\psi}_3(t_f)&=-[\dot{\psi}_1 V_e\cos\vartheta+\psi_1(\dot{V}_e\cos\vartheta-V_e\sin\vartheta\cdot\dot{\vartheta})-\dot{\psi}_3 V_e\sin\vartheta\\&\quad-\psi_2(\dot{V}_e\sin\vartheta+V_e\cos\vartheta\cdot\dot{\vartheta})]|_{t_f}\\&=L\cdot UE^2K_2\sin\phi_e^*\end{aligned}$$

当 $\phi_e^*<0$ 时，$\ddot{\gamma}_3(t_f)<0$。考虑时间倒转，得 $\phi_e^*=-\pi/2$。当 $\phi_e^*>0$ 时，$\ddot{\gamma}_3(t_f)>0$，从而有 $\phi_e^*=\pi/2$。

令 $\phi_e^*=0$，可求奇异曲线。然后以奇异曲线上的点作为初始点，向右取 $\phi_e^*=-\pi/2$，向左取 $\phi_e^*=\pi/2$，求得最优轨线，以充满因奇异情况而产生的空区。最后确定奇异曲线的解。

由于在奇异情况下有 $\phi_e^*=0$，所以相对运动方程为

$$\begin{cases}\dot{R}(t)=-V_e\sin\vartheta+K_1V_p y\\\dot{y}(t)=-V_e\cos\vartheta+V_p-K_1V_pR\end{cases}$$

$$\begin{cases}\dot{\vartheta}(t)=K_1V_{\mathrm{p}}\\ \dot{V}_{\mathrm{e}}(t)=-C_{T_{\mathrm{e}}}^{*}\\ \dot{V}_{\mathrm{p}}(t)=-C_{T_{\mathrm{p}}}^{*}\end{cases}$$

初始条件为

$$\begin{cases}R(0)=L\sin s_3\\ y(0)=L\cos s_3\\ \vartheta(0)=\arcsin\dfrac{K_1UPy(t_{\mathrm{f}})}{UE}\\ V_{\mathrm{p}}(0)=UP\\ V_{\mathrm{e}}(0)=UE\end{cases}$$

其中，$s_3=\vartheta(0)=\arcsin\dfrac{K_1UPy(t_{\mathrm{f}})}{UE}$。由于$V_{\mathrm{p}}$、$V_{\mathrm{e}}$和$\vartheta$的表达式与界栅的解具有相同的形式，因此只需令其中的$K_2=0$即可。

由此可得R与y的通解为

$$R=R_{\mathrm{H}}+R_{\mathrm{p}}$$

$$y=y_{\mathrm{H}}+y_{\mathrm{p}}$$

通解R_{H}和y_{H}与界栅相应的R_{H}和y_{H}具有相同的形式，即

$$\begin{cases}R_{\mathrm{H}}=\bar{a}_1\sin\left(\dfrac{1}{2}B_3V_{\mathrm{p}}^2\right)+\bar{b}_1\cos\left(\dfrac{1}{2}B_3V_{\mathrm{p}}^2\right)\\ y_{\mathrm{H}}=-\bar{a}_1\cos\left(\dfrac{1}{2}B_3V_{\mathrm{p}}^2\right)+\bar{b}_1\sin\left(\dfrac{1}{2}B_3V_{\mathrm{p}}^2\right)\end{cases}$$

同样设：

$$\begin{cases}R_{\mathrm{p}}=\bar{V}_1\sin\left(\dfrac{1}{2}B_3V_{\mathrm{p}}^2\right)+\bar{V}_2\cos\left(\dfrac{1}{2}B_3V_{\mathrm{p}}^2\right)\\ y_{\mathrm{p}}=-\bar{V}_1\cos\left(\dfrac{1}{2}B_3V_{\mathrm{p}}^2\right)+\bar{V}_2\sin\left(\dfrac{1}{2}B_3V_{\mathrm{p}}^2\right)\end{cases}$$

代入原方程(6.25)，整理得

$$\begin{cases}\dfrac{\mathrm{d}\bar{V}_1}{\mathrm{d}V_{\mathrm{p}}}=-(B_1+B_0V_{\mathrm{p}})\cos\left(\vartheta+\dfrac{1}{2}B_3V_{\mathrm{p}}^2\right)+B_2V_{\mathrm{p}}\cos\left(\dfrac{1}{2}B_3V_{\mathrm{p}}^2\right)\\ \dfrac{\mathrm{d}\bar{V}_2}{\mathrm{d}V_{\mathrm{p}}}=(B_1+B_0V_{\mathrm{p}})\sin\left(\vartheta+\dfrac{1}{2}B_3V_{\mathrm{p}}^2\right)-B_2V_{\mathrm{p}}\cos\left(\dfrac{1}{2}B_3V_{\mathrm{p}}^2\right)\end{cases}$$

由于此时

$$A_3=\frac{K_2A_1}{C_{T_p}^*}=0, A_4=-\frac{K_1}{C_{T_p}^*}=-B_3$$

所以有

$$\begin{aligned}\vartheta+\frac{1}{2}B_3V_p^2&=s_3+\frac{1}{2}A_4(V_p^2-UP^2)-\frac{1}{2}A_4V_p^2\\&=s_3-\frac{1}{2}A_4UP^2=B_4=\text{常数}\end{aligned}$$

对 $\mathrm{d}\overline{V}_1/\mathrm{d}V_p$ 与 $\mathrm{d}\overline{V}_2/\mathrm{d}V_p$ 两式积分，得

$$\begin{cases}\overline{V}_1=-\cos B_4\left(B_1V_p+\dfrac{1}{2}B_0V_p^2\right)+\dfrac{B_2}{B_3}\sin\dfrac{1}{2}B_3V_p^2\\ \overline{V}_2=\sin B_4\left(B_1V_p+\dfrac{1}{2}B_0V_p^2\right)+\dfrac{B_2}{B_3}\cos\dfrac{1}{2}B_3V_p^2\end{cases}$$

所以有

$$\begin{cases}R_p=\left(B_1V_p+\dfrac{1}{2}B_0V_p^2\right)\sin\left(B_4-\dfrac{1}{2}B_3V_p^2\right)+\dfrac{B_2}{B_3}\\ y_p=\left(B_1V_p+\dfrac{1}{2}B_0V_p^2\right)\cos\left(B_4-\dfrac{1}{2}B_3V_p^2\right)\end{cases}$$

由此可得

$$\begin{cases}R_p=\overline{a}_1\sin\dfrac{1}{2}B_3V_p^2+\overline{b}_1\cos\dfrac{1}{2}B_3V_p^2+\left(B_1V_p+\dfrac{1}{2}B_0V_p^2\right)\sin\left(B_4-\dfrac{1}{2}B_3V_p^2\right)+\dfrac{B_2}{B_3}\\ y_p=-\overline{a}_1\cos\dfrac{1}{2}B_3V_p^2+\overline{b}_1\sin\dfrac{1}{2}B_3V_p^2+\left(B_1V_p+\dfrac{1}{2}B_0V_p^2\right)\cos\left(B_4-\dfrac{1}{2}B_3V_p^2\right)\end{cases}$$

其中，$\overline{a}_1$ 和 $\overline{b}_1$ 由初始条件 $R(0)=L\sin s_3$ 和 $y(0)=L\cos s_3$ 确定。将初始条件代入方程解中，整理后可得

$$\overline{a}_1=-L\cos\left(s_3+\frac{1}{2}B_3UP^2\right)+\left(B_1UP+\frac{1}{2}B_0UP^2\right)\cos B_4-\frac{B_2}{B_3}\sin\left(\frac{1}{2}B_3UP^2\right)$$

$$\overline{b}_1=L\sin\left(s_3+\frac{1}{2}B_3UP^2\right)-\left(B_1UP+\frac{1}{2}B_0UP^2\right)\sin B_4-\frac{B_2}{B_3}\cos\left(\frac{1}{2}B_3UP^2\right)$$

这样可以得到相对运动在 $\phi_e^*=0$ 奇异情况下的解。有了奇异轨线，以奇异轨线上的点作为初始点，取 $\phi_e^*=-\pi/2$，向右求出最优轨线，同时取 $\phi_e^*=\pi/2$，向左

求出最优轨线。显然，只要把求界栅时的初始条件 $R(0)$ 、 $y(0)$ 、 $\vartheta(0)$ 、 $V_{\mathrm{p}}(0)$ 和 $V_{\mathrm{e}}(0)$ 用奇异轨线上点的数值代替即可。这样就可以求出所有的最优轨线。

4. 危险区的确定

由于追方的截获区，在逃方看来是自己的危险区。经图 6.5 中的坐标变换可得

$$\begin{cases} RR = -R\cos\vartheta + y\sin\vartheta \\ yy = -R\sin\vartheta - y\cos\vartheta \\ \vartheta\vartheta = -\vartheta \end{cases} \tag{6.31}$$

根据式(6.31)可画出逃方的被截获区。

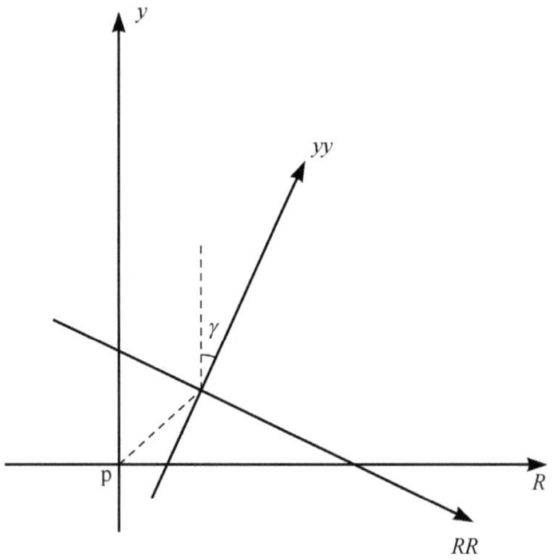

图 6.5　坐标变换

坐标变换中的 R 、 y 、 ϑ 和 RR 、 yy 、 $\vartheta\vartheta$ 的意义：R、y 为追机 p 在本机坐标系 R-y 中测得的逃机 e 的坐标；RR 、 yy 为在上述时刻，逃机 e 在本机坐标系中测得的追机 p 的坐标；ϑ 为在追机看来 $\boldsymbol{V}_{\mathrm{p}}$ 与 $\boldsymbol{V}_{\mathrm{e}}$ 的夹角；$\vartheta\vartheta$ 为在逃机看来 $\boldsymbol{V}_{\mathrm{p}}$ 与 $\boldsymbol{V}_{\mathrm{e}}$ 的夹角。根据截获区和被截获区(危险区)的含义，不难理解上述坐标变换的物理意义。

5. 截获区与危险区的图形

根据上面所得最优轨线的解析式及所给的 A 和 B 的第一组参数和第二组参数，进行数值解算。可根据所得计算结果画出最优轨线族，将这些最优轨线族上的等时点连成一条条等时线。这样，由等时线、界栅(角点上的最优轨线)和目标集

组成的区域，就形成有限时间内的截获区。考虑到实际对抗过程中，追机雷达只能在有限距离内发现目标，而只有发现了目标方能进行有效的攻击，因此只考虑追机雷达探测距离内的截获区。这就最终形成了有限时间及有限距离内的截获区。图 6.6 给出一个典型截获区示意图。这种截获区的意义在于：在双机接近过程中，当逃机沿给定的方向通过时间为 T 的等时线进入截获区时，只要追机根据逃机的运动情况，始终采取最优策略，则追机将在 T 时间内将逃机截获住。

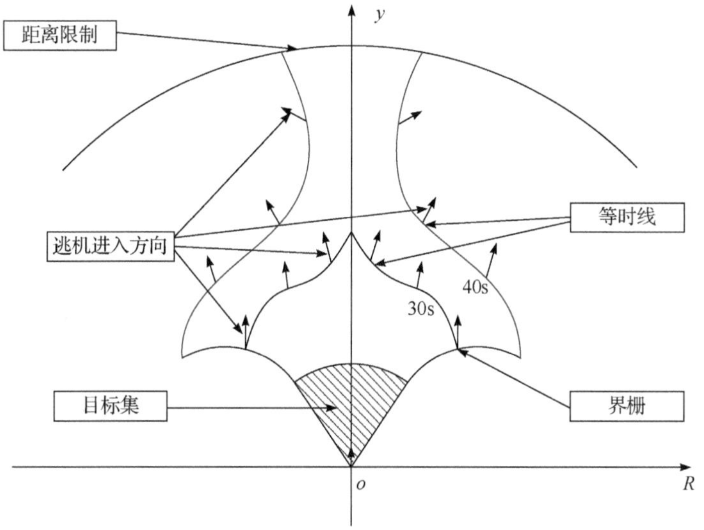

图 6.6　典型截获区示意图

考虑角色的二重性，当逃机变为追机，追机变为逃机时，相对于逃机而言，也有一个类似的截获区。这个截获区在追机上相对来看，为追机的危险区。图 6.7 给出了一个典型危险区示意图。这种危险区的意义在于：当逃机沿给定方向通过时间为 T 的等时线进入危险区时，只要逃机根据追机的运动情况，始终采取最优策略，那么追机将在 T 时间内被逃机捕获。

运用这种截获区和危险区，可以判断双机格斗的态势以及双机相互捕获住对方所需的时间。

1) 第一组参数

A 机界栅和逃机最优轨线与截获区分别如图 6.8 与图 6.9 所示。图 6.10 为 B 机界栅和追机最优轨线。A 机危险区如图 6.11 所示。

B 机截获区如图 6.12 所示。图 6.13 为 B 机危险区。

2) 第二组参数

A 机截获区和危险区分别如图 6.14 和图 6.15 所示。

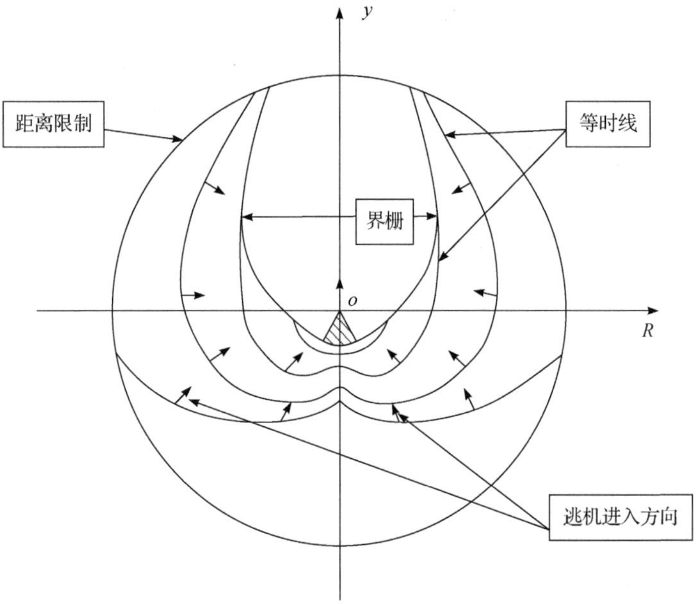

图 6.7　典型危险区示意图

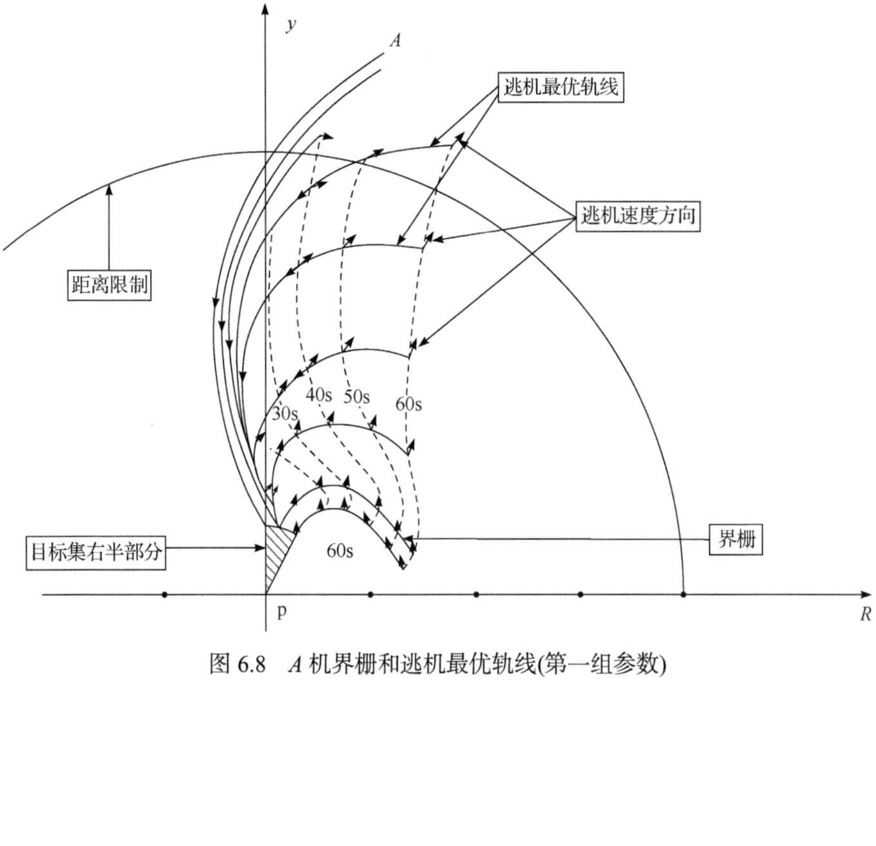

图 6.8　*A* 机界栅和逃机最优轨线(第一组参数)

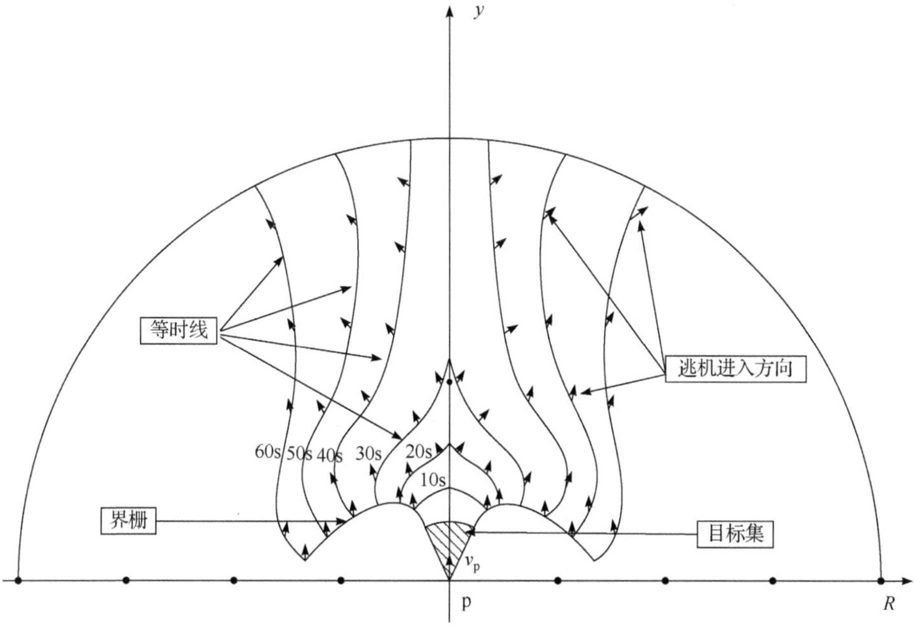

图 6.9　*A* 机截获区(第一组参数)

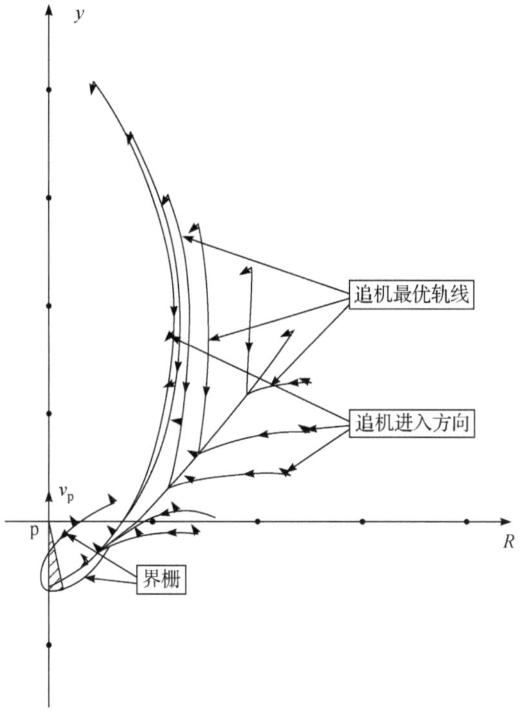

图 6.10　*B* 机界栅和追机最优轨线(第一组参数)

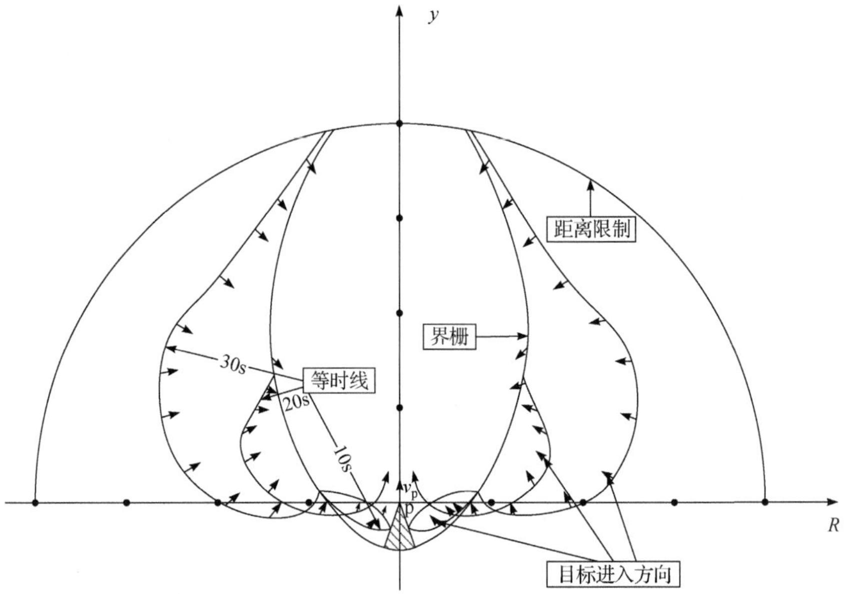

图 6.11　*A* 机危险区(第一组参数)

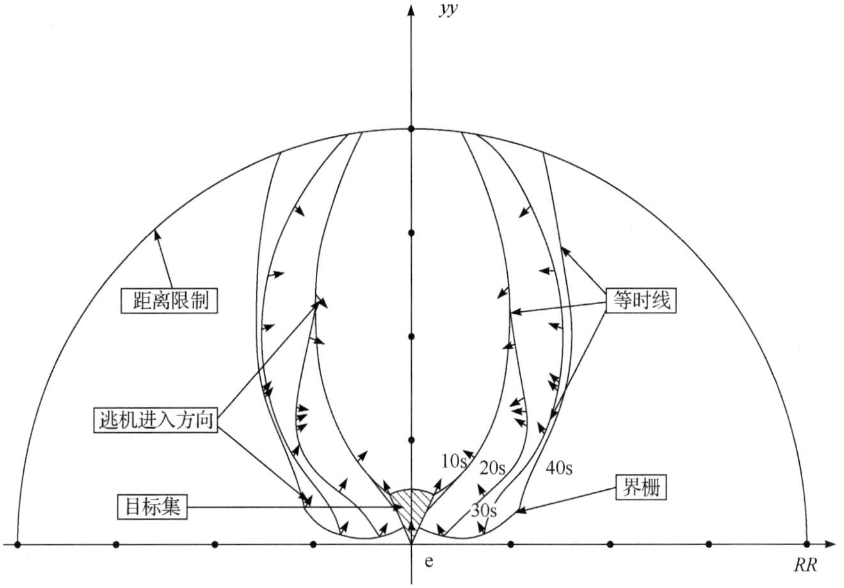

图 6.12　*B* 机截获区(第一组参数)

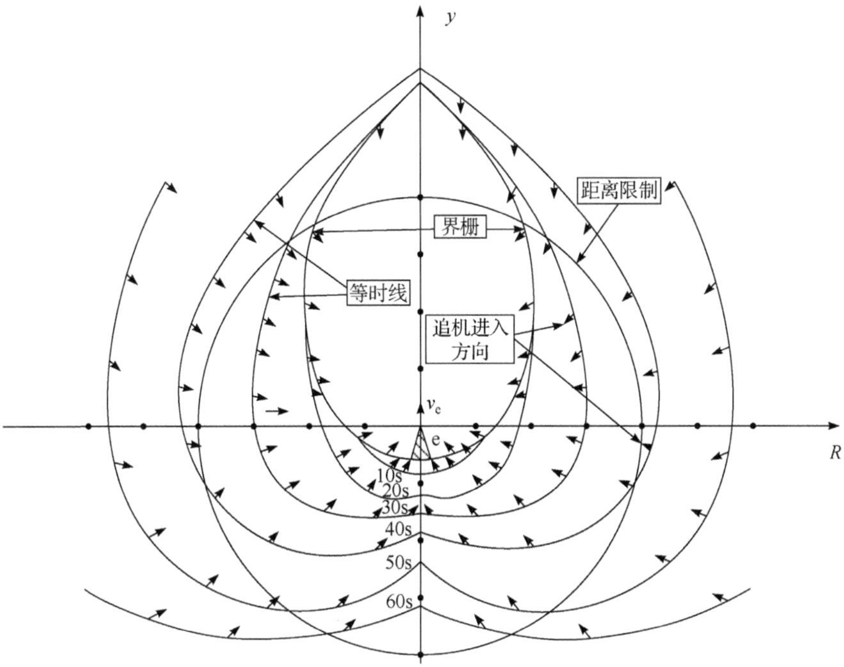

图 6.13　*B* 机危险区(第一组参数)

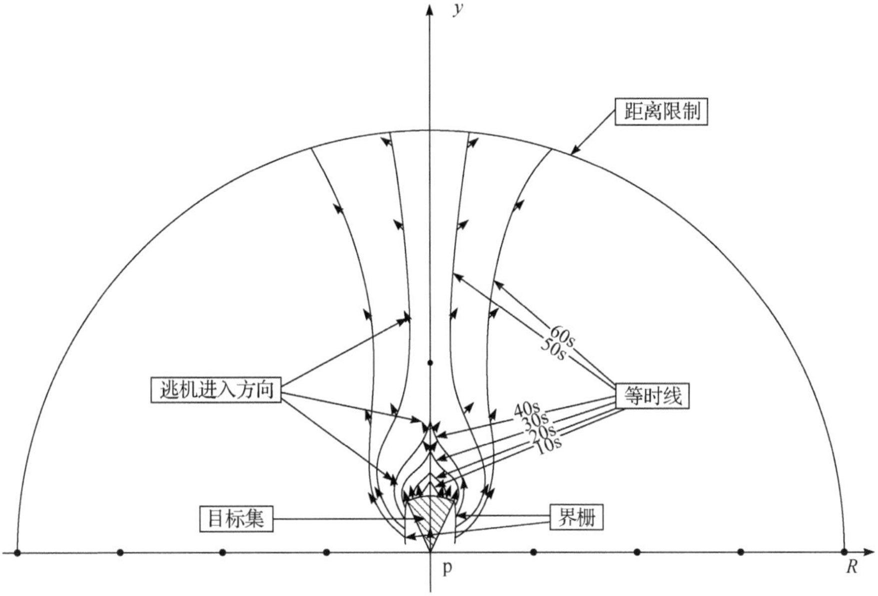

图 6.14　*A* 机截获区(第二组参数)

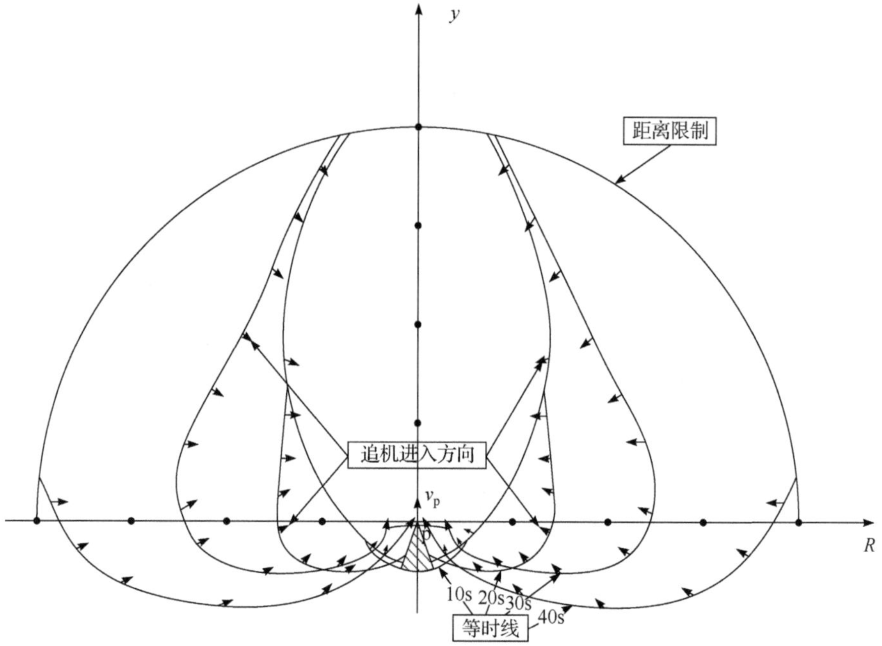

图 6.15　*A* 机危险区(第二组参数)

B 机截获区和危险区分别如图 6.16 和图 6.17 所示。

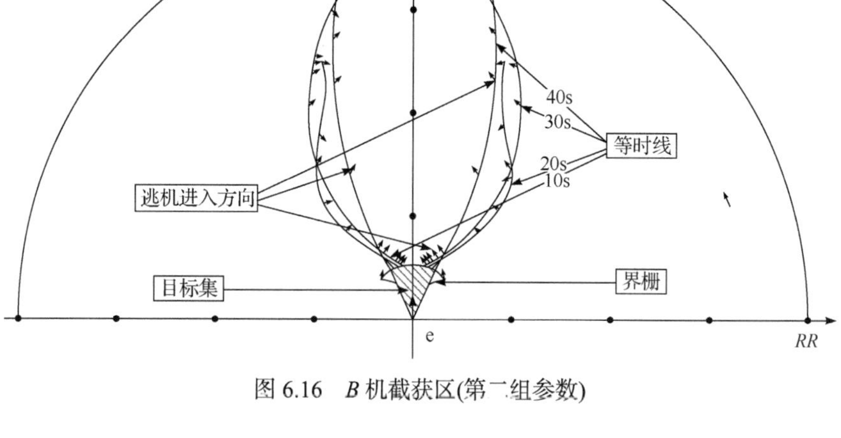

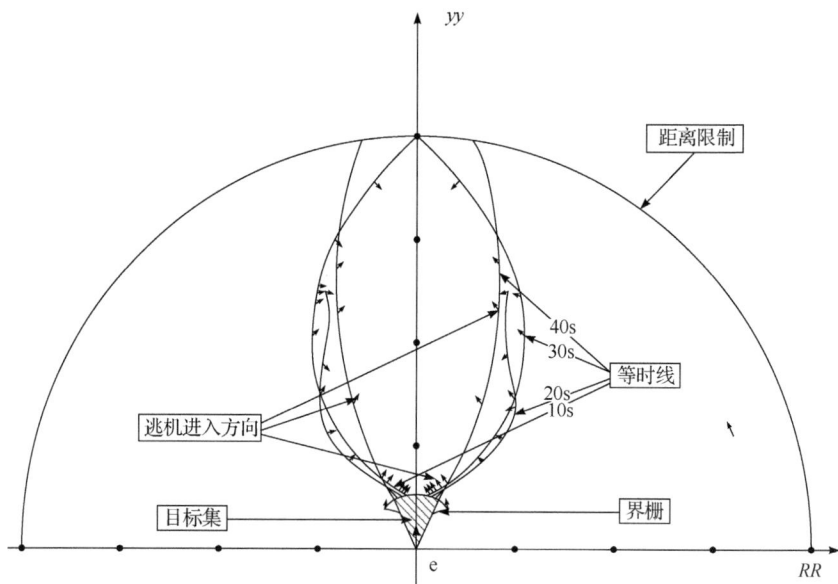

图 6.16　*B* 机截获区(第二组参数)

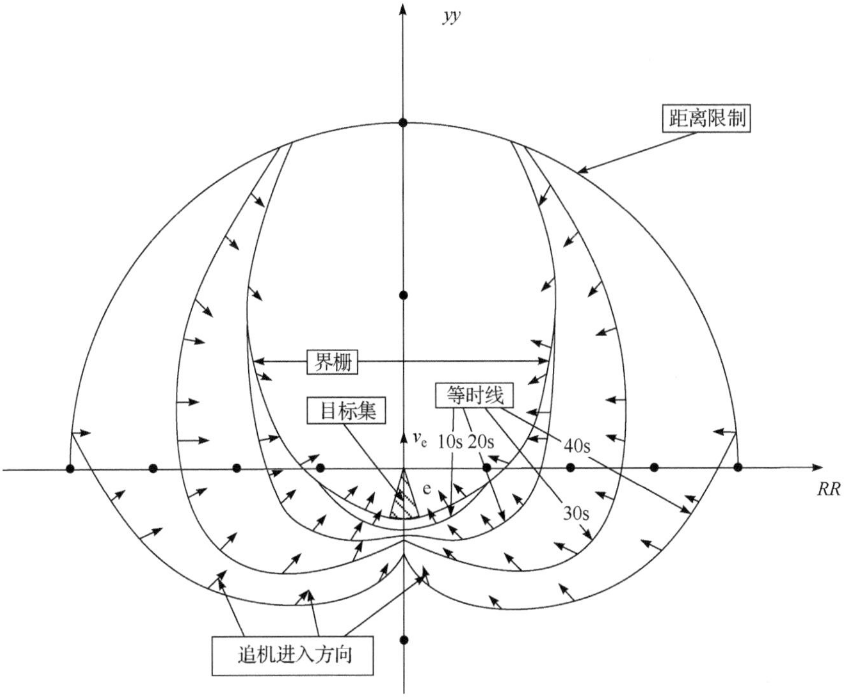

图 6.17　*B* 机危险区(第二组参数)

6.1.5　截获区和危险区分析

1. 截获区与危险区形状及其与性能参数的关系

1) 高速飞机与低速飞机的截获区与危险区的比较及结论

如图 6.9 和图 6.14 所示，高速飞机的截获区分布在其正前方及正前方两侧，逃机的进入方向与追机的速度方向形成一个较小的锐角。这说明机动性占劣势的高速飞机要截获机动性占优势的低速飞机，一般应绕到低速飞机的侧后，进而利用其速度优势将逃机截获。

如图 6.12 和图 6.16 所示，低速飞机的截获区分布在其左、右两侧及侧前方两条狭窄的区域，逃机的进入方向一般指向追机正前方不远的一点。这就说明机动性占优势的低速飞机要截获机动性占劣势的高速飞机，一般应尽量靠近高速飞机，然后利用其机动性的优势，等待时机将逃机捕获。

高速飞机的截获区随着时间的增加，向正前方及正前方两侧明显地增大了；低速飞机的截获区随时间的增加，其大小增加不大。这说明：高速飞机只要绕到低速飞机的侧后，尽管逃机距离较远，但只要时间允许，总是可能将其截获的，而低速飞机不是这样。这是因为低速飞机一般是利用其机动性的优势强迫高速飞机自己飞入低速飞机的截获区，而时间增加了，高速飞机就可能有足够的时间利用其速度优势来逃跑。因此，低速飞机要截获高速飞机，一般要在较短的时间内完成，应抓住战机。可见，速度对于截获来说是至关重要的，速度优势可以给捕捉提供充足的时间。

高速飞机的截获区中，逃机的进入方向很有规律，便于分析也便于应用；低速飞机的截获区中，逃机的进入方向规律性很差，这给分析带来了一定的困难。参见图 6.13 和图 6.17，低速飞机的危险区为一完整的桃形区域，且追机的进入方向指向逃机前方不远处，又如图 6.11 和图 6.15 所示，高速飞机的危险区为一桃形区域的变形——向两侧收缩了，追机的进入方向也指向逃机前方。这说明高速飞机要截获低速飞机，可在低速飞机后方或两侧广阔的区域内进行，而低速飞机要截获高速飞机，只有在高速飞机侧前方一个不大的区域内进行。可见，速度优势是很重要的。

2) 截获区与危险区的形状大小，与性能参数的关系及结论

比较图 6.9 和图 6.14，当高速飞机与低速飞机的速度差减小时，虽然它们的机动性差异也相应减小，但高速飞机的截获区还是明显地缩小了，且正前方变尖，而低速飞机的截获区向正前方靠拢了一些(比较图 6.12 和图 6.16)，且两侧的截获区变小了。关于后一点的解释如下：向正前方靠拢是由于低速飞机的速度劣势不大，有可能在前方的区域捕获逃机，而两侧截获区的缩小是它失去机动性的绝对优势所导致的。因此权衡来看，截获区对速度最为敏感，速度优势是最重要的。比较危险区，可得出相同的结论。

2. 在绝对坐标系中观察最优追踪过程

1) 高速飞机追低速飞机

在 T=0 时刻，逃机位于截获区内的一点，所以最终结果都是逃机被捕获。这里的最优追踪过程是在空间中的一个斜面上进行的，即这里的 x-y 平面实际上是空间的一个斜面。

下面画出高速飞机追低速飞机最优过程的典型情况，如图 6.18 所示。当追逃双机处于图 6.18 中所示的开始位置时：对逃机而言，若要避免被追机截获，最佳的策略是利用其机动性优势，以最小转弯半径沿顺时针方向机动；对追机而言，其最优策略是以最小转弯半径沿顺时针方向机动，捷足先登，将逃机捕获。显然，对于图示初始位置，逃机的其他策略都不是最优的，即如果逃机不以上述最优规律飞行，追机就可根据逃机的态势，采取相应的策略，在更短的时间内将其截获。

2) 低速飞机追高速飞机

和图 6.18 相对应，图 6.19 给出一种低速飞机追高速飞机最优过程的典型情况。具体分析与高速飞机追低速飞机过程相似。

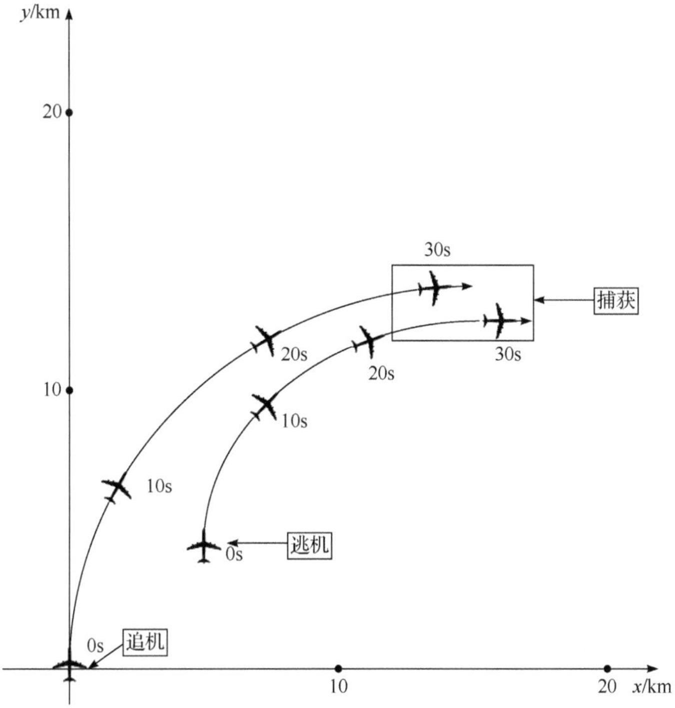

图 6.18　高速飞机追低速飞机最优过程

这里的截获区和危险区的 $R\text{-}y$ 和 $RR\text{-}yy$ 平面上的最优轨线，实际上是三维状态空间 $R\text{-}y\text{-}\vartheta$ 和 $RR\text{-}yy\text{-}\vartheta\vartheta$ 中的最优轨线在 $R\text{-}y$ 和 $RR\text{-}yy$ 子空间上的投影。因此，$R\text{-}y$ 和 $RR\text{-}yy$ 平面上的最优轨线上的每一点，都有一个 γ 角与之对应。图中用小箭头表示此角度 ϑ 和 $\vartheta\vartheta$，从而使截获区和危险区具有更鲜明的意义，便于分析。

同一飞机的截获区与危险区可能会重叠。当对方飞机位于该重叠区域且其速度方向符合截获区的进入条件时，则对方将被截获；反之，若其符合危险区的进入条件，则本机将有被对方截获的风险。

如双机初始速度共面，当双方均采取最优控制时，双机始终在同一斜面上运动，这个斜面即是上面的 $R\text{-}y$ 平面。如果逃机不采取最优控制而离开这一斜面，则追机可以进行俯仰、滚转等操作，使双机的速度向量处于一个新的斜面上，再在这一新斜面上重新格斗。由于逃机的上述操作不是最优的，所以在新的斜面上格斗对追机有利，即使得只做加速的逃机被截获。用这种方法实际上解决了三维空间中的双机格斗问题，而不仅只是一个平面格斗问题。

本书所用的方法，不但可以研究双机格斗问题，而且可以确定导弹的截获区。只要将本书中追机的性能参数换成导弹的性能参数，并将目标集作相应的变化，就能得到导弹的截获区，而相应的危险区是导弹的可攻击区，截获区与可攻击区

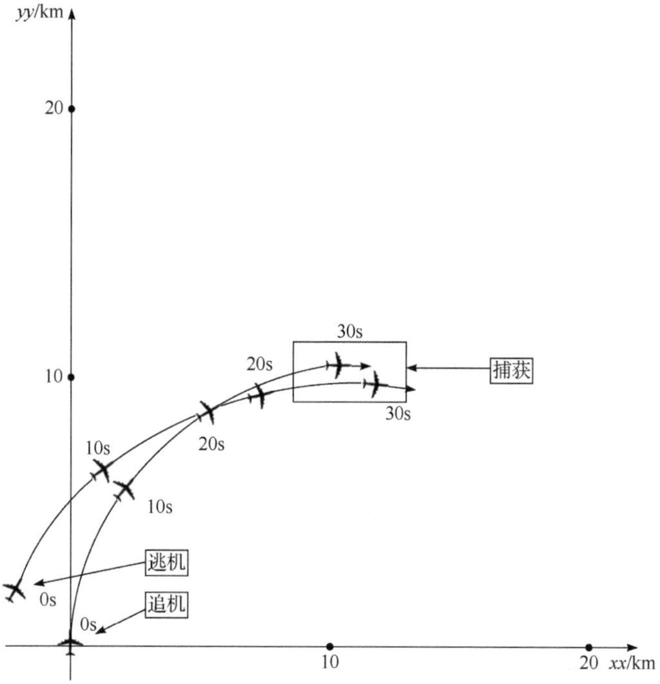

图 6.19　低速飞机追高速飞机最优过程

的边缘等时线上的时间，与导弹的最大飞行时间相对应。

6.2　双机格斗截获区参数灵敏度分析

在 6.1 节中，定性地分析了截获区形状大小与飞机参数性能之间的关系。本节用灵敏度方法定量地分析飞机性能参数对截获区参数的影响。这里为便于分析这一类问题，双机格斗系统均采用相对量。

6.2.1　数学模型

由式(6.11a)、式(6.11b)和式(6.12)，重新写出三维对抗的数学模型：

$$\begin{cases} \dot{R} = V_{\mathrm{e}} \sin\vartheta \cos\delta_1 + \dfrac{a_{N_{\mathrm{p}}}}{V_{\mathrm{p}}} y \sin\delta_2 \\ \dot{y} = V_{\mathrm{e}} \cos\vartheta - V_{\mathrm{p}} - \dfrac{a_{N_{\mathrm{p}}}}{V_{\mathrm{p}}} R \sin\delta_2 \\ \dot{\vartheta} = -\dfrac{a_{N_{\mathrm{p}}}}{V_{\mathrm{e}}} \sin\phi_{\mathrm{e}} + \dfrac{a_{N_{\mathrm{p}}}}{V_{\mathrm{p}}} \sin(\delta_2 - \delta_1) \end{cases}$$

$$\begin{cases}\dot{\delta}_1=\dfrac{a_{N_p}}{V_e}\sin\vartheta\cos\phi_e-\dfrac{1}{R}\left(V_e\sin\vartheta\sin\delta_1-\dfrac{a_{N_p}}{V_p}y\cos\delta_2\right)\\ \dot{V}_e=gC_{T_e}-\dfrac{K_eW_e}{gQ_eS_e}a_{N_e}^2\\ \dot{V}_p=gC_{T_p}-\dfrac{K_pW_p}{gQ_pS_p}a_{N_p}^2\end{cases}$$

控制约束集为

$$\begin{cases}\phi_e\in[0,2\pi],\delta_2\in[0,2\pi]\\ C_{T_p\min}\leqslant C_{T_p}\leqslant C_{T_p\max}\\ C_{T_e\min}\leqslant C_{T_e}\leqslant C_{T_e\max}\\ 0\leqslant n_p\leqslant n_{p\min}\\ 0\leqslant n_e\leqslant n_{e\min}\end{cases}$$

目标集为式(6.15a)和式(6.15b)：在右圆弧上的任一点为

$$\begin{cases}R=L\sin\theta+r(\sin s-\sin\theta-\cos\theta)\\ y=L\cos\theta+r(\cos s+\sin\theta-\cos\theta)\end{cases}$$

在左圆弧上的任一点为

$$\begin{cases}R=L\sin\theta+r(-\sin s+\sin\theta+\cos\theta)\\ y=L\cos\theta+r(\cos s+\sin\theta-\cos\theta)\end{cases}$$

令

$$\begin{cases}\underline{x}=R/R_0,\overline{y}=y/R_0,T=g/V_0,u=V_p/V_0,v=V_e/V_0\\ \overline{L}=L/R_0,\alpha_1=V_0^2/gR_0,\alpha_2=\dfrac{2K_1W_p}{\rho_eV_0^2s_e},\alpha_3=\dfrac{2K_1W_p}{\rho_pV_0^2s_p}\\ n_p=\dfrac{a_{N_p}}{g},n_e=\dfrac{a_{N_e}}{g}\end{cases}$$

则可得无量纲的三维对抗数学模型为

$$\begin{cases}\dot{\underline{x}}=\alpha_1v\sin\vartheta\cos\delta_1+\dfrac{n_p\overline{y}}{u}\sin\delta_2\\ \dot{\overline{y}}=\alpha_1v\cos\vartheta-\alpha_1u-\dfrac{n_p\overline{x}}{u}\sin\delta_2\\ \dot{\vartheta}=-\dfrac{n_e}{v}\sin\phi_e+\dfrac{n_p}{u}\sin(\delta_2-\delta_1)\end{cases}$$

$$
\begin{cases}
\dot{\delta}_1 = \dfrac{n_{\mathrm{e}}}{v}\sin\vartheta\cos\phi_{\mathrm{e}} - \alpha_1\dfrac{v}{\overline{x}}\sin\vartheta\sin\delta_1 + \dfrac{n_{\mathrm{p}}}{u}\dfrac{\overline{y}}{\overline{x}}\cos\delta_2 \\[2ex]
\dot{v} = C_{T_{\mathrm{e}}} - \alpha_2\dfrac{n_{\mathrm{e}}^2}{v^2} \\[2ex]
\dot{u} = C_{T_{\mathrm{p}}} - \alpha_3\dfrac{n_{\mathrm{p}}^2}{u^2}
\end{cases}
\tag{6.32a}
$$

其中，v 为逃机被控制到目标集时追机的速度。在图 6.4 的目标集中，L 改为 $\overline{L} = L / R_0$。在对策结束时的时间为 t_{f}，则无量纲相对运动方程中的边界条件为

$$
\begin{cases}
\overline{x}(t_{\mathrm{f}}) = \overline{L}\sin s_1, \overline{y}(t_{\mathrm{f}}) = \overline{L}\cos s_1 \\
\vartheta(t_{\mathrm{f}}) = s_2, \delta_1(t_{\mathrm{f}}) = 0 \\
v(t_{\mathrm{f}}) = \varepsilon, u(t_{\mathrm{f}}) = 1
\end{cases}
\tag{6.32b}
$$

其中，$\varepsilon = V_{\mathrm{e}} / V_{\mathrm{p}}$；$\delta_1(t_{\mathrm{f}}) = 0$，表示对策结束时双机处在同一平面上；$\vartheta(t_{\mathrm{f}})$ 表示双机在对策结束时速度方向的夹角；$s_2 \in [0, 2\pi]$。

为解相对运动方程的最优轨线，还需确定双机系统的协态方程。为此建立系统 Hamilton 函数 H，则协态方程：

$$
\begin{cases}
\dot{\gamma}_1 = -\gamma_2\dfrac{n_{\mathrm{p}}^*}{u}\sin\delta_2 + \gamma_4\dfrac{\alpha_1 v}{\overline{x}^2}\sin\vartheta\sin\delta_1 - \gamma_4\dfrac{n_{\mathrm{p}}}{u}\dfrac{\overline{y}}{\overline{x}^2}\cos\delta_2 \\[2ex]
\dot{\gamma}_2 = \gamma_1\dfrac{n_{\mathrm{p}}}{u}\sin\delta_2 - \gamma_4\dfrac{n_{\mathrm{p}}}{u}\dfrac{1}{\overline{x}}\cos\delta_2 \\[2ex]
\dot{\gamma}_3 = \gamma_1\alpha_1 v\cos\vartheta\cos\delta_1 - \gamma_2\alpha_1 v\sin\vartheta + \gamma_4\left(\dfrac{n_{\mathrm{e}}}{v}\cos\vartheta\cos\phi_{\mathrm{e}} - \alpha_1\dfrac{\overline{y}}{\overline{x}}\cos\vartheta\sin\delta_1\right) \\[2ex]
\dot{\gamma}_4 = -\gamma_1\alpha_1 v\sin\vartheta\sin\delta_1 - \gamma_4\dfrac{\alpha_1 v}{\overline{x}}\sin\vartheta\cos\delta_1 - \gamma_3\dfrac{n_{\mathrm{p}}}{u}\cos(\delta_2 - \delta_1) \\[2ex]
\dot{\gamma}_5 = \gamma_1\alpha_1\sin\vartheta\cos\delta_1 + \gamma_2\alpha_1\cos\vartheta + \gamma_4\dfrac{n_{\mathrm{e}}}{\delta^2}\sin\phi_{\mathrm{e}} \\[2ex]
\qquad - \gamma_4\left(\dfrac{n_{\mathrm{e}}}{v^2}\sin\vartheta\cos\phi_{\mathrm{e}} + \dfrac{\alpha_1}{\overline{x}}\sin\vartheta\sin\delta_1\right) + 2\gamma_5\alpha_2\dfrac{n_{\mathrm{e}}^2}{v^3} \\[2ex]
\dot{\gamma}_6 = -\gamma_1\dfrac{n_{\mathrm{p}}}{u^2}y\sin\delta_2 - \gamma_2\alpha_1 + \gamma_2\dfrac{n_{\mathrm{p}}}{u^2}\overline{x}\sin\delta_2 \\[2ex]
\qquad - \gamma_3\dfrac{n_{\mathrm{p}}}{u^2}\sin(\delta_2 - \delta_1) - \gamma_4\dfrac{n_{\mathrm{p}}}{u^2}\dfrac{\overline{y}}{\overline{x}}\cos\delta_2 + 2\gamma_6\alpha_3\dfrac{n_{\mathrm{p}}^2}{u^3}
\end{cases}
\tag{6.32c}
$$

由于协态向量在目标上与最优轨线垂直，所以

$$\begin{cases}\dot{\gamma}_1(t_{\mathrm{f}})=\sin s_1,\dot{\gamma}_2(t_{\mathrm{f}})=\cos s_1\\ \dot{\gamma}_3(t_{\mathrm{f}})=\dot{\gamma}_4(t_{\mathrm{f}})=\dot{\gamma}_5(t_{\mathrm{f}})=\dot{\gamma}_6(t_{\mathrm{f}})=0\end{cases}$$

基于倒转时间的概念，根据方程组(6.32a)～方程组(6.32c)和双方控制约束集，可解出最优轨线。

6.2.2　简化模型及其解

可以证明，当双机初始时处于共面，则在双方最优策略下，格斗过程应仍在平面内。这里假设双机以匀加速度在平面内进行格斗。这时数学模型可以得到简化。

倒转时间后的简化模型及协态方程：

$$\begin{cases}\dot{\underline{x}}=-\alpha_1 v\sin\vartheta+\dfrac{n_{\mathrm{p}}^*}{u}\overline{y}\\ \dot{\overline{y}}=-\alpha_1 v\cos\vartheta+\alpha_1 u-\dfrac{n_{\mathrm{p}}^*}{u}\overline{x}\\ \dot{\vartheta}=-\dfrac{n_{\mathrm{e}}^*}{v}+\dfrac{n_{\mathrm{p}}^*}{u}\\ \dot{v}=-C_{T_{\mathrm{e}}}^*\\ \dot{u}=-C_{T_{\mathrm{p}}}^*\\ \dot{\gamma}_1=\gamma_2\dfrac{n_{\mathrm{p}}^*}{u}\\ \dot{\gamma}_2=-\gamma_1\dfrac{n_{\mathrm{p}}^*}{u}\\ \dot{\gamma}_3=\alpha_1 v(\gamma_1\cos\vartheta-\gamma_2\sin\vartheta)\\ \dot{\gamma}_4=\alpha_1(\gamma_1\sin\vartheta+\gamma_2\cos\vartheta)+\gamma_3\dfrac{n_{\mathrm{e}}^*}{v^2}\\ \dot{\gamma}_5=-\dfrac{n_{\mathrm{p}}^*}{u^2}B\sin\delta_2-\alpha_1\gamma_2\end{cases}\tag{6.33}$$

边界条件：

$$\begin{cases}\overline{x}(0)=\overline{L}\sin s_1,\overline{y}(0)=\overline{L}\cos s_1,\vartheta(0)=s_2,v(0)=\varepsilon,u(0)=1\\ \gamma_1(0)=\sin s_1,\gamma_2(0)=\cos s_1,\gamma_3(0)=\gamma_4(0)=\gamma_5(0)=0\end{cases}$$

其中，

$$\begin{cases}n_{\mathrm{p}}^*=\alpha_5 C_{L_{\mathrm{p}}\max}u^2,n_{\mathrm{e}}^*=\alpha_4 C_{L_{\mathrm{e}}\max}u^2\\ C_{T_{\mathrm{e}}}^*=\max C_{T_{\mathrm{e}}},C_{T_{\mathrm{p}}}^*=\max C_{T_{\mathrm{p}}}\end{cases}$$

方程解为

$$
\begin{cases}
\underline{x} = \bar{L}\sin\left(s_1 + \frac{1}{2}\lambda_3 - \frac{1}{2}\lambda_3 u^2\right) + \frac{\lambda_0}{2\lambda_6}\left[\cos\left(s_2 + \frac{1}{2}\lambda_3 - \frac{1}{2}\lambda_3 u^2\right) - \cos\vartheta\right] \\
\quad + \frac{\lambda_2}{\lambda_3}\left[1 - \cos\frac{1}{2}\lambda_3(1-u^2)\right] \\
\bar{y} = \bar{L}\cos\left(s_1 + \frac{1}{2}\lambda_3 - \frac{1}{2}\lambda_3 u^2\right) - \frac{\lambda_0}{2\lambda_6}\left[\sin\left(s_2 + \frac{1}{2}\lambda_3 - \frac{1}{2}\lambda_3 u^2\right) - \sin\vartheta\right] \\
\quad + \frac{\lambda_2}{\lambda_3}\sin\frac{1}{2}\lambda_3(1-u^2) \\
\vartheta = s_2 + \frac{1}{2C_{T_p}(c_4 c - c_5)}\{[c_4(\varepsilon - c) + (c_4 c - c_5)u]^2 - (c_4\varepsilon - c_5)^2\} \\
\quad = -\frac{1}{2}\lambda_3 u^2 + \lambda_4 + \lambda_5 u + \lambda_6 u^2 \\
u = 1 - C_{T_p}\tau \\
v = \varepsilon - c(u-1) \\
\gamma_1 = \sin\left(s_1 + \frac{1}{2}\lambda_3 - \frac{1}{2}\lambda_3 u^2\right) \\
\gamma_2 = \cos\left(s_1 + \frac{1}{2}\lambda_3 - \frac{1}{2}\lambda_3 u^2\right) \\
\gamma_3 = \frac{\lambda_0}{2\lambda_6}\left[\cos\left(s_1 + \frac{1}{2}\lambda_3 - \lambda_4 - \lambda_5 - \lambda_6\right) - \cos\left(s_1 + \frac{1}{2}\lambda_3 - \lambda_4 - \lambda_5 u - \lambda_6 u^2\right)\right] \\
\gamma_4 = -\lambda_2(u-1)\cos\left(s_1 + \frac{1}{2}\lambda_3 - \lambda_4 - \lambda_5 - \lambda_6\right) \\
\gamma_5 = \lambda_2(u-1)\cos s_1
\end{cases}
$$

其中，

$$
\begin{cases}
c_4 = \alpha_4 C_{L_e\max}, c_5 = \alpha_5 C_{L_p\max}, c = C_{T_e} / C_{T_p}, \lambda_0 = \frac{\alpha_1}{C_{T_p}} c \\
\lambda_2 = \frac{\alpha_1}{C_{T_p}}(\varepsilon - c), \lambda_4 = \frac{\alpha_1}{C_{T_p}}, \lambda_5 = \frac{c_4(\varepsilon - c)}{C_{T_p}}, \lambda_6 = \frac{c_4 c}{2C_{T_p}} \\
\lambda_3 = s_2 + \frac{1}{2C_{T_p}(c_4 c - c_5)}\{[c_4(\varepsilon - c)]^2 - (c_4\varepsilon - c_5)^2\}
\end{cases}
$$

6.2.3　灵敏度参数的计算和分析

截获区参数为

$$\begin{cases} \bar{L} = \dfrac{\lambda_0}{2\lambda_6}\left[1-\cos\left(s_2+\dfrac{1}{2}\lambda_3-\dfrac{1}{2}\lambda_3 u^2\right)\right]-\dfrac{\lambda_2}{\lambda_3}\left[1-\cos\dfrac{1}{2}\lambda_3(1-u^2)\right] \\ \mathrm{tg}s_1 = \dfrac{1-\varepsilon\cos s_2}{\varepsilon\sin s_2} \\ s_1+\dfrac{1}{2}\lambda_3-\dfrac{1}{2}\lambda_3 u^2 = \dfrac{\pi}{2} \\ s_2 = -\Lambda_0-\lambda_5 u-\left(\lambda_6-\dfrac{1}{2}\lambda_3\right)u^2 \end{cases} \tag{6.34}$$

其中，

$$\Lambda_0 = \frac{1}{2C_{T_\mathrm{p}}(c_4 c - c_5)}\{[c_4(\varepsilon - c)]^2-(c_4-\varepsilon-c_5)^2\}$$

从方程组(6.34)可看出，要解出 $\bar{L}$，必须先解出 s_2 和 u，为此要解方程组(6.34)的后三个方程。因为 u 的约束为 $0<u<1$，所以有以下的迭代算法：先假设一个 s_2 的初值，用方程组(6.34)的第二方程得到 s_1，再将 s_1 值代入方程组(6.34)的第三方程，得到 u 的一个正解。然后将 u 值代入方程组(6.34)的第四方程，得到 s_2，与初值进行比较，如不相等，则可将此 s_2 值作为初值，再重复计算，直到结果满意为止。

有了 s_2 值和 u 值，则可根据方程组(6.34)的第一方程求得 $\bar{L}$ 值。这样就解决了截获区参数的计算问题。

下面再叙述灵敏度的计算方法。截获区参数 L 具有以下形式：

$$L = \bar{L}(\varepsilon, C_{T_\mathrm{p}}, R)R_\mathrm{p}$$

其中，

$$\varepsilon = V_\mathrm{e}/V_\mathrm{p}(0), R = R_\mathrm{p}/R_\mathrm{e}(0) \tag{6.35}$$

L 的微分如下：

$$\mathrm{d}L = R_\mathrm{p}\frac{\partial\bar{L}}{\partial V_\mathrm{p}}\mathrm{d}V_\mathrm{p} + R_\mathrm{p}\frac{\partial\bar{L}}{\partial C_{T_\mathrm{p}}} + \left(\frac{\partial\bar{L}}{\partial R}\frac{\partial R}{\partial R_\mathrm{p}}R_\mathrm{p}+\bar{L}\right)\mathrm{d}R_\mathrm{p} \tag{6.36}$$

其中，

$$R_\mathrm{p} = \frac{2w/s}{g\rho C_{L\max}} \tag{6.37}$$

将式(6.35)和式(6.37)代入式(6.36)，则有

$$\mathrm{d}L/R_\mathrm{p} = -\varepsilon\frac{\partial L}{\partial\varepsilon}\frac{\mathrm{d}V_\mathrm{p}}{V_\mathrm{p}} + \frac{\partial L}{\partial C_{T_\mathrm{p}}}\mathrm{d}C_{T_\mathrm{p}} + \left(\bar{L}+R\frac{\partial\bar{L}}{\partial R}\right)\left[\frac{\mathrm{d}(w/s)}{w/s}-\frac{\mathrm{d}C_{L\max}}{C_{L\max}}\right] \tag{6.38}$$

令

$$s_{V_p}=-\varepsilon\frac{\partial\bar{L}}{\partial\varepsilon},s_{C_{T_p}}=\frac{\partial\bar{L}}{\partial C_{T_p}},s_{w/s}=-s_{C_{L\max}}=\bar{L}+R\frac{\partial\bar{L}}{\partial R}$$

则

$$\mathrm{d}L/R_p=s_{V_p}\frac{\mathrm{d}V_p}{V_p}+s_{C_{T_p}}\mathrm{d}C_{T_p}+s_{w/s}\frac{\mathrm{d}(w/s)}{w/s}+s_{C_{L\max}}\frac{\mathrm{d}C_{L\max}}{C_{L\max}} \tag{6.39}$$

其中，s_{V_p}、$s_{C_{T_p}}$、$s_{w/s}$、$s_{C_{L\max}}$ 表示飞机性能参数关于截获区参数 $\bar{L}$ 的灵敏度。

灵敏度参数计算程序中的未知量是过载 n_p、速度比 ε、最小转弯半径比 R、推力系数 C_{T_p} 和 C_{T_e}。根据对 A 和 B 飞机性能的观察，取一组典型数据进行一系列计算。

过载 $n_p=3$，最小转弯半径比 $R=1.5$、1.35，速度比 $\varepsilon=0.82\sim1.06$，推力系数 $C_{T_p}=0.063$、0.05、0.04，推力系数 $C_{T_e}=0.016$、0.038。

经计算，部分所得曲线如图 6.20～图 6.24 所示。

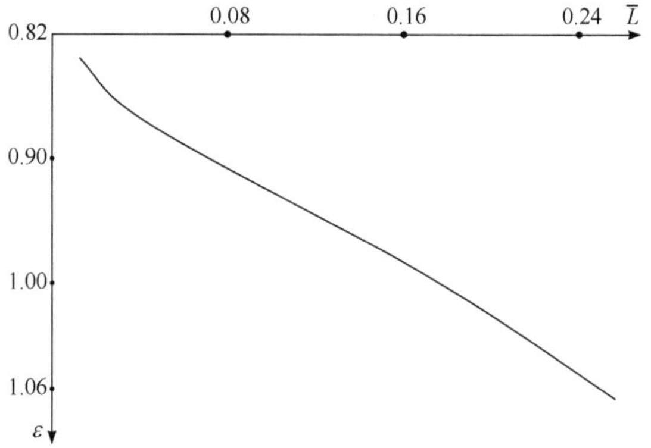

图 6.20　无量纲 $\bar{L}\sim\varepsilon$ 曲线($C_{T_p}=0.05$，$n_p=3$，$C_{T_e}=0.016$，$R=1.5$)

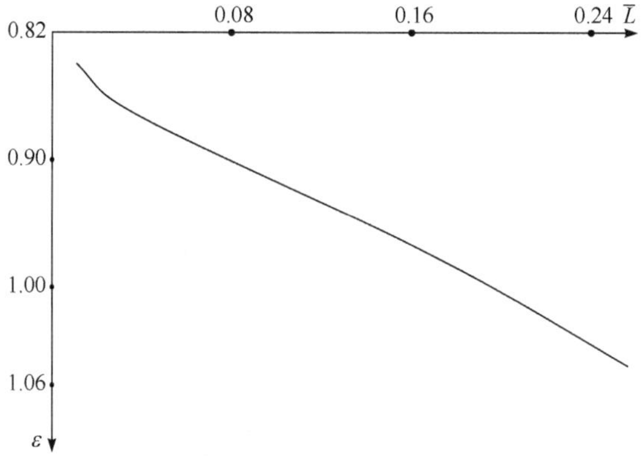

图 6.21　无量纲 $\bar{L}\sim\varepsilon$ 曲线($C_{T_p}=0.063$，$n_p=3$，$C_{T_e}=0.016$，$R=1.5$)

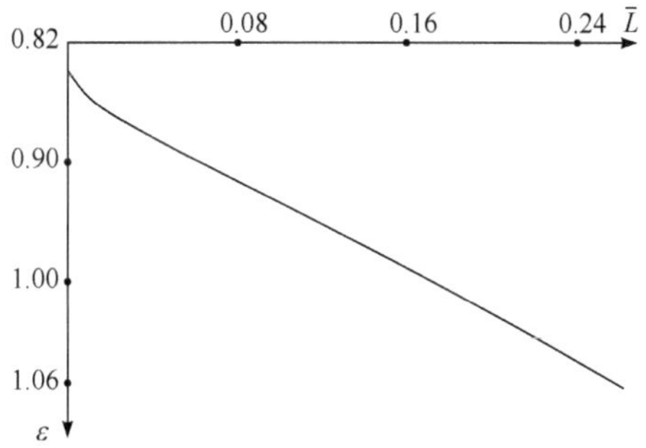

图 6.22　无量纲 $\bar{L}\sim\varepsilon$ 曲线($C_{T_\mathrm{p}}=0.063$, $n_\mathrm{p}=3$, $C_{T_\mathrm{e}}=0.038$, $R=1.5$)

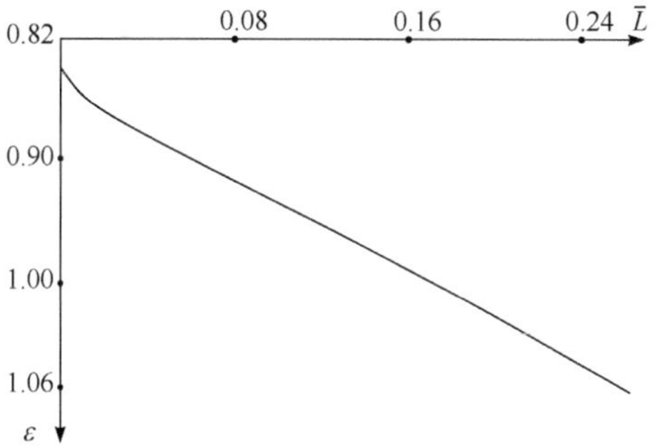

图 6.23　无量纲 $\bar{L}\sim\varepsilon$ 曲线($C_{T_\mathrm{p}}=0.04$, $n_\mathrm{p}=3$, $C_{T_\mathrm{e}}=0.016$, $R=1.35$)

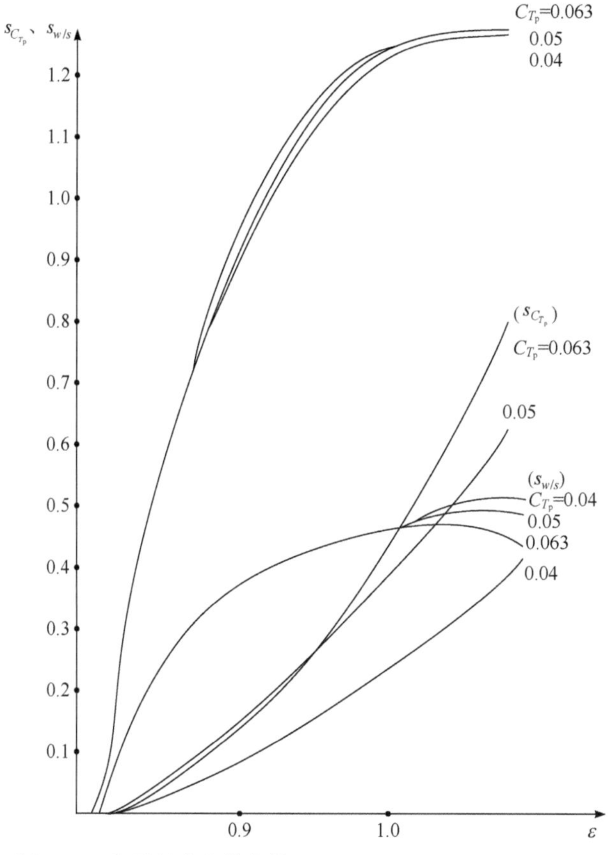

图 6.24　各灵敏度参数曲线($C_{T_\mathrm{e}}=0.038$, $n_\mathrm{p}=3$, $R=1.5$)

经过对截获区参数 $\bar{L}$ 的计算，可以得出结论：随着逃机的推力系数 C_{T_e} 增大，或追机的推力系数 C_{T_p} 减小，追机的截获区参数 $\bar{L}$ 逐渐变小。减小 R 值，截获区参数变小。R 的减小等价于 R_{p} 的减小或 R_{e} 的增大，即逃机最小转弯半径的增大或追机最小转弯半径的减小，均能使截获区参数 $\bar{L}$ 减小。ε 减小，截获区参数 $\bar{L}$ 减小。ε 的减小相当于追机速度增加或逃机速度减小。

截获区参数的计算表明在 $R=1.5$ 时，ε 越小，截获区越小。如果 $\varepsilon<0.8$，则截获区接近于零。在 $R=1.5$ 时，当 $\varepsilon>2$，截获区参数 $\bar{L}$ 将变得相当大，即如果逃机的速度比追机速度快一倍，则逃机能够逃脱追机的追击。随着 ε 值的增加，截获区参数增加的速率也有变化，开始缓慢，然后迅速增加，接着趋于稳定，最后又有所减慢。当 R 值逐渐减小时，使截获区参数 $\bar{L}$ 为零的 ε 值逐渐增加。当 $R=1.35$ 时只需 $\varepsilon=0.9$，截获区参数就基本上接近于零。

灵敏度参数的计算表明，随 ε 值的增加，灵敏度参数 $s_{V_{\mathrm{p}}}$ 的绝对值不是无限增加的。计算结果表明，其最大值出现在 $\varepsilon=1.02\sim1.06$ 区域内；灵敏度参数 $s_{w/s}$ 的绝对值随着 ε 的增加而上升，$|s_{C_{T_{\mathrm{p}}}}|\sim\varepsilon$ 曲线基本上是线性关系，当 $\varepsilon>0.9$ 时线性关系显著；灵敏度参数 $|s_{V_{\mathrm{p}}}|$ 在 $\varepsilon=0.82\sim0.9$ 时迅速上升，基本上接近于线性关系；灵敏度参数 $|s_{w/s}|\leqslant0.54$；灵敏度参数 $|s_{V_{\mathrm{p}}}|\leqslant1.41$。

通过对上述结构的观察，可知对于追机的设计来说，其目的是减小截获区参数 $\bar{L}$，而这可通过改变飞机性能参数速度、最小转弯半径和推力系数 $C_{T_{\mathrm{p}}}$ 的增大来实现。飞机性能参数中，对截获区参数影响最大的是速度。因此，在对抗过程中，速度优势是最重要的。最小转弯半径对截获区参数也有较大影响，适当地提高机动性，就能放宽对追机速度的要求。对于追机来说，为使飞机有效地进行空中格斗，必须使逃机与追机的速度之比小于 1.06；为使飞机的截获区参数 $\bar{L}$ 不至于很大，必须使追机与逃机的最小转弯半径之比小于 1.5。当 $R=1.5$，$\varepsilon<0.8$ 时，截获区参数 $\bar{L}$ 已接近于零。因此，不必无限制地减小速度比和最小转弯半径比。

6.3 双机追逃定性微分对策的数值计算模型

本节基于飞机和导弹的动力学方程，给出定性微分对策目标集边界及其界栅最优轨线的计算模型。

6.3.1 双机系统模型

1. 飞机模型

本章假设追逃双机的模型相同。在飞机模型方程中，用下标 A 表示追机，下标 B 表示逃机。以下给出追机的运动学方程和动力学方程，只要将下标 A 变为 B 就可以得到逃机的方程，因此下面仅给出追机的方程。

1) 运动学方程

追机的运动学方程如下：

$$\dot{x}_{A,1} = v_A \cos\gamma_A \cos\chi_A \tag{6.40a}$$

$$\dot{x}_{A,2} = v_A \cos\gamma_A \sin\chi_A \tag{6.40b}$$

$$\dot{h}_A = v_A \sin\gamma_A \tag{6.40c}$$

$$\dot{v}_A = \frac{1}{m_A}\left(T_A \cos\alpha_A - D_A\right) - g\sin\gamma_A \tag{6.40d}$$

$$\dot{\gamma}_A = \frac{1}{m_A v_A}\left[\left(T_A \sin\alpha_A + L_A\right)\cos\beta_A - g m_A \cos\gamma_A\right] \tag{6.40e}$$

$$\dot{\chi}_A = \frac{\sin\beta_A}{m_A v_A \cos\gamma_A}\left(T_A \sin\alpha_A + L_A\right) \tag{6.40f}$$

$$\dot{\alpha}_A = u_{A,1} \tag{6.40g}$$

$$\dot{\beta}_A = u_{A,2} \tag{6.40h}$$

其中，$\dot{\alpha}_A$ 是攻角变化率；$\dot{\beta}_A$ 是滚转角变化率；T_A 是推力。$\dot{\alpha}_A$、$\dot{\beta}_A$ 和推力 T_A 是控制目标。

2) 动力学方程

式(6.40d)中的阻力 D_A 有

$$D_A = \frac{1}{2}\rho v_A^2 S_A\left(C_{A,D,0} + \eta_A C_{A,L,\alpha}\alpha_A^2\right) \tag{6.41}$$

其中，

$$\rho = 1.2250\left(1 - 2.2572\mathrm{e}^{-5} h_A\right)^{4.256} \tag{6.42}$$

$$C_{A,D,0} = \begin{cases} 0.013 + 0.03\mathrm{e}^{-80(Ma-1.1)^2}, & Ma \leqslant 1.104 \\ 0.04748 - 0.014\sqrt{Ma-1}, & Ma > 1.104 \end{cases} \tag{6.43}$$

$$\eta_A = 0.54 + \frac{0.39}{1 + \mathrm{e}^{-10(Ma-1)}} \tag{6.44}$$

$$C_{A,L,\alpha} = \begin{cases} 3.44 + \mathrm{e}^{-200(Ma-1)^2}, & Ma \leqslant 1.121 \\ 4.12 - 1.8\sqrt{Ma-1}, & Ma > 1.121 \end{cases} \tag{6.45}$$

其中，Ma 是马赫数：

$$Ma = \frac{v_A}{v_{air}}$$

且当$h \leqslant 20000$时,

$$v_{\text{air}}(h)=\begin{cases}20.0463\sqrt{288.15+0.00651122h}, & 0<h\leqslant 11000\\ 295.069, & 11000<h\leqslant 20000\end{cases} \tag{6.46}$$

式(6.40e)和式(6.40f)中的升力L_{A}有

$$L_{\text{A}}=\frac{1}{2}\rho v_{\text{A}}^2 S_{\text{A}} C_{\text{A},L,\alpha}\alpha_{\text{A}}$$

关于控制目标量的不等式约束有

$$\left|u_{\text{A},1}\right|\leqslant \alpha_{\max}^{\text{rate}} \tag{6.47}$$

$$\left|u_{\text{A},2}\right|\leqslant \beta_{\max}^{\text{rate}} \tag{6.48}$$

$$0\leqslant T_{\text{A}}\leqslant T_{\text{A}}^{\max}\left(h_{\text{A}},v_{\text{A}}\right) \tag{6.49}$$

其中,$\alpha_{\max}^{\text{rate}},\beta_{\max}^{\text{rate}}>0$,为给定正常数。$T_{\text{A}}^{\max}\left(h_{\text{A}},v_{\text{A}}\right)$的形式为

$$\begin{aligned}T_{\text{A}}^{\max}\left(h_{\text{A}},v_{\text{A}}\right)=&106790+35323M_{\text{A}}-8.0766h_{\text{A}}+25752M_{\text{A}}^2\\&-3.6352M_{\text{A}}h_{\text{A}}+0.000177h_{\text{A}}^2\end{aligned} \tag{6.50}$$

飞机质量M_{A}和参考面积S_{A}的数值为

$$M_{\text{A}}=19051\text{kg} \tag{6.51}$$

$$S_{\text{A}}=49\text{m}^2 \tag{6.52}$$

2. 导弹模型

假设导弹初始发射状态和追机初始状态相同。

1) 运动学方程

导弹的运动学方程为

$$\begin{cases}\dot{x}_{\text{M1}}=v_{\text{M}}\cos\gamma_{\text{M}}\cos\chi_{\text{M}}\\ \dot{x}_{\text{M2}}=v_{\text{M}}\cos\gamma_{\text{M}}\sin\chi_{\text{M}}\\ \dot{h}_{\text{M}}=v_{\text{M}}\sin\gamma_{\text{M}}\\ \dot{v}_{\text{M}}=\left(T_{\text{M}}\cos\alpha_{\text{M}}-D_{\text{M}}\right)/m_{\text{M}}-g\sin\gamma_{\text{M}}\\ \dot{\gamma}_{\text{M}}=\left(a_{\gamma}-g\cos\gamma_{\text{M}}\right)/v_{\text{M}}\\ \dot{\chi}_{\text{M}}=\alpha_{\chi}/\left(v_{\text{M}}\cos\gamma_{\text{M}}\right)\\ \dot{\alpha}_{\gamma}=\left(u_{\text{M},1}-\alpha_{\gamma}\right)/\tau\\ \dot{\alpha}_{\chi}=\left(u_{\text{M},2}-\alpha_{\chi}\right)/\tau\end{cases}$$

其中，α_γ 是导弹纵向加速度；α_χ 是导弹横向加速度。

2) 动力学方程

根据式(6.40d)，阻力 D_{M} 为

$$D_{\mathrm{M}} = \frac{1}{2}\rho v_{\mathrm{M}}{}^2 S_{\mathrm{M}} C_{D,0} + \frac{2km_{\mathrm{M}}^2}{\rho S_{\mathrm{M}}}\left(\frac{a_D}{V_{\mathrm{M}}}\right)^2$$

其中，$a_D = \sqrt{a_\gamma^2 + a_\chi^2}$ 。

导弹阻力系数为 $C_{D,0} = 0.1$ ，$k = 0.03$ ，有效参考面积 $S_{\mathrm{M}} = 0.0324\mathrm{m}^2$ ，飞行时间常数 $\tau = 0.5\mathrm{s}$ 。

3. 双机系统状态方程

1) 地面坐标系中双机状态方程和不等式约束

定义双机的状态向量 $\boldsymbol{x}^{\mathrm{A}}$ 和 $\boldsymbol{x}^{\mathrm{B}}$ 为

$$\boldsymbol{x}^{\mathrm{A}} := \left[x_1^{\mathrm{A}}, x_2^{\mathrm{A}}, x_3^{\mathrm{A}}, x_4^{\mathrm{A}}, x_5^{\mathrm{A}}, x_6^{\mathrm{A}}, x_7^{\mathrm{A}}, x_8^{\mathrm{A}}\right]^{\mathrm{T}} = \left[x_{\mathrm{A},1}, x_{\mathrm{A},2}, h_{\mathrm{A}}, v_{\mathrm{A}}, \gamma_{\mathrm{A}}, \chi_{\mathrm{A}}, \alpha_{\mathrm{A}}, \beta_{\mathrm{A}}\right]^{\mathrm{T}} \tag{6.53}$$

$$\boldsymbol{x}^{\mathrm{B}} := \left[x_1^{\mathrm{B}}, x_2^{\mathrm{B}}, x_3^{\mathrm{B}}, x_4^{\mathrm{B}}, x_5^{\mathrm{B}}, x_6^{\mathrm{B}}, x_7^{\mathrm{B}}, x_8^{\mathrm{B}}\right]^{\mathrm{T}} = \left[x_{\mathrm{B},1}, x_{\mathrm{B},2}, h_{\mathrm{B}}, v_{\mathrm{B}}, \gamma_{\mathrm{B}}, \chi_{\mathrm{B}}, \alpha_{\mathrm{B}}, \beta_{\mathrm{B}}\right]^{\mathrm{T}} \tag{6.54}$$

定义双机的控制目标量为

$$\boldsymbol{u}^{\mathrm{A}} := \left[u_1^{\mathrm{A}}, u_2^{\mathrm{A}}, u_3^{\mathrm{A}}\right]^{\mathrm{T}} = \left[u_{\mathrm{A},1}, u_{\mathrm{A},2}, T_{\mathrm{A}}\right]^{\mathrm{T}} \tag{6.55}$$

$$\boldsymbol{u}^{\mathrm{B}} := \left[u_1^{\mathrm{B}}, u_2^{\mathrm{B}}, u_3^{\mathrm{B}}\right]^{\mathrm{T}} = \left[u_{\mathrm{B},1}, u_{\mathrm{B},2}, T_{\mathrm{B}}\right]^{\mathrm{T}} \tag{6.56}$$

将飞机的动力学方程代入运动学方程中，可得追机的状态方程为

$$\dot{\boldsymbol{x}}^{\mathrm{A}} = \boldsymbol{f}_{\mathrm{A}}\left(\boldsymbol{x}^{\mathrm{A}}, \boldsymbol{u}^{\mathrm{A}}\right)$$

以及逃机的状态方程为

$$\dot{\boldsymbol{x}}^{\mathrm{B}} = \boldsymbol{f}_{\mathrm{B}}\left(\boldsymbol{x}^{\mathrm{B}}, \boldsymbol{u}^{\mathrm{B}}\right)$$

其中，$\boldsymbol{f}_{\mathrm{A}}\left(\boldsymbol{x}^{\mathrm{A}}, \boldsymbol{u}^{\mathrm{A}}\right)$ 的表达式为

$$
\boldsymbol{f}_{\mathrm{A}}\left(\boldsymbol{x}^{\mathrm{A}},\boldsymbol{u}^{\mathrm{A}}\right)=\begin{bmatrix}
x_4^{\mathrm{A}}\cos x_5^{\mathrm{A}}\cos x_6^{\mathrm{A}} \\
x_4^{\mathrm{A}}\cos x_5^{\mathrm{A}}\sin x_6^{\mathrm{A}} \\
x_4^{\mathrm{A}}\sin x_5^{\mathrm{A}} \\
\dfrac{1}{m}\left(u_3^{\mathrm{A}}\cos x_7^{\mathrm{A}}-\dfrac{1}{2}1.2250\left(1-2.2572\mathrm{e}^{-5}x_3^{\mathrm{A}}\right)^{4.256}\left(x_4^{\mathrm{A}}\right)^2 S\left(C_{D,0}\left(x_3^{\mathrm{A}},x_4^{\mathrm{A}}\right)+\eta\left(x_3^{\mathrm{A}},x_4^{\mathrm{A}}\right)C_{L,\alpha}\left(x_3^{\mathrm{A}},x_4^{\mathrm{A}}\right)\left(x_7^{\mathrm{A}}\right)^2\right)\right)-g\sin x_5^{\mathrm{A}} \\
\dfrac{1}{mx_4^{\mathrm{A}}}\left(\left(u_3^{\mathrm{A}}\sin x_7^{\mathrm{A}}+\dfrac{1}{2}1.2250\left(1-2.2572\mathrm{e}^{-5}x_3^{\mathrm{A}}\right)^{4.256}\left(x_4^{\mathrm{A}}\right)^2 SC_{L,\alpha}\left(x_3^{\mathrm{A}},x_4^{\mathrm{A}}\right)x_7^{\mathrm{A}}\right)\cos x_8^{\mathrm{A}}-gm\cos x_5^{\mathrm{A}}\right) \\
\dfrac{\sin x_8^{\mathrm{A}}}{mx_4^{\mathrm{A}}\cos x_5^{\mathrm{A}}}\left(u_3^{\mathrm{A}}\sin x_7^{\mathrm{A}}+\dfrac{1}{2}1.2250\left(1-2.2572\mathrm{e}^{-5}x_3^{\mathrm{A}}\right)^{4.256}\left(x_4^{\mathrm{A}}\right)^2 SC_{L,\alpha}\left(x_3^{\mathrm{A}},x_4^{\mathrm{A}}\right)x_7^{\mathrm{A}}\right) \\
u_1^{\mathrm{A}} \\
u_2^{\mathrm{A}}
\end{bmatrix} \tag{6.57}
$$

其中，$g\approx 9.8\mathrm{m/s^2}$，是重力加速度，这里视为常数。

函数$C_{D,0}\left(x_3^{\mathrm{A}},x_4^{\mathrm{A}}\right)$、$\eta\left(x_3^{\mathrm{A}},x_4^{\mathrm{A}}\right)$和$C_{L,\alpha}\left(x_3^{\mathrm{A}},x_4^{\mathrm{A}}\right)$见式(6.43)、式(6.44)和式(6.45)。不等式约束形式为

$$
\boldsymbol{c}_{\mathrm{A}}\left(\boldsymbol{x}^{\mathrm{A}},\boldsymbol{u}^{\mathrm{A}}\right)=\begin{bmatrix}\alpha_{\max}^{\mathrm{rate}}-u_1^{\mathrm{A}}\\ \alpha_{\max}^{\mathrm{rate}}+u_1^{\mathrm{A}}\\ \beta_{\max}^{\mathrm{rate}}-u_2^{\mathrm{A}}\\ \beta_{\max}^{\mathrm{rate}}+u_2^{\mathrm{A}}\\ u_3^{\mathrm{A}}\\ 106790+35323\dfrac{x_4^{\mathrm{A}}}{v_{\mathrm{air}}\left(x_3^{\mathrm{A}}\right)}-8.0766h+25752\left(\dfrac{x_4^{\mathrm{A}}}{v_{\mathrm{air}}\left(x_3^{\mathrm{A}}\right)}\right)^2-3.6352\dfrac{x_4^{\mathrm{A}}}{v_{\mathrm{air}}\left(x_3^{\mathrm{A}}\right)}x_3^{\mathrm{A}}+0.000177\left(x_3^{\mathrm{A}}\right)^2-u_3^{\mathrm{A}}\end{bmatrix}\geqslant 0 \tag{6.58}
$$

其中，$v_{\mathrm{air}}\left(x_3^{\mathrm{A}}\right)$的计算参见式(6.46)。$\boldsymbol{x}^{\mathrm{B}}$的状态方程$\boldsymbol{f}_{\mathrm{B}}\left(\boldsymbol{x}^{\mathrm{B}},\boldsymbol{u}^{\mathrm{B}}\right)$和不等式约束函数$\boldsymbol{c}_{\mathrm{B}}\left(\boldsymbol{x}^{\mathrm{B}},\boldsymbol{u}^{\mathrm{B}}\right)$的推导过程与式(6.57)和式(6.58)类似，这里不再赘述。

由上述结果得，在地面坐标系内的双机系统状态方程为

$$\dot{\boldsymbol{x}} := \begin{bmatrix} \dot{\boldsymbol{x}}^{\mathrm{A}} \\ \dot{\boldsymbol{x}}^{\mathrm{B}} \end{bmatrix} = \boldsymbol{f}(\boldsymbol{x},\boldsymbol{u}) := \begin{bmatrix} \boldsymbol{f}_{\mathrm{A}}\left(\boldsymbol{x}^{\mathrm{A}},\boldsymbol{u}^{\mathrm{A}}\right) \\ \boldsymbol{f}_{\mathrm{B}}\left(\boldsymbol{x}^{\mathrm{B}},\boldsymbol{u}^{\mathrm{B}}\right) \end{bmatrix} \tag{6.59}$$

不等式约束为

$$\boldsymbol{c}(\boldsymbol{x},\boldsymbol{u}) := \begin{bmatrix} \boldsymbol{c}_{\mathrm{A}}\left(\boldsymbol{x}^{\mathrm{A}},\boldsymbol{u}^{\mathrm{A}}\right) \\ \boldsymbol{c}_{\mathrm{B}}\left(\boldsymbol{x}^{\mathrm{B}},\boldsymbol{u}^{\mathrm{B}}\right) \end{bmatrix} \geqslant 0 \tag{6.60}$$

其中，$\boldsymbol{f}_{\mathrm{A}}\left(\boldsymbol{x}^{\mathrm{A}},\boldsymbol{u}^{\mathrm{A}}\right)$、$\boldsymbol{f}_{\mathrm{B}}\left(\boldsymbol{x}^{\mathrm{B}},\boldsymbol{u}^{\mathrm{B}}\right)$、$\boldsymbol{c}_{\mathrm{A}}\left(\boldsymbol{x}^{\mathrm{A}},\boldsymbol{u}^{\mathrm{A}}\right)$ 和 $\boldsymbol{c}_{\mathrm{B}}\left(\boldsymbol{x}^{\mathrm{B}},\boldsymbol{u}^{\mathrm{B}}\right)$ 可以参见式(6.57)和式(6.58)。式(6.59)含有 16 个状态变量、16 个状态方程和 6 个控制量。式(6.60)含有 12 个不等式约束。这里的不等式约束均是针对控制量的约束。由

$$\boldsymbol{f}(\boldsymbol{x},\boldsymbol{u}) = \begin{bmatrix} \boldsymbol{f}_{\mathrm{A}}\left(\boldsymbol{x}^{\mathrm{A}},\boldsymbol{u}^{\mathrm{A}}\right) \\ \boldsymbol{0} \end{bmatrix} + \begin{bmatrix} \boldsymbol{0} \\ \boldsymbol{f}_{\mathrm{B}}\left(\boldsymbol{x}^{\mathrm{B}},\boldsymbol{u}^{\mathrm{B}}\right) \end{bmatrix}$$

可知状态方程关于追逃双方的控制量 $\boldsymbol{u}^{\mathrm{A}}$ 和 $\boldsymbol{u}^{\mathrm{B}}$ 是可分离的。

2) 基于相对关系的双机状态方程和不等式约束

在基于地面坐标系的双机系统状态方程(6.59)中，双机平面坐标 $\left(x_1^{\mathrm{A}},x_2^{\mathrm{A}}\right)$ 和 $\left(x_1^{\mathrm{B}},x_2^{\mathrm{B}}\right)$，即 $\left(x_{\mathrm{A},1},x_{\mathrm{A},2}\right)$ 和 $\left(x_{\mathrm{B},1},x_{\mathrm{B},2}\right)$ 的取值是整个水平面，这使得目标集的体积和边界区域无限大，从而对可用部分边界和界栅计算造成困难。为此，用极坐标系代替水平面的直角坐标系。这样做一方面将纯地面坐标系对应的 16 个状态变量降为 14 个，另一方面将目标集变为有限区域。

定义平面极坐标系的半径和角度为

$$r_{\mathrm{Hori}} := \sqrt{\left(x_{\mathrm{B},1}-x_{\mathrm{A},1}\right)^2+\left(x_{\mathrm{B},2}-x_{\mathrm{A},2}\right)^2} = \sqrt{\left(x_1^{\mathrm{B}}-x_1^{\mathrm{A}}\right)^2+\left(x_2^{\mathrm{B}}-x_2^{\mathrm{A}}\right)^2} \tag{6.61}$$

$$\vartheta := \begin{cases} -\pi + \arctan\dfrac{x_2^B - x_2^A}{x_1^B - x_1^A}, & x_1^B - x_1^A < 0,\ x_2^B - x_2^A < 0 \\ \arctan\dfrac{x_2^B - x_2^A}{x_1^B - x_1^A}, & x_1^B - x_1^A \geqslant 0 \\ \pi + \arctan\dfrac{x_2^B - x_2^A}{x_1^B - x_1^A}, & x_1^B - x_1^A < 0,\ x_2^B - x_2^A \geqslant 0 \end{cases} \tag{6.62}$$

其中，r_{Hori} 是极径；$\vartheta \in [-\pi, \pi]$，是极角。

r_{Hori} 和 ϑ 可看作双机连线在水平面投影的长度以及双机连线投影同极轴(水平面横坐标)之间的夹角。

这里之所以不采用三维极坐标是因为高度 h_A 和 h_B 是一系列函数中的自变量，且是有界的，替换 h_A 和 h_B 反而会使得问题变得复杂。此时，双机间距离为

$$r = \sqrt{r_{\text{Hori}}{}^2 + (h_B - h_A)^2}$$

根据式(6.53)、式(6.54)、式(6.57)和式(6.61)可知：

$$\begin{aligned} \dot{r}_{\text{Hori}} &= \frac{1}{2r_{\text{Hori}}}\left[2\left(x_1^B - x_1^A\right)\left(\dot{x}_1^B - \dot{x}_1^A\right) + 2\left(x_2^B - x_2^A\right)\left(\dot{x}_2^B - \dot{x}_2^A\right)\right] \\ &= \frac{1}{r_{\text{Hori}}}\left[r_{\text{Hori}}\cos\vartheta\left(\dot{x}_1^B - \dot{x}_1^A\right) + r_{\text{Hori}}\sin\vartheta\left(\dot{x}_2^B - \dot{x}_2^A\right)\right] \\ &= x_4^B\cos x_5^B\cos x_6^B\cos\vartheta + x_4^B\cos x_5^B\sin x_6^B\sin\vartheta \\ &\quad - x_4^A\cos x_5^A\cos x_6^A\cos\vartheta - x_4^A\cos x_5^A\sin x_6^A\sin\vartheta \end{aligned}$$

根据式(6.53)、式(6.54)、式(6.57)、式(6.61)和式(6.62)可得

$$\begin{aligned} \dot{\vartheta} &= \frac{1}{1 + \left(\dfrac{x_2^B - x_2^A}{x_1^B - x_1^A}\right)^2}\left(\frac{x_2^B - x_2^A}{x_1^B - x_1^A}\right)' \\ &= \frac{\left(x_1^B - x_1^A\right)^2}{r_{\text{Hori}}^2}\left[\frac{1}{x_1^B - x_1^A}\left(\dot{x}_2^B - \dot{x}_2^A\right) - \frac{x_2^B - x_2^A}{\left(x_1^B - x_1^A\right)^2}\left(\dot{x}_1^B - \dot{x}_1^A\right)\right] \end{aligned}$$

$$
\begin{aligned}
&=\frac{1}{r_{\text{Hori}}}\cos\vartheta\left[\left(\dot{x}_2^{\text{B}}-\dot{x}_2^{\text{A}}\right)-\left(\dot{x}_1^{\text{B}}-\dot{x}_1^{\text{A}}\right)\tan\vartheta\right]\\
&=\frac{1}{r_{\text{Hori}}}\left[\left(\dot{x}_2^{\text{B}}-\dot{x}_2^{\text{A}}\right)\cos\vartheta-\left(\dot{x}_1^{\text{B}}-\dot{x}_1^{\text{A}}\right)\sin\vartheta\right]\\
&=\frac{1}{r_{\text{Hori}}}\left(x_4^{\text{B}}\cos x_5^{\text{B}}\sin x_6^{\text{B}}\cos\vartheta-x_4^{\text{A}}\cos x_5^{\text{A}}\sin x_6^{\text{A}}\cos\vartheta-x_4^{\text{B}}\cos x_5^{\text{B}}\cos x_6^{\text{B}}\sin\vartheta\right.\\
&\quad\left.+x_4^{\text{A}}\cos x_5^{\text{A}}\cos x_6^{\text{A}}\sin\vartheta\right)
\end{aligned}
$$

在本节中，记

$$
\begin{cases}
\boldsymbol{x}^{\text{polar}}:=\left[x_1^{\text{polar}},x_2^{\text{polar}}\right]^{\text{T}}=\left[r,\vartheta\right]^{\text{T}}\\
\boldsymbol{x}^{\text{A}}:=\left[x_3^{\text{A}},x_4^{\text{A}},x_5^{\text{A}},x_6^{\text{A}},x_7^{\text{A}},x_8^{\text{A}}\right]^{\text{T}}=\left[h_{\text{A}},v_{\text{A}},\gamma_{\text{A}},\chi_{\text{A}},\alpha_{\text{A}},\beta_{\text{A}}\right]^{\text{T}}\\
\boldsymbol{x}^{\text{B}}:=\left[x_3^{\text{B}},x_4^{\text{B}},x_5^{\text{B}},x_6^{\text{B}},x_7^{\text{B}},x_8^{\text{B}}\right]^{\text{T}}=\left[h_{\text{B}},v_{\text{B}},\gamma_{\text{B}},\chi_{\text{B}},\alpha_{\text{B}},\beta_{\text{B}}\right]^{\text{T}}
\end{cases}
$$

且记

$$
\boldsymbol{x}:=\left[\left(\boldsymbol{x}^{\text{polar}}\right)^{\text{T}},\left(\boldsymbol{x}^{\text{A}}\right)^{\text{T}},\left(\boldsymbol{x}^{\text{B}}\right)^{\text{T}}\right]^{\text{T}}\in\boldsymbol{R}^{14}
$$

控制量的定义为

$$
\begin{cases}
\boldsymbol{u}^{\text{A}}:=\left[u_1^{\text{A}},u_2^{\text{A}},u_3^{\text{A}}\right]^{\text{T}}=\left[u_{\text{A},1},u_{\text{A},2},T_{\text{A}}\right]^{\text{T}}\\
\boldsymbol{u}^{\text{B}}:=\left[u_1^{\text{B}},u_2^{\text{B}},u_3^{\text{B}}\right]^{\text{T}}=\left[u_{\text{B},1},u_{\text{B},2},T_{\text{B}}\right]^{\text{T}}
\end{cases}
$$

此时有

$$
\boldsymbol{x}=\left[x_1^{\text{polar}},x_2^{\text{polar}},x_3^{\text{A}},x_4^{\text{A}},x_5^{\text{A}},x_6^{\text{A}},x_7^{\text{A}},x_8^{\text{A}},x_3^{\text{B}},x_4^{\text{B}},x_5^{\text{B}},x_6^{\text{B}},x_7^{\text{B}},x_8^{\text{B}}\right]^{\text{T}}
$$

则基于相对关系的双机状态方程为

$$\dot{x}=\begin{bmatrix}\dot{\boldsymbol{x}}^{\text{polar}}\\ \dot{\boldsymbol{x}}^{\text{A}}\\ \dot{\boldsymbol{x}}^{\text{B}}\end{bmatrix}=\boldsymbol{f}\left(\boldsymbol{x},\boldsymbol{u}^{\text{A}},\boldsymbol{u}^{\text{B}}\right)=\begin{bmatrix}
x_4^{\text{B}}\cos x_5^{\text{B}}\cos x_6^{\text{B}}\cos x_2^{\text{polar}}+x_4^{\text{B}}\cos x_5^{\text{B}}\sin x_6^{\text{B}}\sin x_2^{\text{polar}}-x_4^{\text{A}}\cos x_5^{\text{A}}\cos x_6^{\text{A}}\cos x_2^{\text{polar}}-x_4^{\text{A}}\cos x_5^{\text{A}}\sin x_6^{\text{A}}\sin x_2^{\text{polar}}\\
\dfrac{1}{x_1^{\text{polar}}}\left(x_4^{\text{B}}\cos x_5^{\text{B}}\sin x_6^{\text{B}}\cos x_2^{\text{polar}}-x_4^{\text{A}}\cos x_5^{\text{A}}\sin x_6^{\text{A}}\cos x_2^{\text{polar}}-x_4^{\text{B}}\cos x_5^{\text{B}}\cos x_6^{\text{B}}\sin x_2^{\text{polar}}+x_4^{\text{A}}\cos x_5^{\text{A}}\cos x_6^{\text{A}}\sin x_2^{\text{polar}}\right)\\
x_4^{\text{A}}\sin x_5^{\text{A}}\\
\dfrac{1}{m}\left(u_3^{\text{A}}\cos x_7^{\text{A}}-\dfrac{1}{2}1.2250\left(1-2.2572\text{e}^{-5}x_3^{\text{A}}\right)^{4.256}\left(x_4^{\text{A}}\right)^2 S\left(C_{D,0}\left(x_3^{\text{A}},x_4^{\text{A}}\right)+\eta\left(x_3^{\text{A}},x_4^{\text{A}}\right)C_{L,\alpha}\left(x_3^{\text{A}},x_4^{\text{A}}\right)\left(x_7^{\text{A}}\right)^2\right)\right)-g\sin x_5^{\text{A}}\\
\dfrac{1}{mx_4^{\text{A}}}\left(\left(u_3^{\text{A}}\sin x_7^{\text{A}}+\dfrac{1}{2}1.2250\left(1-2.2572\text{e}^{-5}x_3^{\text{A}}\right)^{4.256}\left(x_4^{\text{A}}\right)^2 SC_{L,\alpha}\left(x_3^{\text{A}},x_4^{\text{A}}\right)x_7^{\text{A}}\right)\cos x_8^{\text{A}}-gm\cos x_5^{\text{A}}\right)\\
\dfrac{\sin x_8^{\text{A}}}{mx_4^{\text{A}}\cos x_5^{\text{A}}}\left(u_3^{\text{A}}\sin x_7^{\text{A}}+\dfrac{1}{2}1.2250\left(1-2.2572\text{e}^{-5}x_3^{\text{A}}\right)^{4.256}\left(x_4^{\text{A}}\right)^2 SC_{L,\alpha}\left(x_3^{\text{A}},x_4^{\text{A}}\right)x_7^{\text{A}}\right)\\
u_1^{\text{A}}\\
u_2^{\text{A}}\\
x_4^{\text{B}}\sin x_5^{\text{B}}\\
\dfrac{1}{m}\left(u_3^{\text{B}}\cos x_7^{\text{B}}-\dfrac{1}{2}1.2250\left(1-2.2572\text{e}^{-5}x_3^{\text{B}}\right)^{4.256}\left(x_4^{\text{B}}\right)^2 S\left(C_{D,0}\left(x_3^{\text{B}},x_4^{\text{B}}\right)+\eta\left(x_3^{\text{B}},x_4^{\text{B}}\right)C_{L,\alpha}\left(x_3^{\text{B}},x_4^{\text{B}}\right)\left(x_7^{\text{B}}\right)^2\right)\right)-g\sin x_5^{\text{B}}\\
\dfrac{1}{mx_4^{\text{B}}}\left(\left(u_3^{\text{B}}\sin x_7^{\text{B}}+\dfrac{1}{2}1.2250\left(1-2.2572\text{e}^{-5}x_3^{\text{B}}\right)^{4.256}\left(x_4^{\text{B}}\right)^2 SC_{L,\alpha}\left(x_3^{\text{B}},x_4^{\text{B}}\right)x_7^{\text{B}}\right)\cos x_8^{\text{B}}-gm\cos x_5^{\text{B}}\right)\\
\dfrac{\sin x_8^{\text{B}}}{mx_4^{\text{B}}\cos x_5^{\text{B}}}\left(u_3^{\text{B}}\sin x_7^{\text{B}}+\dfrac{1}{2}1.2250\left(1-2.2572\text{e}^{-5}x_3^{\text{B}}\right)^{4.256}\left(x_4^{\text{B}}\right)^2 SC_{L,\alpha}\left(x_3^{\text{B}},x_4^{\text{B}}\right)x_7^{\text{B}}\right)\\
u_1^{\text{B}}\\
u_2^{\text{B}}
\end{bmatrix}\tag{6.63}$$

其中的状态方程关于追逃双方的控制量 $\boldsymbol{u}^{\text{A}}$ 和 $\boldsymbol{u}^{\text{B}}$ 是可分离的。

不等式约束为

$$
\boldsymbol{c}(\boldsymbol{x},\boldsymbol{u}) := \begin{bmatrix} \boldsymbol{c}_{\mathrm{A}}\left(\boldsymbol{x}^{\mathrm{A}},\boldsymbol{u}^{\mathrm{A}}\right) \\ \boldsymbol{c}_{\mathrm{B}}\left(\boldsymbol{x}^{\mathrm{B}},\boldsymbol{u}^{\mathrm{B}}\right) \end{bmatrix} = \begin{bmatrix} \alpha_{\max}^{\mathrm{rate}} - u_1^{\mathrm{A}} \\ \alpha_{\max}^{\mathrm{rate}} + u_1^{\mathrm{A}} \\ \beta_{\max}^{\mathrm{rate}} - u_2^{\mathrm{A}} \\ \beta_{\max}^{\mathrm{rate}} + u_2^{\mathrm{A}} \\ u_3^{\mathrm{A}} \\ 106790 + 35323\dfrac{x_4^{\mathrm{A}}}{v_{\mathrm{air}}\left(x_3^{\mathrm{A}}\right)} - 8.0766h + 25752\left(\dfrac{x_4^{\mathrm{A}}}{v_{\mathrm{air}}\left(x_3^{\mathrm{A}}\right)}\right)^2 - 3.6352\dfrac{x_4^{\mathrm{A}}}{v_{\mathrm{air}}\left(x_3^{\mathrm{A}}\right)}x_3^{\mathrm{A}} + 0.000177\left(x_3^{\mathrm{A}}\right)^2 - u_3^{\mathrm{A}} \\ \alpha_{\max}^{\mathrm{rate}} - u_1^{\mathrm{B}} \\ \alpha_{\max}^{\mathrm{rate}} + u_1^{\mathrm{B}} \\ \beta_{\max}^{\mathrm{rate}} - u_2^{\mathrm{B}} \\ \beta_{\max}^{\mathrm{rate}} + u_2^{\mathrm{B}} \\ u_3^{\mathrm{B}} \\ 106790 + 35323\dfrac{x_4^{\mathrm{B}}}{v_{\mathrm{air}}\left(x_3^{\mathrm{B}}\right)} - 8.0766h + 25752\left(\dfrac{x_4^{\mathrm{B}}}{v_{\mathrm{air}}\left(x_3^{\mathrm{B}}\right)}\right)^2 - 3.6352\dfrac{x_4^{\mathrm{B}}}{v_{\mathrm{air}}\left(x_3^{\mathrm{B}}\right)}x_3^{\mathrm{B}} + 0.000177\left(x_3^{\mathrm{B}}\right)^2 - u_3^{\mathrm{B}} \end{bmatrix} \geqslant 0 \tag{6.64}
$$

其中，$v_{\mathrm{air}}\left(x_3^{\mathrm{B}}\right)$的计算见式(6.46)。

6.3.2　目标集边界与界栅最优轨线计算模型

这里首先给出攻击区曲面拟合模型，然后给出目标集边界单位法向量计算模型。

1. 攻击区曲面拟合模型

当采用一种函数能够拟合攻击区信息时，攻击区拟合的模型如下：

$$\psi(\boldsymbol{x})=0 \tag{6.65}$$

其中，$\psi(\boldsymbol{x})$是拟合所得的函数。

当仅采用一种函数无法对攻击区的所有部分进行足够准确的拟合时，采用分段拟合函数攻击区，模型如下：

$$\begin{cases}\psi_1(\boldsymbol{x})=0, & \boldsymbol{x}\in\boldsymbol{D}_1\\ \psi_2(\boldsymbol{x})=0, & \boldsymbol{x}\in\boldsymbol{D}_2\\ \quad\vdots & \quad\vdots\\ \psi_p(\boldsymbol{x})=0, & \boldsymbol{x}\in\boldsymbol{D}_p\end{cases} \tag{6.66}$$

其中，$\boldsymbol{D}_i\in\boldsymbol{R}^{14}$，$i=1,2,\cdots,p$，是分段拟合函数$\psi_i$的定义域。

2. 目标集边界单位法向量计算模型

1) 目标集和目标集边界

目标集$\boldsymbol{D}\subset\boldsymbol{R}^{16}$是状态空间中的一个区域，当式(6.59)中的状态变量$\boldsymbol{x}\in\boldsymbol{D}$时，追机发射导弹，可命中以某种规律运动的逃机。

目标集边界$\partial\boldsymbol{D}$是$\boldsymbol{R}^{16}$中的曲面，其由攻击区边界在状态变量空间$\boldsymbol{R}^{16}$中的投影组成。设目标集边界$\partial\boldsymbol{D}$的函数表达式为

$$\psi(\boldsymbol{x})=0 \tag{6.67}$$

其中，假设$\psi:\boldsymbol{R}^{16}\to\boldsymbol{R}$连续可导。目标集定义为$\boldsymbol{D}=\left\{\boldsymbol{x}\middle|\boldsymbol{x}\in\boldsymbol{R}^{16},\psi(\boldsymbol{x})\leqslant 0\right\}$。此时目标集边界的形式为$\partial\boldsymbol{D}=\left\{\boldsymbol{x}\middle|\boldsymbol{x}\in\boldsymbol{R}^{16},\psi(\boldsymbol{x})=0\right\}$。

2) 目标集边界的单位法向量

$\partial\boldsymbol{D}$曲面的法向量$\overline{\boldsymbol{\gamma}}\in\boldsymbol{R}^{16}$为

$$\overline{\boldsymbol{\gamma}}=\nabla_{\boldsymbol{x}}\psi(\boldsymbol{x}) \tag{6.68}$$

其中，$\boldsymbol{\gamma}(\|\overline{\boldsymbol{\gamma}}\|>0)$是单位法向量：

$$\gamma = \frac{\bar{\gamma}}{\|\bar{\gamma}\|} \tag{6.69}$$

对于目标集边界由分段函数表达的情况，有

$$\begin{cases} \bar{\gamma}_1(\boldsymbol{x}) = \nabla_{\boldsymbol{x}} \psi_1(\boldsymbol{x}), & \boldsymbol{x} \in \boldsymbol{D}_1 \\ \bar{\gamma}_2(\boldsymbol{x}) = \nabla_{\boldsymbol{x}} \psi_2(\boldsymbol{x}), & \boldsymbol{x} \in \boldsymbol{D}_2 \\ \quad\vdots & \quad\vdots \\ \bar{\gamma}_p(\boldsymbol{x}) = \nabla_{\boldsymbol{x}} \psi_p(\boldsymbol{x}), & \boldsymbol{x} \in \boldsymbol{D}_p \end{cases}$$

则相应的单位法向量为

$$\gamma_i(\boldsymbol{x}) = \frac{\bar{\gamma}_i(\boldsymbol{x})}{\|\bar{\gamma}(\boldsymbol{x})\|}, \quad \boldsymbol{x} \in \boldsymbol{D}_i$$

下面首先给出目标集的可用部分边界(BUP)，然后给出目标集边界的可用部分(UP)。

3. 目标集的可用部分边界

可用部分边界，即 BUP 位于目标集的边界上，有 $\mathrm{BUP} \subseteq \partial \boldsymbol{D}$ 。定义 Hamilton 函数为

$$\begin{aligned} H\left(\boldsymbol{x}, \boldsymbol{u}^{\mathrm{A}}, \boldsymbol{u}^{\mathrm{B}}, \gamma\right) &:= \gamma^{\mathrm{T}} \cdot \boldsymbol{f}\left(\boldsymbol{x}, \boldsymbol{u}^{\mathrm{A}}, \boldsymbol{u}^{\mathrm{B}}\right) \\ &= \left(\nabla_{\boldsymbol{x}}^{\mathrm{T}} \psi(\boldsymbol{x})\right) \cdot \boldsymbol{f}\left(\boldsymbol{x}, \boldsymbol{u}^{\mathrm{A}}, \boldsymbol{u}^{\mathrm{B}}\right) \end{aligned}$$

该函数表示状态 $\boldsymbol{x}$ 的变化率 $\boldsymbol{f}\left(\boldsymbol{x}, \boldsymbol{u}^{\mathrm{A}}, \boldsymbol{u}^{\mathrm{B}}\right)$ 沿 γ 方向的投影。

当 $\boldsymbol{x}$ 在 $\partial \boldsymbol{D}$ 上或 $\boldsymbol{D}$ 外侧充分接近 $\partial \boldsymbol{D}$ ，且 $H\left(\boldsymbol{x}, \boldsymbol{u}^{\mathrm{A}}, \boldsymbol{u}^{\mathrm{B}}, \gamma\right) > 0$ 时，则轨迹 $\boldsymbol{x}$ 不能穿过 $\partial \boldsymbol{D}$ 进入 $\boldsymbol{D}$ 内部。反之，若 $H\left(\boldsymbol{x}, \boldsymbol{u}^{\mathrm{A}}, \boldsymbol{u}^{\mathrm{B}}, \gamma\right) < 0$ ，则轨迹 $\boldsymbol{x}$ 可以穿过 $\partial \boldsymbol{D}$ 进入 $\boldsymbol{D}$ 内部。

在 $\partial \boldsymbol{D}$ 上，追机和逃机的最优控制策略 $\bar{\boldsymbol{u}}^{\mathrm{A}}$ 和 $\bar{\boldsymbol{u}}^{\mathrm{B}}$ 满足：

$$H\left(\boldsymbol{x}, \bar{\boldsymbol{u}}^{\mathrm{A}}, \bar{\boldsymbol{u}}^{\mathrm{B}}, \gamma\right)\Big|_{\partial \boldsymbol{D}} = \max_{\boldsymbol{u}^{\mathrm{B}} \in \boldsymbol{U}^{\mathrm{B}}} \min_{\boldsymbol{u}^{\mathrm{A}} \in \boldsymbol{U}^{\mathrm{A}}} H\left(\boldsymbol{x}, \boldsymbol{u}^{\mathrm{A}}, \boldsymbol{u}^{\mathrm{B}}, \gamma\right)\Big|_{\partial \boldsymbol{D}}$$

其中，$\boldsymbol{U}^{\mathrm{A}}$ 和 $\boldsymbol{U}^{\mathrm{B}}$ 的定义为

$$\boldsymbol{U}^{\mathrm{A}} := \left\{\boldsymbol{u}^{\mathrm{A}} \,\middle|\, \boldsymbol{u}^{\mathrm{A}} \in \boldsymbol{R}^3, c_{\mathrm{A}}\left(\boldsymbol{x}^{\mathrm{A}}, \boldsymbol{u}^{\mathrm{A}}\right) \geqslant 0\right\} \tag{6.70}$$

$$\boldsymbol{U}^{\mathrm{B}} := \left\{\boldsymbol{u}^{\mathrm{B}} \,\middle|\, \boldsymbol{u}^{\mathrm{B}} \in \boldsymbol{R}^3, c_{\mathrm{B}}\left(\boldsymbol{x}^{\mathrm{B}}, \boldsymbol{u}^{\mathrm{B}}\right) \geqslant 0\right\} \tag{6.71}$$

BUP 定义为当 $\boldsymbol{x} \in \mathrm{BUP} \subseteq \partial \boldsymbol{D}$ 且追逃双方均采取最优控制 $\bar{\boldsymbol{u}}^{\mathrm{A}}$ 和 $\bar{\boldsymbol{u}}^{\mathrm{B}}$ 时，状态 $\boldsymbol{x}$

沿 BUP 法向量方向的运动为零，即 $\boldsymbol{x}$ 仅能在 BUP 位置的切平面上运动，既不能出到目标集外部，也不能进入目标集内部。换句话说，BUP 是追逃双方均采取最优控制时，状态 $\boldsymbol{x}$ 进入或脱离目标集 $\boldsymbol{D}$ 的临界点。因此，BUP 也是界栅的一部分，更准确地说，是界栅在目标集边界上的起始点。由此可知 BUP 计算模型如下：

$$\mathrm{BUP} := \left\{ \boldsymbol{x} \middle| \max_{\boldsymbol{u}^{\mathrm{B}} \in \boldsymbol{U}^{\mathrm{B}}} \min_{\boldsymbol{u}^{\mathrm{A}} \in \boldsymbol{U}^{\mathrm{A}}} H\left(\boldsymbol{x}, \boldsymbol{u}^{\mathrm{A}}, \boldsymbol{u}^{\mathrm{B}}, \boldsymbol{\gamma}\right)\Big|_{\boldsymbol{x} \in \partial \boldsymbol{D}} = 0 \right\} \tag{6.72}$$

在实际问题中，可能全部 $\partial\boldsymbol{D}$ 均为 BUP，也可能部分 $\partial\boldsymbol{D}$ 是 BUP，还有可能没有 BUP。等价得到：

$$\mathrm{BUP} = \left\{ \boldsymbol{x} \middle| \max_{\boldsymbol{u}^{\mathrm{B}} \in \boldsymbol{U}^{\mathrm{B}}} \min_{\boldsymbol{u}^{\mathrm{A}} \in \boldsymbol{U}^{\mathrm{A}}} \frac{\mathrm{d}}{\mathrm{d}t} \psi(\boldsymbol{x})\Big|_{\boldsymbol{x} \in \partial \boldsymbol{D}} = 0 \right\} \tag{6.73}$$

4. 目标集边界的可用部分

记 UP 是目标集边界的可用部分，则当 $\boldsymbol{x}$ 在 UP 外侧且充分接近 $\partial\boldsymbol{D}$ 时，若 $H\left(\boldsymbol{x}, \boldsymbol{u}^{\mathrm{A}}, \boldsymbol{u}^{\mathrm{B}}, \boldsymbol{\gamma}\right) < 0$，轨迹 $\boldsymbol{x}$ 可以穿过目标集边界进入目标集内部。由此可知 UP 的定义为

$$\mathrm{UP} := \left\{ \boldsymbol{x} \middle| \max_{\boldsymbol{u}^{\mathrm{B}} \in \boldsymbol{U}^{\mathrm{B}}} \min_{\boldsymbol{u}^{\mathrm{A}} \in \boldsymbol{U}^{\mathrm{A}}} H\left(\boldsymbol{x}, \boldsymbol{u}^{\mathrm{A}}, \boldsymbol{u}^{\mathrm{B}}, \boldsymbol{\gamma}\right)\Big|_{\boldsymbol{x} \in \partial \boldsymbol{D}} < 0 \right\}$$

等价地有

$$\mathrm{BUP} = \left\{ \boldsymbol{x} \middle| \max_{\boldsymbol{u}^{\mathrm{B}} \in \boldsymbol{U}^{\mathrm{B}}} \min_{\boldsymbol{u}^{\mathrm{A}} \in \boldsymbol{U}^{\mathrm{A}}} \frac{\mathrm{d}}{\mathrm{d}t} \psi(\boldsymbol{x})\Big|_{\boldsymbol{x} \in \partial \boldsymbol{D}} < 0 \right\}$$

5. 界栅最优轨线的定性微分对策问题

界栅最优轨线的定性微分对策模型如下：

$$\begin{cases} \min\limits_{\boldsymbol{u}^{\mathrm{A}} \in \boldsymbol{U}^{\mathrm{A}}} \max\limits_{\boldsymbol{u}^{\mathrm{B}} \in \boldsymbol{U}^{\mathrm{B}}} H\left(\boldsymbol{x}, \boldsymbol{u}^{\mathrm{A}}, \boldsymbol{u}^{\mathrm{B}}, \boldsymbol{\gamma}\right) \\ \text{s.t.} \qquad \dot{\boldsymbol{x}} = f\left(\boldsymbol{x}, \boldsymbol{u}^{\mathrm{A}}, \boldsymbol{u}^{\mathrm{B}}\right) \\ \qquad\qquad \dot{\boldsymbol{\gamma}} = -\nabla_{\boldsymbol{x}} H\left(\boldsymbol{x}, \boldsymbol{u}^{\mathrm{A}}, \boldsymbol{u}^{\mathrm{B}}, \boldsymbol{\gamma}\right) \\ \qquad\qquad \boldsymbol{c}(\boldsymbol{x}, \boldsymbol{u}) \geqslant 0 \\ \qquad\qquad \boldsymbol{x}_0 \in \mathrm{BUP}, \boldsymbol{\gamma}_0 \in \dfrac{\nabla_{\boldsymbol{x}} \psi(\boldsymbol{x})}{\left\| \nabla_{\boldsymbol{x}} \psi(\boldsymbol{x}) \right\|} \end{cases} \tag{6.74}$$

其中，Hamilton 函数为

$$H\left(\boldsymbol{x}, \boldsymbol{u}^{\mathrm{A}}, \boldsymbol{u}^{\mathrm{B}}, \boldsymbol{\gamma}\right) := \boldsymbol{\gamma}^{\mathrm{T}} \boldsymbol{f}\left(\boldsymbol{x}, \boldsymbol{u}^{\mathrm{A}}, \boldsymbol{u}^{\mathrm{B}}\right)$$

根据 Hamilton 函数的具体形式可知 $\boldsymbol{u}^{\mathrm{A}}$ 和 $\boldsymbol{u}^{\mathrm{B}}$ 是分离的，因此有性质：

$$\min_{\boldsymbol{u}^{\mathrm{A}}\in\boldsymbol{U}^{\mathrm{A}}}\max_{\boldsymbol{u}^{\mathrm{B}}\in\boldsymbol{U}^{\mathrm{B}}} H\left(\boldsymbol{x},\boldsymbol{u}^{\mathrm{A}},\boldsymbol{u}^{\mathrm{B}},\boldsymbol{\gamma}\right)=\max_{\boldsymbol{u}^{\mathrm{B}}\in\boldsymbol{U}^{\mathrm{B}}}\min_{\boldsymbol{u}^{\mathrm{A}}\in\boldsymbol{U}^{\mathrm{A}}} H\left(\boldsymbol{x},\boldsymbol{u}^{\mathrm{A}},\boldsymbol{u}^{\mathrm{B}},\boldsymbol{\gamma}\right)$$

对模型进行具体展开可知，其中存在着不连续性，相应的解算较为复杂。

6. 初始条件计算模型

BUP 的计算模型如下：

$$\mathrm{BUP}:=\left\{\boldsymbol{x}\left|\max_{\boldsymbol{u}^{\mathrm{B}}\in\boldsymbol{U}^{\mathrm{B}}}\min_{\boldsymbol{u}^{\mathrm{A}}\in\boldsymbol{U}^{\mathrm{A}}} H\left(\boldsymbol{x},\boldsymbol{u}^{\mathrm{A}},\boldsymbol{u}^{\mathrm{B}},\boldsymbol{\gamma}\right)\right|_{\boldsymbol{x}\in\partial\boldsymbol{D}}=0\right\}$$

其中，$\max\limits_{\boldsymbol{u}^{\mathrm{B}}\in\boldsymbol{U}^{\mathrm{B}}}\min\limits_{\boldsymbol{u}^{\mathrm{A}}\in\boldsymbol{U}^{\mathrm{A}}} H\left(\boldsymbol{x},\boldsymbol{u}^{\mathrm{A}},\boldsymbol{u}^{\mathrm{B}},\boldsymbol{\gamma}\right)\big|_{\boldsymbol{x}\in\partial\boldsymbol{D}}=0$ 是一个静态博弈问题，不计算最优轨迹，与时间无关；$\boldsymbol{x}\in\partial\boldsymbol{D}$，是目标集边界上的点；$\boldsymbol{\gamma}$ 是该点处的目标集边界法向量；$\boldsymbol{u}^{\mathrm{A}}$、$\boldsymbol{u}^{\mathrm{B}}$ 分别是追逃双方在 $\boldsymbol{x}$ 点处的控制最优值。

为了求解 BUP 问题，考虑下述博弈问题：

$$\max_{\boldsymbol{u}^{\mathrm{B}}\in\boldsymbol{U}^{\mathrm{B}}}\min_{\boldsymbol{u}^{\mathrm{A}}\in\boldsymbol{U}^{\mathrm{A}}} H\left(\boldsymbol{x},\boldsymbol{u}^{\mathrm{A}},\boldsymbol{u}^{\mathrm{B}},\boldsymbol{\gamma}\right)\Big|_{\boldsymbol{x}\in\partial\boldsymbol{D}} \tag{6.75}$$

其中，$\boldsymbol{x}$ 是 $\partial\boldsymbol{D}$ 上的任意给定点；$\boldsymbol{\gamma}$ 的取值根据式(6.68)或式(6.69)确定。因此，求解问题(6.75)可以得到 $\boldsymbol{x}$ 点处的控制最优值 $\boldsymbol{u}^{\mathrm{A}*}$ 和 $\boldsymbol{u}^{\mathrm{B}*}$。此时这两个 $\partial\boldsymbol{D}$ 上的控制最优值是所在点 $\boldsymbol{x}$ 的函数，可以记为 $\boldsymbol{u}^{\mathrm{A}*}(\boldsymbol{x})$ 和 $\boldsymbol{u}^{\mathrm{B}*}(\boldsymbol{x})$（$\boldsymbol{x}\in\partial\boldsymbol{D}$），将其连同式(6.68)代入 BUP 计算模型(6.72)中，有

$$\bar{H}(\boldsymbol{x}):=H\left(\boldsymbol{x},\boldsymbol{u}^{\mathrm{A}*}(\boldsymbol{x}),\boldsymbol{u}^{\mathrm{B}*}(\boldsymbol{x}),\nabla_{\boldsymbol{x}}\psi(\boldsymbol{x})\right)=0 \tag{6.76}$$

此时可以通过牛顿法求解式(6.76)，得到满足 BUP 计算模型(6.72)的点 $\boldsymbol{x}$。通过在 $\partial\boldsymbol{D}$ 上进行抽样，作为牛顿迭代的初始点，可以得到多个 BUP 中的不同点。

6.4　本 章 小 结

本章针对三维空间双机对抗问题，采用解析方法研究了基于理想运动学的定性微分对策问题，重点计算了扇形目标集的界栅轨线表达式和最优控制解，并针对两组性能参数详细阐述了截获区与危险区的形态，探讨了它们与飞机参数的定性关系，同时利用灵敏度分析法定量评估了飞机性能参数对截获区的具体影响。本章基于飞行器动力学方程给出了定性微分对策目标集边界和界栅的计算模型，对该模型进行数值解算即可得到的界栅曲面及其上的最优控制策略。

参 考 文 献

[1] ISAACS R. Differential Games: A Mathematical Theory with Applications to Warfare and Pursuit, Control and Optimization[M]. New York: Wiley, 1965.

[2] 李登峰. 微分对策及其应用[M]. 北京：国防工业出版社, 2000.

[3] FRIEDMAN A. Differential Games[M]. Providence: American Mathematical Society, 1974.

[4] STARR A W, HO Y C. Nonzero-sum differential games[J]. Journal of Optimization Theory and Applications, 1969, 3: 184-206.

[5] LEITMANN G. Cooperative and Non-Cooperative Many Players Differential Games[M]. Vienna: Springer, 1974.

[6] MEHLMANN A. Applied Differential Games[M]. NewYork: Springer Science & Business Media, 2013.

[7] ROXIN E, TSOKOS C P. On the definition of a stochastic differential game[J]. Mathematical Systems Theory, 1970, 4(1): 60-64.

[8] NICHOLS W G. Stochastic Differential Games and Control Theory[M]. Blacksburg: Virginia Polytechnic Institute and State University, 1971.

[9] ŚWIĘCH A. Another approach to the existence of value functions of stochastic differential games[J]. Journal of Mathematical Analysis and Applications, 1996, 204(3): 884-897.

[10] ŚWIĘCH A. The existence of value functions of stochastic differential games for unbounded stochastic evolution[C]. Proceedings of 34th IEEE Conference on Decision and Control, New Orleans, 1995, 3: 2289-2294.

[11] ELLIOTT R. The existence of value in stochastic differential games[J]. SIAM Journal on Control and Optimization, 1976, 14(1): 85-94.

[12] BENSOUSSAN A, FRIEDMAN A. Nonzero-sum stochastic differential games with stopping times and free boundary problems[J]. Transactions of the American Mathematical Society, 1977, 231(2): 275-327.

[13] CILETTI M D. New results in the theory of differential games with information time lag[J]. Journal of Optimization Theory and Applications, 1971, 8: 287-315.

[14] CILETTI M D. Differential games with information time lag: Norm-invariant systems[J]. Journal of Optimization Theory and Applications, 1972, 9: 293-301.

[15] JUMARIE G. An approach via state estimation to differential games with information time lag[J]. International Journal of Game Theory, 1973, 2: 39-52.

[16] WANG J. A Stackelberg differential game for defence and economy[J]. Optimization Letters, 2018, 12(2): 375-386.

[17] 周德云, 徐自祥. 多目标模糊微分对策[J]. 火力与指挥控制, 2007, 32(3): 14-18.

[18] 徐自祥, 周德云, 徐济东. 基于模糊微分对策多机空战组内协同的 U 解[J]. 控制工程, 2007, 14(1): 37-41.

[19] RENAULT J. Repeated Games with Incomplete Information[M]// SOTOMAYOR M, PEREZ-CASTRILLO D, CASTIGLIONE F. Complex Social and Behavioral Systems: Game Theory and Agent-Based Models. Barcelona: Universitat Autònoma de Barcelona, 2020.

[20] AUMANN R J, MASCHLER M, STEARNS R E. Repeated games of incomplete information: An approach to the non-zero-sum case[R]. Washington, D.C.: Report of the US Arms Control and Disarmament Agency ST-143, 1968:

117-216.

[21] ZHAI Y, ZHAO Q. Oligopoly dynamic pricing: A repeated game with incomplete information[C]. 2016 IEEE International Conference on Acoustics, Speech and Signal Processing, Shanghai, 2016: 4772-4775.

[22] FORGES F. Games with incomplete information: From repetition to cheap talk and persuasion[J]. Annals of Economics and Statistics, 2020 (137): 3-30.

[23] 张嗣瀛. 关于定量与定性微分对策[J]. 自动化学报, 1980, 6(2): 121-130.

[24] 张嗣瀛. 微分对策: 其起源及某些发展和问题[J]. 东北大学学报 (自然科学版), 1980, 1(1): 130.

[25] 沙基昌. 数理战术学: 未来战争决策的新手段[J]. 百科知识, 1994,2: 63.

[26] 沙基昌. 数理战术学[M]. 北京:科学出版社, 2003.

[27] ZHANG T. Nash equilibria in market impact models: Differential game, transient price impact and transaction costs[D]. Mannheim: Universität Mannheim, 2014.

[28] MAI T, MIHAIL M, PANAGEAS I, et al. Cycles in zero-sum differential games and biological diversity[C]. Proceedings of the 2018 ACM Conference on Economics and Computation, New York, 2018: 339-350.

[29] LIU L, ZHENG Y, LU X, et al. Research on individual performance index of air cluster combat aircraft based on differential game theory[J]. Journal of Physics: Conference Series, 2023, 2478(10): 102013.

[30] ZHANG H, MI Y, LIU X, et al. A differential game approach for real-time security defense decision in scale-free networks[J]. Computer Networks, 2023, 224: 109635.

[31] YU C, WANG Y, TANG C, et al. EU-Net: Automatic U-Net neural architecture search with differential evolutionary algorithm for medical image segmentation[J]. Computers in Biology and Medicine, 2023, 167: 107579.

[32] VIJAYAN S. Differential games in spread of Covid-19[C]. 2021 60th IEEE Conference on Decision and Control, Austin, 2021: 2836-2841.

[33] ZHAO L M, SUN J H, ZHANG H B. Technology sharing behavior in civil-military integration collaborative innovation system based on differential game[J]. Journal of Industrial Engineering and Engineering Management, 2017, 31(3): 183-191.

[34] 黄世锐, 张恒巍, 王晋东, 等. 基于定性微分博弈的网络安全威胁预警方法[J]. 通信学报, 2018, 39(8): 29-36.

[35] LIN W, HAGA R. Design of cybersecurity threat warning model based on ant colony algorithm[J]. Journal on Big Data, 2021, 3(4): 147.

[36] KUIPERS J, SCHOENMAKERS G, STAŇKOVÁ K. Approximating the value of zero-sum differential games with linear payoffs and dynamics[J]. Journal of Optimization Theory and Applications, 2023, 198(1): 332-346.

[37] 郝志伟, 孙松涛, 张秋华, 等. 半直接配点法在航天器追逃问题求解中的应用[J]. 宇航学报, 2019 (6): 628-635.

[38] 刘源, 李玉玲, 郝勇, 等. 航天器三维空间追逃问题研究[J]. 系统工程与电子技术, 2018, 40(4): 868-877.

[39] DU X, ZHANG D, HAO Z. Differential game guidance law for intercepting hypersonic vehicle[J]. Aerospace Control, 2024, 42(3): 29-34.

[40] FENG H, WU S, LIU S, et al. Method of spacecraft cluster orbital pursuit-evasion game based on the hierarchical theory structure[C]. 2024 3rd Conference on Fully Actuated System Theory and Applications, Shenzhen, 2024: 438-442.

[41] 罗亚中, 李振瑜, 祝海. 航天器轨道追逃微分对策研究综述[J]. 中国科学: 技术科学, 2020, 50(12): 1533-1545.

[42] WANG X, YANG M, WANG S, et al. Linear-quadratic and norm-bounded combined differential game guidance scheme with obstacle avoidance for attacking defended aircraft in three-player engagement[J]. Defence Technology, 2024, 42: 136-155.

[43] MISHLEY A, SHAFERMAN V. Linear quadratic differential games guidance law with an intercept angle constraint and varying speed adversaries[C]. AIAA SCITECH 2023 Forum, Maryland, 2023: 2495.

[44] LIU F, DONG X, LI Q, et al. Robust multi-agent differential games with application to cooperative guidance[J]. Aerospace Science and Technology, 2021, 111: 106568.

[45] LIU F, DONG X, LI Q, et al. Cooperative differential games guidance laws for multiple attackers against an active defense target[J]. Chinese Journal of Aeronautics, 2022, 35(5): 374-389.

[46] YU F, LI Q, YUAN X. Determination of barrier in pursuit-evasion qualitative differential game of unmanned combat vehicle[J].Modern Electronics Technique, 2018, 41(15): 161-164.

[47] HORIE K, CONWAY B A. Optimal fighter pursuit-evasion maneuvers found via two-sided optimization[J]. Journal of Guidance, Control, and Dynamics, 2006, 29(1): 105-112.

[48] GREENWOOD N. A differential game in three dimensions: The aerial dogfight scenario[J]. Dynamics and Control, 1992, 2(2): 161-200.

[49] 刘双喜, 王一冲, 朱梦杰, 等. 小弹目速度比下拦截高超声速飞行器微分对策制导律研究[J]. 空天防御, 2022, 5(2): 49-57.

[50] XI A, CAI Y, DENG Y, et al. Zero-sum differential game guidance law for missile interception engagement via neuro-dynamic programming[J]. Proceedings of the Institution of Mechanical Engineers, Part G: Journal of Aerospace Engineering, 2023, 237(14): 3352-3366.

[51] XU B, XU J, LI S, et al. Impact angle constraint guidance against active defense target based on partial differential games[J]. International Journal of Aerospace Engineering, 2024, 2024(1): 9991666.

[52] TAN M, SHEN H. Three-dimensional cooperative game guidance law for a leader-follower system with impact angles constraint[J]. IEEE Transactions on Aerospace and Electronic Systems, 2024, 60(1): 405-420.

[53] 花文华, 张拥军, 张金鹏, 等. 双导弹拦截角度协同的微分对策制导律[J]. 中国惯性技术学报, 2016, 24(6): 838-844.

[54] GUO Z, ZHOU S. Cooperative guidance law based on differential games for multi-interceptor versus one maneuvering target[C]. 2018 IEEE CSAA Guidance, Navigation and Control Conference, Xiamen, 2018: 1-5.

[55] 郭志强, 周绍磊. 多弹协同微分对策制导律研究[J]. 四川兵工学报, 2019, 40(5): 21-25.

[56] WEI X, YANG J. Optimal strategies for multiple unmanned aerial vehicles in a pursuit/evasion differential game[J]. Journal of Guidance, Control, and Dynamics, 2018, 41(8): 1799-1806.

[57] TAO C, WANG X, WANG S, et al. Linear-quadratic and norm-bounded differential game combined guidance strategy against active defense aircraft in three-player engagement[J]. Chinese Journal of Aeronautics, 2023, 36(8): 331-350.

[58] CHIPADE V S, PANAGOU D. Multiplayer target-attacker-defender differential game: Pairing allocations and control strategies for guaranteed intercept[C]. AIAA Scitech 2019 Forum, California, 2019: 0658.

[59] 程涛, 周浩, 董晓飞, 等. 多飞行器突防打击一体化微分对策制导律设计[J]. 北京航空航天大学学报, 2022, 48(5): 898-909.

[60] SINGH S K, REDDY P V, VUNDURTHY B. Study of multiple target defense differential games using receding horizon-based switching strategies[J]. IEEE Transactions on Control Systems Technology, 2021, 30(4): 1403-1419.

[61] BARDHAN R, GHOSE D. Differential games guidance for heading angle consensus among unmanned aerial vehicles[J]. Journal of Guidance, Control, and Dynamics, 2019, 42(11): 2568-2575.

[62] LI Y, HU X. A differential game approach to intrinsic formation control[J]. Automatica, 2022, 136: 110077.

[63] LI Z, XUE W, LI D, et al. Distributed differential game for formation control of multi-UAV with obstacle avoidance[C].

2022 China Automation Congress, Xiamen, 2022: 4877-4882.

[64] LIANG L, DENG F, LU M, et al. Analysis of role switch for cooperative target defense differential game[J]. IEEE Transactions on Automatic Control, 2020, 66(2): 902-909.

[65] ZHANG P, CHEN P, ZHANG H, et al. A novel dual-role two pursuers and two evaders simple motion game[C]. Proceedings of the 3rd International Symposium on Automation, Information and Computing, Beijing, 2022:674-680.

[66] FARUQI F A, BELOBABA P, COOPER J, et al. Three-Party Differential Game Theory Applied to Missile Guidance Problem[M]. Hoboken: John Wiley&Sons, 2017.

[67] SAVKU E. A stochastic control approach for constrained stochastic differential games with jumps and regimes[J]. Mathematics, 2023, 11(14): 3043.

[68] MOON J. Linear-quadratic stochastic leader-follower differential games for Markov jump-diffusion models[J]. Automatica, 2023, 147: 110713.

[69] LIU N, GUO L. Stochastic adaptive linear quadratic differential games[J]. IEEE Transactions on Automatic Control, 2023, 69(2): 1066-1073.

[70] LLORENTE-VIDRIO D, BALLESTEROS M, SALGADO I, et al. Deep learning adapted to differential neural networks used as pattern classification of electrophysiological signals[J]. IEEE Transactions on Pattern Analysis and Machine Intelligence, 2021, 44(9): 4807-4818.

[71] ANDRIANOVA O, POZNYAK A, CHAIREZ I. Differential neural network approximation of positive systems: An asymmetric barrier Lyapunov functions approach for learning laws design[J]. Neurocomputing, 2021, 457: 128-140.

[72] RINALDI A, DE LEONIBUS E, CIFRA A, et al. Flexible use of allocentric and egocentric spatial memories activates differential neural networks in mice[J]. Scientific Reports, 2020, 10(1): 11338.

[73] GARCÍA E, MURANO D A. State estimation for a class of nonlinear differential games using differential neural networks[C]. Proceedings of the 2011 American Control Conference, San Francisco, 2011: 2486-2491.

[74] WU Z, YU Z. Linear-quadratic nonzero-sum differential game of backward stochastic differential equations[C]. 2008 27th Chinese Control Conference, Kunming, 2008: 562-566.

[75] HARSANYI J C. Games with incomplete information played by “Bayesian” players, Ⅰ-Ⅲ Part Ⅰ. The basic model[J]. Management Science, 1967, 14(3): 159-182.

[76] YAN R, DENG R, DUAN X, et al. Multiplayer reach-avoid differential games with simple motions: A review[J]. Frontiers in Control Engineering, 2023, 3: 1093186.

[77] QIN C, QIAO X, WANG J, et al. Barrier-critic adaptive robust control of nonzero-sum differential games for uncertain nonlinear systems with state constraints[J]. IEEE Transactions on Systems, Man, and Cybernetics: Systems, 2024, 54(1): 50-63.

[78] RUAN W, DUAN H, SUN Y, et al. Multiplayer reach-avoid differential games in 3D space inspired by Harris' Hawks' cooperative hunting tactics[J]. Research, 2023, 6: 0246.

[79] MITCHELL I M, BAYEN A M, TOMLIN C J. A time-dependent Hamilton-Jacobi formulation of reachable sets for continuous dynamic games[J]. IEEE Transactions on Automatic Control, 2005, 50(7): 947-957.

[80] LIAO W, LIANG T, XIONG P, et al. An improved level set method for reachability problems in differential games[J]. IEEE Transactions on Systems, Man, and Cybernetics: Systems, 2024, 54(5): 2907-2916.

[81] 赵亮博,朱广生,张耀,等.智能飞行器追逃博弈中的关键技术及发展趋势[J].飞航导弹, 2021(12):134-139.

[82] YU F, ZHANG X, LI Q. Determination of the barrier in the qualitatively pursuit-evasion differential game[C]. 2018 IEEE CSAA Guidance, Navigation and Control Conference , Xiamen, 2018: 1-6.

[83] AZAMOV A A, IBAYDULLAYEV T T. A pursuit-evasion differential game with slow pursuers on the edge graph of a simplex. I[J]. Automation and Remote Control, 2021, 82: 1996-2005.

[84] YAN R, SHI Z, ZHONG Y. Cooperative strategies for two-evader-one-pursuer reach-avoid differential games[J]. International Journal of Systems Science, 2021, 52(9): 1894-1912.

[85] GARCIA E, CASBEER D W, PACHTER M. The barrier surface in the cooperative football differential game[J]. arXiv preprint arXiv:2006.03682, 2020.

[86] HAN S, CHENG L, TONG H. Noncooperative conflict resolution using differential game[C]. 2006 1st International Symposium on Systems and Control in Aerospace and Astronautics, Harbin, 2006: 90-94.

[87] 于飞,李擎,张昊.追逃定性微分对策中界栅的确定[J].电光与控制, 2018, 25(5): 84-87, 114.

[88] 林俊亭,王海斌.基于定性微分对策的列车碰撞防护方法[J].铁道学报, 2021, 43 (5): 97-103.

[89] 于飞,李擎,原鑫.无人战车追逃定性微分对策中界栅的确定[J].现代电子技术, 2018, 41(15): 161-164,168.

[90] 毛柏源,李君龙,张锐,等.拦截高速机动目标的捕获区及微分对策导引律[J].国防科技大学学报, 2021, 43(3): 165-174.

[91] 张科,何振琦,吕梅柏,等.基于界栅的日地平动点编队飞行碰撞规避控制研究[J].西北工业大学学报, 2018, 36(2): 252-257.

[92] 原鑫,李擎,苏中.基于微分对策理论的两车碰撞问题[J].北京信息科技大学学报：自然科学版, 2016, 31(5): 68-72.

[93] 祝海, 罗亚中, 张进. 航天器追逃微分对策界栅解析构造方法[C]. 第十届全国多体动力学与控制暨第五届全国航天动力学与控制学术会议, 青岛, 2017: 173.

[94] 罗亚中, 祝海, 李振瑜, 等. 一种解析构造航天器追逃界栅和判断捕获逃逸区域的方法: CN201810109434.3.[P]. 2018-09-11.

[95] 张会, 吴鹏, 孙华春. 基于微分对策的潜艇鱼雷攻击占位问题研究[J]. 指挥控制与仿真, 2013, 35(3): 74-76.

[96] 孟祥平, 张嗣瀛. 微分对策点捕获问题的研究[J].航空学报, 1987, 8(7):356-362.

[97] 王义宁, 姜玉宪, 后射导弹对空战对策及航空技术影响研究[J]. 飞行力学, 2002, 20(2): 47-50.

[98] YAN R, DUAN X, SHI Z, et al. Matching-based capture strategies for 3D heterogeneous multiplayer reach-avoid differential games[J]. Automatica, 2022, 140: 110207.

[99] GARCIA E, CASBEER D W, FUCHS Z E, et al. Aircraft defense differential game with non-zero capture radius[J]. IFAC-PapersOnLine, 2017, 50(1): 14200-14205.

[100] XU Z, ZHOU D, XU J. Maneuvering threat-oriented flight path Re-programming based on single objective qualitative differential game[J].Fire Control and Command Control, 2008, 2: 60-62.

[101] HUI Z , PENG W U , SUN H C. Research of the problem that how submarine occupy torppedo attack position based on differential game theories[J].Command Control & Simulation, 2013, 35(3): 74-76.

[102] 庞晓楠, 王凡. 基于多目标动态威胁的潜艇航路规划建模与求解[J].海军工程大学学报, 2013, 25(2): 93-97.

[103] SCHIED A, ZHANG T. A state-constrained differential game arising in optimal portfolio liquidation[J]. Mathematical Finance, 2017, 27(3): 779-802.

[104] BHATTACHARYA S, BAŞAR T, HOVAKIMYAN N. A visibility-based pursuit-evasion game with a circular obstacle[J]. Journal of Optimization Theory and Applications, 2016, 171: 1071-1082.

[105] EXARCHOS I, TSIOTRAS P, PACHTER M. UAV collision avoidance based on the solution of the suicidal pedestrian differential game[C]. AIAA Guidance, Navigation, and Control Conferencc, San Diego, 2016: 2100.

[106] GARCIA E, CASBEER D W, PACHTER M. Optimal strategies of the differential game in a circular region[J]. IEEE Control Systems Letters, 2019, 4(2): 492-497.

[107] GARCIA E, CASBEER D W, VON MOLL A, et al. Pride of lions and man differential game[C]. 2020 59th IEEE Conference on Decision and Control, Seogwipo, 2020: 5380-5385.

[108] WASZ P, PACHTER M, PHAM K. Two-an-one pursuit with a non-zero capture radius[C]. 2019 27th Mediterranean Conference on Control and Automation, Akko, 2019: 577-582.

[109] VON MOLL A, SHISHIKA D, FUCHS Z, et al. The turret-runner-penetrator differential game[C]. 2021 American Control Conference, New Orleans, 2021: 3202-3209.

[110] ZHANG F, ZHA W. Evasion strategies of a three-player lifeline game[J]. Science China Information Sciences, 2018, 61: 1-11.

[111] 张帅, 朱东方, 孙俊等. 双拦截弹拦截单目标边界型微分对策制导律研究[J].飞控与探测, 2019, 2(2): 46-53.

[112] ZHA W, CHEN J, PENG Z, et al. Construction of barrier in a fishing game with point capture[J]. IEEE Transactions on Cybernetics, 2016, 47(6): 1409-1422.

[113] PACHTER M, GARCIA E, CASBEER D W. Differential game of guarding a target[J]. Journal of Guidance, Control, and Dynamics, 2017, 40(11): 2991-2998.

[114] ZHOU J, ZHAO L, LI H, et al. Compensation control strategy for orbital pursuit-evasion problem with imperfect information[J]. Applied Sciences, 2021, 11(4): 1400.

[115] ГРИЩУК Р В. Methodology of building multicriterion differential-game models and methods[J]. Technology Audit and Production Reserves, 2013, 5(5): 43-45.

[116] DAVIDOWITZ A, SHINAR J. An eccentric two-target differential game model for qualitative air-to-air combat analysis[C]. 10th Atmospheric Flight Mechanics Conference, Gatlinburg, 1983: 8.

[117] HUANG H, ZHANG W, DING J, et al. Guaranteed decentralized pursuit-evasion in the plane with multiple pursuers[C]. 2011 50th IEEE Conference on Decision and Control and European Control Conference, Orlando, 2011: 4835-4840.

[118] BAKOLAS E, TSIOTRAS P. Optimal pursuit of moving targets using dynamic voronoi diagrams[C]. 49th IEEE Conference on Decision and Control, Atlanta, 2010: 7431-7436.

[119] NAYAK S P, RAJAWAT A P, KOTHARI M. Inverse geometric guidance strategy for a three-body differential game[C]. AIAA Scitech 2021 Forum, Nashville, 2021: 1765.

[120] DOROTHY M, MAITY D, SHISHIKA D, et al. One apollonius circle is enough for many pursuit-evasion games[J]. Automatica, 2024, 163: 111587.

[121] YAN R, SHI Z, ZHONG Y. Optimal strategies for the lifeline differential game with limited lifetime[J]. International Journal of Control, 2021, 94(8): 2238-2251.

[122] 许佳骆, 胥彪, 冯建鑫, 等. 基于目标加速度方向观测的微分对策制导律[J].宇航总体技术, 2021, 5(1): 27-36.

[123] 王淳宝, 叶东, 孙兆伟, 等.航天器末端拦截自适应博弈策略[J]. 宇航学报, 2020, 41(3): 309-318.

[124] ALI F N S S, TEKADE P, RATNOO A. On obstacle avoidance characteristics of proportional navigation guidance[C]. AIAA SciTech 2020 Forum, Orlando, 2020: 1093.

[125] YUAN P J, CHEN M G, CHERN J S. Extended proportional navigation[C]. AIAA Guidance, Navigation, and Control Conference and Exhibit, Dever, 2000: 4161.

[126] GHOSH S, GHOSE D, RAHA S. Capturability of augmented pure proportional navigation guidance against time-varying target maneuvers[J]. Journal of Guidance, Control, and Dynamics, 2014, 37(5): 1446-1461.

[127] BHATTACHARJEE D, SUBBARAO K, CHAKRAVARTHY A. Set-membership filtering-based pure proportional navigation[C]. AIAA SciTech 2021 Forum, Online, 2021: 1567.

[128] ANDERSON G, GRAZIER V. A closed-form solution for the barrier in pursuit-evasion problems between two low thrust orbital spacecraft and its application[C]. 13th Aerospace Sciences Meeting, Pasadena, 1975: 13.

[129] 吴其昌, 张洪波. 基于生存型微分对策的航天器追逃策略及数值求解[J].大功率变流技术, 2019(4): 39-43.

[130] 周锐. 基于神经网络的微分对策控制器设计[J].控制与决策, 2003, 18(1): 123-125.

[131] ZHOU R, LI H. Application of neural networks in differential games[J]. Journal of Beijing University of Aeronautics and Astronautics, 2000, 26(6): 666-668.

[132] SZŐTS J, SAVKIN A V, HARMATI I. Revisiting a three-player pursuit-evasion game[J]. Journal of Optimization Theory and Applications, 2021, 190: 581-601.

[133] PELLEGRINI E, RUSSELL R P. A multiple-shooting differential dynamic programming algorithm. Part 1: Theory[J]. Acta Astronautica, 2020, 170: 686-700.

[134] PELLEGRINI E, RUSSELL R P. A multiple-shooting differential dynamic programming algorithm. Part 2: Applications[J]. Acta Astronautica, 2020, 173: 460-472.

[135] KIM J W, OH T H, SON S H, et al. Primal-dual differential dynamic programming: A model-based reinforcement learning for constrained dynamic optimization[J]. Computers & Chemical Engineering, 2022, 167: 108004.

[136] JUNG H, KIM J W, LEE J M. Differential dynamic programming approach for parameter dependent system control[J]. Computer Aided Chemical Engineering, Elsevier, 2022, 49: 343-348.

[137] 丁林静, 杨啟明. 基于强化学习的无人机空战机动决策[J]. 航空电子技术, 2018, 49(2): 29-35.

[138] YAN M, YANG R, ZHANG Y, et al. A hierarchical reinforcement learning method for missile evasion and guidance[J]. Scientific Reports, 2022, 12(1): 18888.

[139] 唐文泉, 孙莹, 杨奇, 等. 一种面向 2V2 近距空战的强化学习算法[J]. 战术导弹技术, 2022(1): 120-130.

[140] WANG D, GAO N, LIU D, et al. Recent progress in reinforcement learning and adaptive dynamic programming for advanced control applications[J]. IEEE/CAA Journal of Automatica Sinica, 2024, 11(1): 18-36.

[141] GANDHI M, THEODOROU E. A comparison between trajectory optimization methods: Differential dynamic programming and pseudospectral optimal control[C]. AIAA Guidance, Navigation, and Control Conference, San Diego, 2016: 0385.

[142] ZHANG G, WEN C, HAN H, et al. Aerocapture trajectory planning using hierarchical differential dynamic programming[J]. Journal of Spacecraft and Rockets, 2022, 59(5): 1647-1659.

[143] HE S, SHIN H S, TSOURDOS A. Computational guidance using sparse gauss-hermite quadrature differential dynamic programming[J]. IFAC-PapersOnLine, 2019, 52(12): 13-18.

[144] SARBAZ M, SUN W. Min-max adaptive dynamic programming for zero-sum differential games[J]. International Journal of Control, 2024, 97(12): 2886-2895.

[145] CHEN Y, WU S, WANG X, et al. Nonlinear differential game trajectory generation algorithm via adaptive dynamic programming[C]. 2023 42nd Chinese Control Conference, IEEE, Tianjin, 2023: 3714-3719.

[146] ZHANG Z X, ZHANG K, XIE X P, et al. Fixed-time zero-sum pursuit-evasion game control of multi-satellite via adaptive dynamic programming[J]. IEEE Transactions on Aerospace and Electronic Systems, 2024, 60(2): 2224-2235.

[147] ZHANG H, WEI Q, LIU D. An iterative adaptive dynamic programming method for solving a class of nonlinear zero-sum differential games[J]. Automatica, 2011, 47(1): 207-214.

[148] MAYNE D. A second-order gradient method for determining optimal trajectories of non-linear discrete-time systems[J]. International Journal of Control, 1966, 3(1): 85-95.

[149] 刘伟, 马利强, 马彪, 等. 机器人无迹微分动态规划算法研究[J]. 安徽建筑大学学报, 2021, 29(4): 71-76.

[150] OZAKI N, CAMPAGNOLA S, FUNASE R, et al. Stochastic differential dynamic programming with unscented transform for low-thrust trajectory design[J]. Journal of Guidance, Control, and Dynamics, 2018, 41(2): 377-387.

[151] AZIZ J D, SCHEERES D, LANTOINE G. Differential dynamic programming in the three-body problem[C]. 2018 Space Flight Mechanics Meeting, Kissimmee, 2018: 2223.

[152] JONSSON H O. A differential dynamic programming approach to nonlinear parameter identification[C]. 21st Aerospace Sciences Meeting, Reno, 1983: 284.

[153] TASSA Y, EREZ T, TODOROV E. Synthesis and stabilization of complex behaviors through online trajectory optimization[C]. 2012 IEEE/RSJ International Conference on Intelligent Robots and Systems, Vilamoura-Algarve, 2012: 4906-4913.

[154] SUN W, PAN Y, LIM J, et al. Min-max differential dynamic programming: Continuous and discrete time formulations[J]. Journal of Guidance, Control, and Dynamics, 2018, 41(12): 2568-2580.

[155] ZHANG B, JIA Y, ZHANG Y. Differential dynamic programming for finite-horizon zero-sum differential games of nonlinear systems[J]. International Journal of Robust and Nonlinear Control, 2023, 33(18): 11062-11084.

[156] SARAVANOS A D, AOYAMA Y, ZHU H, et al. Distributed differential dynamic programming architectures for large-scale multiagent control[J]. IEEE Transactions on Robotics, 2023, 39(6): 4387-4407.

[157] EHTAMO H, RAIVIO T. On applied nonlinear and bilevel programming or pursuit-evasion games[J]. Journal of Optimization Theory and Applications, 2001, 108: 65-96.

[158] STUPIK J, PONTANI M, CONWAY B. Optimal pursuit/evasion spacecraft trajectories in the hill reference frame[C]. AIAA/AAS Astrodynamics Specialist Conference, Minneapolis, 2012: 4882.

[159] HORIE K. Collocation with nonlinear programming for two-sided flight path optimization[D]. Champaign: University of Illinois at Urbana-Champaign, 2002.

[160] PONTANI M, CONWAY B A. Numerical solution of the three-dimensional orbital pursuit-evasion game[J]. Journal of Guidance, Control, and Dynamics, 2009, 32(2): 474-487.

[161] RAIVIO T, EHTAMO H. On the Numerical Solution of a Class of Pursuit-Evasion Games[M]. Boston: Birkhäuser Boston, 2000.

[162] EHTAMO H, RAIVIO T. Applying nonlinear programming to pursuit-evasion games[R]. Espoo: Helsinki University of Technology, Systems Analysis Laboratory Research Report E, 2000.

[163] HORIE K, CONWAY B A. Genetic algorithm preprocessing for numerical solution of differential games problems[J]. Journal of Guidance, Control, and Dynamics, 2004, 27(6): 1075-1078.

[164] PONTANI M, CONWAY B A. Optimal interception of evasive missile warheads: Numerical solution of the differential game[J]. Journal of Guidance, Control, and Dynamics, 2008, 31(4): 1111-1122.

[165] 常燕, 陈韵, 鲜勇, 等. 机动目标的空间交会微分对策制导方法[J]. 宇航学报, 2016, 37(7): 795-801.

[166] 徐光延, 史光普. 无人机三维追逃问题的半直接法求解[J]. 电光与控制, 2017, 24(10): 27-31.

[167] RAIVIO T, EHTAMO H. Visual aircraft identification as a pursuit-evasion game[J]. Journal of Guidance, Control, and Dynamics, 2000, 23(4): 701-708.

[168] 史光普. 基于半直接法的无人机多对一追逃问题研究[J]. Electronics Optics & Control, 2021, 28(8): 48-52.

[169] PATTERSON M A, RAO A V. GPOPS- Ⅱ A MATLAB software for solving multiple-phase optimal control problems using hp-adaptive Gaussian quadrature collocation methods and sparse nonlinear programming[J]. ACM Transactions on Mathematical Software, 2014, 41(1): 1-37.

[170] ROSS I M. Enhancements to the DIDO optimal control toolbox[J]. arXiv preprint arXiv:2004.13112, 2020.

[171] SAGLIANO M, THEIL S, BERGSMA M, et al. On the Radau pseudospectral method: Theoretical and implementation advances[J]. CEAS Space Journal, 2017, 9: 313-331.

[172] FAHROO F, ROSS I M. Pseudospectral methods for infinite-horizon nonlinear optimal control problems[J]. Journal of Guidance, Control, and Dynamics, 2008, 31(4): 927-936.

[173] GARG D, PATTERSON M, DARBY C, et al. Direct trajectory optimization and costate estimation of general optimal control problems using a Radau pseudospectral method[C]. AIAA Guidance, Navigation, and Control Conference, Chicago, 2009: 5989.

[174] RAO A V, HAGER W W. Mesh-generation method for real-time optimal control using adaptive gaussian quadrature collocation[C]. 2018 AIAA Guidance, Navigation, and Control Conference, Kissimmee, 2018: 0848.

[175] DENNIS M E, HAGER W W, RAO A V. Computational method for optimal guidance and control using adaptive Gaussian quadrature collocation[J]. Journal of Guidance, Control, and Dynamics, 2019, 42(9): 2026-2041.

[176] HOU H, HAGER W, RAO A. Convergence of a Gauss pseudospectral method for optimal control[C]. AIAA Guidance, Navigation, and Control Conference, Minneapolis, 2012: 4452.

[177] GARG D, HAGER W, RAO A. Gauss pseudospectral method for solving infinite-horizon optimal control problems[C]. AIAA Guidance, Navigation, and Control Conference, Monterey, 2002: 7890.

[178] FAHROO F, ROSS I M. Advances in pseudospectral methods for optimal control[C]. AIAA Guidance, Navigation and Control Conference and Exhibit, Honolulu, 2008: 7309.

[179] AGAMAWI Y M, RAO A V. CGPOPS: A C++ software for solving multiple-phase optimal control problems using adaptive gaussian quadrature collocation and sparse nonlinear programming[J]. ACM Transactions on Mathematical Software, 2020, 46(3): 1-38.

[180] DARBY C L. hp-Pseudospectral method for solving continuous-time nonlinear optimal control problems[D]. Gainesville: University of Florida, 2011.

[181] 邱文杰, 孟秀云. 基于 hp 自适应伪谱法的飞行器多阶段轨迹优化[J]. 北京理工大学学报自然版, 2017, 37(4): 412-417.

[182] WIRTHMAN D, VADALI S. Solution of optimal control/guidance problems using the parallel shooting method on a parallel computer[C]. Guidance, Navigation and Control Conference, Hilton Head Island, 1992: 4376.

[183] 宋晓晨,姚骁帆,叶尚军.基于伪谱法的小型超音速无人机轨迹优化[J].浙江大学学报:工学版, 2022, 56(1): 193-201.

[184] SAGLIANO M, MOOIJ E. Optimal drag-energy entry guidance via pseudospectral convex optimization[J]. Aerospace Science and Technology, 2021, 117: 106946.

[185] JIANG Y, HU S, DAMAREN C J. Collision avoidance algorithm between quadrotors using optimal control and pseudospectral method[C]. AIAA Scitech 2019 Forum, California, 2019: 1415.

[186] BOLLINO K, LEWIS L R, SEKHAVAT P, et al. Pseudospectral optimal control: A clear road for autonomous intelligent path planning[C]. AIAA Infotech @ Aerospace 2007 Conference and Exhibit, Rohnert Park, 2007: 2831.

[187] FOUST R, CHUNG S J, HADAEGH F Y. Optimal guidance and control with nonlinear dynamics using sequential convex programming[J]. Journal of Guidance, Control, and Dynamics, 2020, 43(4): 633-644.

[188] 方学毅, 刘俊贤, 周德云. 基于背景插值的空空导弹攻击区在线模拟方法[J]. 系统工程与电子技术, 2019, 41(6): 1286-1293.

[189] 张超然, 吕余海. 基于置信度神经网络的机载武器攻击区拟合算法[J]. 弹箭与制导学报, 2021, 41(4): 120-124.

[190] 闫孟达，杨任农，左家亮，等. 基于深度学习的空空导弹多类攻击区实时解算[J]. 兵工学报，2020, 41(12): 2466-2477.

[191] 孟博. 基于 BP 神经网络的空空导弹攻击大机动目标攻击区仿真研究[J]. 弹箭与制导学报, 2017, 37(4): 43-46.

[192] JUNG C G, LEE C H, TAHK M J. Legendre pseudo-spectral method for missile trajectory optimization with free final time[C]. Asia-Pacific International Symposium on Aerospace Technology, Singapore, 2021: 569-581.

[193] WANNER G, HAIRER E. Solving Ordinary Differential Equations Ⅱ [M]. New York: Springer, Berlin Heidelberg, 1996.

[194] CHEN K, ZHANG D, WANG K, et al. Nonlinear homotopy interior-point algorithm for 6-DoF powered landing guidance[J]. Aerospace Science and Technology, 2022, 127: 107707.

[195] KUHLMANN R. Learning to steer nonlinear interior-point methods[J]. EURO Journal on Computational Optimization, 2019, 7(4): 381-419.

[196] KLINTBERG E, GROS S. An inexact interior point method for optimization of differential algebraic systems[J]. Computers & Chemical Engineering, 2016, 92: 163-171.

[197] BENSON D A, HUNTINGTON G T, THORVALDSEN T P, et al. Direct trajectory optimization and costate estimation via an orthogonal collocation method[J]. Journal of Guidance, Control, and Dynamics, 2006, 29(6): 1435-1440.

[198] LONGUSKI J M, GUZMÁN J J, PRUSSING J E. Optimal Control with Aerospace Applications[M]. New York: Springer, 2014.

[199] 李龙跃，刘付显，史向峰，等. 导弹追逃博弈微分对策建模与求解[J]. 系统工程理论与实践，2016, 36(8): 2161-2168.

[200] HERMAN A L, CONWAY B A. Direct optimization using collocation based on high-order Gauss-Lobatto quadrature rules[J]. Journal of Guidance, Control, and Dynamics, 1996, 19(3): 592-599.